职业教育建筑类专业"互联网+"创新教材

实用建筑语文教程

主　编　高玉英　徐　艳
副主编　张国静　穆晓娇　罗　爽
参　编　王　宇　鲁晓琦　高婧泉　宋思宇

机械工业出版社

本书由日常应用文体写作、建筑实用文体写作和实用口才训练3篇内容组成。第1篇日常应用文体写作包括日常生活类文书、书信类文书、公文类文书3章内容，第2篇建筑实用文体写作包括事务类文书和工程管理类文书2章内容，选取均是职业院校建筑类专业学生经常使用的文体；第3篇实用口才训练包括基础口才训练、演讲口才训练、日常口才训练和职场口才训练4章内容，选取的内容侧重提升职业院校学生的口语表达能力。全书以强化训练为主，将讲、学、练有机结合，注重实用性和可操作性，便于职业院校学生理解和掌握。

本书既可作为建筑类职业院校的实用语文教材，也可供建筑工程技术人员、管理人员和其他读者自学之用。

图书在版编目（CIP）数据

实用建筑语文教程/高玉英，徐艳主编 .—北京：机械工业出版社，2022.5

职业教育建筑类专业"互联网+"创新教材

ISBN 978-7-111-70510-9

Ⅰ.①实… Ⅱ.①高…②徐… Ⅲ.①建筑—应用文—写作—职业教育—教材②口才学—职业教育—教材 Ⅳ.①TU－43②H019

中国版本图书馆 CIP 数据核字（2022）第 057990 号

机械工业出版社（北京市百万庄大街22号 邮政编码100037）
策划编辑：陈将浪　　　　责任编辑：陈将浪
责任校对：史静怡　王明欣　封面设计：马精明
责任印制：常天培
北京机工印刷厂有限公司印刷
2022年8月第1版第1次印刷
184mm×260mm·15 印张·363 千字
标准书号：ISBN 978-7-111-70510-9
定价：49.80 元

电话服务　　　　　　　网络服务
客服电话：010-88361066　机　工　官　网：www.cmpbook.com
　　　　　010-88379833　机　工　官　博：weibo.com/cmp1952
　　　　　010-68326294　金　书　网：www.golden-book.com
封底无防伪标均为盗版　　机工教育服务网：www.cmpedu.com

前　言

为了满足新时代职业教育发展的需要，贯彻落实全国教育大会精神和《国家职业教育改革实施方案》，坚持"以服务为宗旨，以就业为导向，以能力为核心"的职业教育办学方针，提高职业院校学生的语文综合素养，切实有效地为社会培养更多的复合型技术技能人才，本书作者在深入企事业单位调研、咨询专家意见、了解行业企业对职业院校学生职业能力需求的基础上，针对职业院校学生在日常生活、求职应聘、职场、社会交往中所表现出来的应用文写作能力及语言表达能力不足等现象，并结合职业院校学生的学习特点，编写了本书。

为使本书能更好地适应职业院校学生的学习规律，本书编者在很多方面进行了认真研究和精心设计，编写时注重对学生知识与能力的培养以及学习能力与实践技能的训练，并将情感态度与社会主义核心价值观融于其中，有机地将讲、学、练、思政元素结合起来；同时，精选了典型例文，并配以点评，便于学生理解、掌握和实际运用。基于上述努力，本书具有如下特点：

（一）以模块为主线，注重对学生知识与能力的培养，强化学习的综合性和实践性

对全书体例进行创新设计，第 1 篇和第 2 篇的编排形式为"基本知识—例文点评—实践与探究—课后广场（知识巩固、强化练习）—相关链接"，第 3 篇的主要编排形式为"知识坊—经典吧—启迪厅—训练场"，此种渐进式体例注重学生的能力训练，全面促成技巧、知识向能力的转化，阐述力求简明、精当，并且书中例文讲究典范、时新、正能量，便于职业院校教师的讲授和学生的理解，能够有效地促进职业院校学生职业能力的提升及综合素质的提高。

（二）注重学生学习能力与实践技能的训练，构建"讲、学、练一体"的教学体系

学习能力是指学习的方法与技巧，是所有能力的基础；而实践技能是将学习成果进行转化的重要能力。以本书为中心，我们同步开发了二维码辅助资源，构建了一个"课前自学"—"课上讲练"—"课后复习"—"讲、学、练一体"的教学体系，通过夯实的基础知识和大量的实战演练，不断提升学生的自学能力，激发学生的学习兴趣。

（三）课程设计注重典型性、全面性，涵盖与土木建筑大类专业相关的实用文体

本书将例文点评、实用文体知识全覆盖作为编撰的重要标准，模块设计具备土木建筑大类专业特色，注重将理论知识与土木建筑大类专业的典型案例相结合，并进行针对性的点评；同时，通过"相关链接"模块进一步巩固学生的学习成果，加强学生对所学知识的深层次掌握。

（四）创新教材呈现形式，多角度提供自主学习的助学帮助，便于学生掌握理解

本书的编写注重学生的主体性发挥，从内容到形式处处为学生考虑，将课堂学习拓展延伸到课外，并注意贴近学生的具体生活，书中例文内容与时代相关联，设计了新颖而灵活多样的

学习形式，通过配套二维码资源等提供辅助教学、拓展教学内容，进一步帮助学生学习。

本书教学时数建议为80，各部分内容的学时数可根据不同专业和具体情况进行适当调整，课时分配建议见下表。

课时分配建议表

篇	章	节	建议学时
第1篇 日常应用文体写作	第1章 日常生活类文书	1.1 常用条据	2
		1.2 启事	2
		1.3 海报	2
		1.4 情况说明	2
		1.5 声明	2
	第2章 书信类文书	2.1 普通书信	2
		2.2 专用书信	10
		2.3 电子邮件、QQ、微信	1
	第3章 公文类文书	3.1 通知	2
		3.2 通报	2
		3.3 请示	2
		3.4 报告	2
		3.5 会议纪要	2
		3.6 批复	2
第2篇 建筑实用文体写作	第4章 事务类文书	4.1 计划	2
		4.2 总结	2
		4.3 毕业论文	2
		4.4 日记与工作日志	2
		4.5 述职报告	2
		4.6 协议书	2
	第5章 工程管理类文书	5.1 记录	2
		5.2 说明书	2
		5.3 合同	2
		5.4 招（投）标书	2
		5.5 联系单	1
		5.6 可行性研究报告	2
第3篇 实用口才训练	第6章 基础口才训练	6.1 说好普通话	2
		6.2 诵读	2
	第7章 演讲口才训练	7.1 演讲	2
		7.2 即席发言	2

(续)

篇	章	节	建议学时
第3篇 实用口才训练	第8章 日常口才训练	8.1 介绍	2
		8.2 倾听	2
		8.3 交谈	2
		8.4 劝说与婉拒	2
	第9章 职场口才训练	9.1 拜访与接待	2
		9.2 推销	2
		9.3 求职应聘	2

本书由高玉英、徐艳担任主编，张国静、穆晓娇、罗爽担任副主编。参加本书编写的人员还有王宇、鲁晓琦、高婧泉和宋思宇。

由于编者水平有限，书中不足之处在所难免，真诚希望广大读者批评指正。

编　者

二维码清单

页码	名称	页码	名称
10	启事	109	述职报告
17	情况说明	114	协议书
24	普通书信	154	可行性研究报告
45	电子邮件、QQ、微信	168	诵读
50	通知	179	演讲
67	报告	194	介绍
78	批复	202	交谈
85	计划	213	拜访
91	总结	218	推销
105	日记与工作日志	223	求职应聘

目　录

前言
二维码清单

第1篇　日常应用文体写作

第1章　日常生活类文书 ··· 3
1.1　常用条据 ··· 3
1.2　启事 ··· 10
1.3　海报 ··· 13
1.4　情况说明 ··· 17
1.5　声明 ··· 20

第2章　书信类文书 ··· 24
2.1　普通书信 ··· 24
2.2　专用书信 ··· 30
2.3　电子邮件、QQ、微信 ··· 45

第3章　公文类文书 ··· 50
3.1　通知 ··· 50
3.2　通报 ··· 55
3.3　请示 ··· 63
3.4　报告 ··· 67
3.5　会议纪要 ··· 71
3.6　批复 ··· 78

第2篇　建筑实用文体写作

第4章　事务类文书 ··· 85
4.1　计划 ··· 85
4.2　总结 ··· 91
4.3　毕业论文 ··· 99
4.4　日记与工作日志 ··· 105
4.5　述职报告 ··· 109
4.6　协议书 ·· 114

第 5 章　工程管理类文书 ... 119
5.1　记录 ... 119
5.2　说明书 ... 126
5.3　合同 ... 132
5.4　招（投）标书 ... 144
5.5　联系单 ... 150
5.6　可行性研究报告 ... 154

第 3 篇　实用口才训练

第 6 章　基础口才训练 ... 161
6.1　说好普通话 ... 161
6.2　诵读 ... 168

第 7 章　演讲口才训练 ... 179
7.1　演讲 ... 179
7.2　即席发言 ... 189

第 8 章　日常口才训练 ... 194
8.1　介绍 ... 194
8.2　倾听 ... 198
8.3　交谈 ... 202
8.4　劝说与婉拒 ... 207

第 9 章　职场口才训练 ... 213
9.1　拜访与接待 ... 213
9.2　推销 ... 218
9.3　求职应聘 ... 223

附录　工程建设程序与常用建筑实用文体的关系一览表 ... 230

参考文献 ... 231

第1篇 日常应用文体写作

　　日常应用文体是人们在日常工作、学习和生活中经常使用的一类实用性文体。随着社会的不断发展，日常应用文体的使用范围越来越广泛。无论是国家机关，还是企事业单位，或是个人，在传递信息、交流思想、介绍经验和进行各种写作时都离不开日常应用文体的写作。日常应用文体实用性强、种类繁多，不同类别的写法也各有不同，本篇详细讲解日常应用文体写作的概念、种类、基本格式与写法等基本知识，希望能给读者以后的工作、学习和生活带来一定的帮助。

第1章 日常生活类文书

日常生活类文书主要指人们用来处理日常生活事务的应用文书，如常用条据、启事、海报和情况说明等。这类文书与个人的日常生活、人际交往活动等关系密切，使用十分广泛。

1.1 常用条据

常用条据一般包括两类，即说明性条据和凭证性条据。

1.1.1 说明性条据

【基本知识】

1. 概念

说明性条据，又称为函件式条据，通常是指一方向另一方提出要求、交代事情、传递信息、说明原委的条据。其主要作用是向他人解释、说明某一事情，或向他人发出请求。

2. 种类

说明性条据一般分为请假条、留言条、请托条三类。

（1）请假条　请假条是指因某种原因不能正常上班、上学，需向领导、老师等说明请假原因，并请求准假的一种便条。

（2）留言条　留言条是指因有事情需要向对方说明或请教，对方不在时，给对方留言的一种便条。

（3）请托条　请托条是指托人办事，向被委托人说明委托事由的一种便条。

3. 格式与写法

说明性条据的写作格式一般包括标题、称呼、正文、落款四部分。

（1）标题　通常在第一行居中写明"请假条""留言条""请托条"等标题，字体要端正醒目。有的留言条的标题可以省略。

（2）称呼　称呼另起一行顶格写，后加冒号。

（3）正文　正文另起一行空两格写。不同类别的说明性条据，正文内容各有侧重。请假条侧重写请假原因、请假时间；留言条侧重写来访目的、未遇的心情及希望与要求；请托条侧重写所托之事，其中致谢语不可缺少。

（4）落款　落款包括署名和日期两部分，正文右下方写明姓名，再下一行写日期。

留言条的落款相对比较随意，署名可以写简称、昵称，如"女儿"。日期可简化为月、日；也可以写具体的时间，如5月1日上午10点；有时也可以用"即日"代替当日。

【例文点评】

假如你是校文学社的社长，想找老师汇报一下近期文学社的活动情况。当你来到办公室时却发现老师刚好不在，这时你的留言条应该如何书写呢？

例文一

王老师：

  今天我到办公室找您，想汇报一下近期文学社的活动情况，可是没见到您，非常遗憾。我明天中午再来，敬请等我。

学生：丁一

5月10日下午1点

 点评

  这是一份上门寻访未遇而写的留言条，写明了来访的时间、目的、未遇的心情，并预约了下次见面的时间，语言简洁，格式规范。

例文二

请 假 条

宋老师：

  我因患重感冒，不能到校上课，特此请假2天（5月10日~11日），请老师准假。

  此致

敬礼

学生：高亮

2021年5月10日

 点评

  这份请假条标题居中写，称呼顶格写，格式规范；正文请假原因和时间清楚明了，语言简洁；以请老师准假结尾，用语礼貌，符合身份。

【实践与探究】

1. 实践

下面这则请托条存在多处不当之处，请指出并改正。

张大：

  请替我买一张沈阳到大连的火车票，非常感谢。

张二

2. 探究

思考：写说明性条据需要注意哪些问题？

注意事项

1）说明性条据是不经过邮局邮寄的一种书信，它一般是托人代转或留在对方可见的地方。
2）说明性条据一般不用信封；使用信封时，为了方便，信封不必密封。
3）说明性条据一般是为了一件事情而写，内容短小。
4）说明性条据语言平实，但交代要清楚。

【课后广场】

知识巩固

1. 填空题。
1）常用条据一般包括两大类，即_____和_____。
2）留言条的落款部分要先写_____，再写_____。

2. 判断题。
1）留言条的写作格式一般包括标题、称呼、正文、落款四部分。（   ）
2）留言条的日期部分要写清具体的年、月、日。（   ）
3）为表示礼貌，留言条的结尾要使用致敬语。（   ）

3. 指出下列留言条中存在的问题。
1）钟林同学从外地来看望李老师，可是没有见到，于是写了一份留言条。

李老师没见到你，我晚上再来。

钟　林

2）夏雷到机场接人没有接到，他在机场的留言板上写了一份留言条给对方。

小赵：
到沈阳后请到时代广场酒店找我。

夏　雷
2021.6.8

强化练习

项目经理王春光写了《地铁工程施工报告》给董事长明天开会使用。当他把写好的报告送到董事长办公室时，恰巧董事长不在。王春光准备第二天早晨7:00将报告送到董事长家里，请你代王春光拟一份留言条。

【相关链接】

古代信息传递方式——"飞鸽传书"

"飞鸽传书"是一种古老的信息传递方式，其速度快、方位准，令人叹为观止。相传，汉高祖刘邦被"西楚霸王"项羽所围时，就是以飞鸽传书的方式引来援兵脱险的。

1.1.2 凭证性条据

【基本知识】

1. 概念

凭证性条据是日常生活中经常使用的条据之一，它是单位或个人因买卖、借物等关系留给对方的一种凭证性的条文。凭证性条据在一定条件下是具有法律效力的，所以在书写凭证性条据时，一定要认真仔细，以免发生纠纷。

2. 种类

凭证性条据一般包括借条、欠条、收条、领条等。

（1）借条　借条是指借钱或物品时写给对方的一种凭证。当所借钱或物品归还时，应收回借条并作废。

（2）欠条　所借钱或物品到期不能全部归还，应收回原借条，另写一张条据，约定在一定期限内归还尚欠部分，这样的条据叫欠条。

（3）收条　收到单位或个人送来的钱或物品，应写条据留给对方作为凭证，这种条据叫收条，也可叫收据。正式收据应印制成表格式的二联单或三联单，第一联是存根，第二联或第三联加盖公章后交给对方。一般的收条是便条式的，写法基本与借条相同。

（4）领条　向单位或部门领取钱款或物品时写给对方作为凭证的条据叫领条。

3. 格式与写法

凭证性条据的写作格式一般包括标题、正文、结束语、落款四部分。

（1）标题　通常在第一行中间写"借条""欠条""收条"等字样的标题，表明条据的性质。也可直接写"今借到""今欠""今收到"等字样。

（2）正文　第二行空两格开始写正文，要写明从什么单位或什么人处借到或收到什么财物，要详细写明名称、种类、数量。数字要用大写汉字，不得用阿拉伯数字。

（3）结束语　结束语可以紧接着正文写上"此据"二字，也可在正文之下空两格写"此据"二字。

（4）落款　正文右下方处写上经手人的姓名及日期作为落款，署名前应冠以"借款人"等字样。个人出示的条据，由本人签名，有时要写明所属单位名称并盖章。单位出示的条据要盖公章，一般还要有经手人的签名盖章。日期写在署名的下面。

【例文点评】

例文一

借　条

今从财务科借到人民币捌仟元（8000元）整，用于小区3号楼自来水管线的维修、更换。此据。

借款人：沈××
2021年4月8日

点评

  这是一份借条。本文用"借条"作为标题，正文开头写有"今从财务科借到"的字样，并且具体写明了借款数额（大写汉字）。因是预借公家的财物，所以还写明了所借钱款的用途。在正文之后又写上了"此据"二字，而且格式规范，用语准确。

例文二

今 借 到

  校学生会音响设备壹套（包括主机、功放机各壹台，音箱肆个，传声器贰个），用于迎新生联谊会。九月二十日前送还。此据。

经手人：文艺部 刘××
2021 年 9 月 10 日

 点评

  这也是一份借条，用"今借到"作为标题，正文开头就直接写了对方单位的名称，并写明了所借物品、借物原因、拟归还时间，最后写上"此据"二字，行文规范。

例文三

收 条

  今收到远大水泥厂所送水泥伍拾袋，用于小区车库建设。此据。

经手人：夏××（签名盖章）
2021 年 3 月 5 日

 点评

  这是一份收条。本文所收物品及数量写得明确、具体，落款清楚。

例文四

代 收 到

  刘××同学归还的音响设备壹套（包括主机、功放机各壹台，音箱肆个，传声器贰个），经检查机件完好。原借条作废。此据。

经手人：李××
2021 年 9 月 19 日

 点评

  这是一份代收条，是由代收人接收对方的钱物后，代替当事人所写的一个作为凭证的条据。本文所还物品由别人代收，因而标题应写"代收到"。正文写明了代收情况，行文语言简洁明了。

例文五

欠　条

天××装饰公司因资金周转问题原向久××装饰公司借款人民币肆万元整，现已还清人民币叁万元整，余下欠款定于下周五前还清。此据。

天××装饰公司（公章）
2021 年 9 月 8 日

 点评

> 这是一份欠条。本文写上被拖欠一方的单位名称、所欠物品数额（大写汉字）、归还日期及"此据"二字。注意不能将欠条与借条混淆。

【实践与探究】

1. 实践

2021 年 2 月 1 日，李××向××装饰公司借了人民币 10 万元，定于 2021 年 12 月 31 日前还清。请代李××写一份借条。

2. 探究

思考：写凭证性条据需要注意哪些问题？

 注意事项

1）表示钱物往来数量的数字要用大写汉字，即"壹、贰、叁、肆、伍、陆、柒、捌、玖、拾、佰、仟、万、亿"等字，"元""角"等字后面要加"整"字，以防涂改。

2）在钱的数额前不能留空白，以防他人添加数额作弊；并且必须写明币种，如"人民币"，以防与其他的币种混淆。

3）正文之后可写上"此据"二字，以防他人增加内容作弊。

4）条据上的单位名称、物件名称必须准确，不可用简称。

5）凭证性条据要注意正文与标题相呼应，如标题用了"借条"，则正文必须用"今借到"与之呼应。

6）凭证性条据一般要用钢笔、毛笔书写，不得使用铅笔、圆珠笔，以防时间久了变模糊，并可防止他人涂改。写后一般不得涂改，如确需改动，应在改动处加盖公章或私章（有时需要双方盖章），以证明曾经改过，以免误会。如果是打印稿，则必须有签名、盖章。

【课后广场】

知识巩固

1. 判断题。

1）凭证性条据在一定条件下是具有法律效力的，所以在书写凭证性条据时，一定要认真仔细，以免发生纠纷。　　　　　　　　　　　　　　　　　　　　　　　　（　　）

2）为使书写简单方便，凭证性条据在涉及钱款或物品数量时，可以使用阿拉伯数字。
（　　）

2. 指出下面条据中存在的问题。

1）钟××与陈××发生了借款事实，为此写了一张借条。

我借陈××50元，一周内归还。

钟××

2）杨××向罗××借了5000元，为此写了一张借条。

今借到罗××女士人民币5000元整。

借款人　杨××
2021年4月2日

3）开学时，2019级工民建班的佟××同学代班级从校图书馆借了小说40本，期中考试后还了15本，余下的期末还，为此她写了一张欠条。

今欠校图书馆小说25本，期末还清。

佟××
2019年4月28日

4）校团委收到2019级装饰班的400元《××青年》杂志费，于是给2019级装饰班同学打了一张收条。

收　　条

今收到2019级装饰班《××青年》杂志费400元，特立此据。

强化练习

1. 2021年3月1日，肖××向杨××借了人民币20000元，定于2021年9月1日前还。2021年8月25日，肖××将钱款如数还清。请代肖××、杨××分别写一份借条和收条。

2. ××建材一公司向××公司借了人民币5万元，现已还了3万元。其余部分下周一还清。请代××建材一公司写一份欠条。

【相关链接】

借条与欠条的区别

1. 含义及其相应法律关系不同

借条一般反映为法律上的借款合同关系，是借款合同的凭证；欠条则是当事人之间的一个结算，是一种比较纯粹的债权债务关系。

2. 产生的原因不同

借条一般是基于借款事实而产生；欠条则可能是多种法律关系产生的后果，如买卖、服务等。

3. 法律后果不同

1）未规定具体还款期限的借条及欠条的诉讼时效不同：对于没有还款期限的借条，债权人也可以随时要求债务人还款；对于没有还款期限的欠条，在债务人出具欠条时，债权人就应当在欠条出具之日起3年内向人民法院主张权利，也就是说，没有履行期限的欠条从出具之日起计算诉讼时效。

2）举证责任不同：借条持有人一般只需向法官简单陈述借款的事实经过即可；欠条持有人必须向法官陈述欠条形成的事实，如果对方否认，欠条持有人必须进一步举证证明欠条形成的事实。

1.2 启事

启事

【基本知识】

1. 概念

启事是指机关团体、企事业单位及个人有事需向公众说明或者希望大家协助办理时，用简明的文字写出来公之于众的一种实用文体。启事具有公开性、知照性，它可以通过电视、报刊、网络、电台、信函、宣传栏等广泛传播，但不具有法令性、政策性，也没有强制性和约束力。

2. 种类

启事一般分为寻找类启事、征召类启事、周知类启事三类。

（1）寻找类启事　寻找类启事包括寻物启事、寻人启事等。

（2）征召类启事　征召类启事包括招聘启事、征文启事、求租启事、征婚启事等。

（3）周知类启事　周知类启事包括更名启事、开业启事、征订启事、搬迁启事等。

3. 格式与写法

启事的种类繁多，但其结构大体相同，一般由标题、正文、结尾三部分组成。

（1）标题　可根据启事的性质、内容，采用不同的标题形式。常见的标题有以下几种：

1）文种标题，如启事、紧急启事。

2）事由+文种标题，如招工启事、寻人启事。

3）单位+文种标题，如××公司启事。

4）事由标题，如招领、求购。

5）单位+事由+文种标题，如××图书城开业启事。

（2）正文　标题下另起一行空两格写正文。这部分具体说明启事的内容，包括发出启事的目的、原因、具体事项和要求等。若内容较多，可分条列项逐一说明。正文部分是体现各种启事不同性质和特点的关键部分，应根据不同启事的内容和要求变通处理，但要注意突出启事的有关事项，不可强求一律。

（3）结尾　在正文的右下方，写上启事单位全称或个人姓名（如果在标题中已经标出机关团体的名称，可不必再写）以及年、月、日作为结尾。机关团体的启事除借助电视、报刊等媒体外，还可采用张贴或书面送达的形式，但必须加盖公章。有的启事还要写明启事人或启事单位的地址、电话、电子邮箱、联系人等。

【例文点评】

例文一

辽宁××集团招聘启事

辽宁××集团是一家集地铁管片、商品混凝土、豪华客运、工程装修、地产开发、洁净型煤炭、原子印章、典当、拍卖、餐饮、敬老院等多种产业于一体的省内大型知名民营企业，多项业务位居沈阳地区同行业前茅，企业注册资本1.5亿元，拥有员工1000余人，是AAA级信誉企业和"质量之光"诚信单位，现高薪诚聘下列人士加盟：

房地产公司总经理：1名。要求：45岁以下，大学本科学历，有5年以上知名地产公司开发经验，能独立操盘运作，有较强的经营理念和较好的经营业绩。

预算员：2名。要求：40岁以下，大专学历，熟悉混凝土行业，正直、敬业。

设备维修技师：2名。要求：45岁以下，钳工、电器技师，熟悉液压设备维修。

混凝土罐车、自卸车司机：20名。要求：45岁以下，高中学历，有5年以上驾驶经验，8万公里无交通事故。

车辆维修工：5名。要求：45岁以下，熟悉重型车辆机械、电器维修，有铲车维修经验者优先。

报名地址：沈阳市沈河区南乐郊路×××号

联系人：邓先生

联系电话：2415××××

这是一则招聘启事。简要介绍了集团情况和准备招聘的职位、招聘条件、报名地址及联系方式，清晰明确。

例文二

招 领 启 事

出租汽车司机林××在5月6日晚发现车内有乘客遗失的黑色手提包一个，内有钱、物若干。望失主携带证件，前来本所认领。

××市公安交通派出所
2021年5月8日

点评

　　这是一则刊登在报纸上的招领启事。虽写了拾到物品的内容，但不予明确，且要求认领者携带证件，以防冒领。

例文三

求 租 启 事

　　本人求租80m²左右的店面一处，要求在本市××市场附近。愿出租者请电话联系，预约商洽时间。

　　联系人：王××

　　电　　话：13900×××××

2021 年 10 月 8 日

 点评

　　这是一则求租启事。正文准确、简洁地写明了求租的目标——营业用的店面及其面积、地点、要求和联系方式。结尾写明了联系人、联系电话和日期。

【实践与探究】

1. 实践

张××想在北京市三环内租一处 40～50m² 且不临街的房子。请替他写一份求租启事。

2. 探究

思考：写启事需要注意哪些问题？

 注意事项

1）不要把"启事"写成"启示"。

2）标题要简短、醒目，内容要严密、完整。最好"一事一启"，单纯明确。

3）要写清地址或联系方式。

4）寻物启事的正文要尽量详细写明丢失物品的特征，为的是明确失物人的身份。招领启事不必写明丢失物品的特征，以防被冒领。

5）行文要求词达意显、言尽意尽、简洁明了。

【课后广场】

 知识巩固

1. 填空题。

1）启事具有＿＿＿＿＿性和＿＿＿＿＿性，但不具有＿＿＿＿＿＿＿性。

2）启事的结构大体相同，一般包括＿＿＿＿、＿＿＿＿和＿＿＿＿三部分。

2. 指出下面两则启事在内容和形式上的不妥之处。

1）程××丢了一个书包，为此写了一份启事。

寻 物 启 事

本人丢失一个书包，请捡到者送还。

程××

2）杨××所在公司招聘一名财务经理，为此写了一份启事。

招 聘 启 事

本公司需一名财务经理，学历大本，有意者请找我联系。

杨××

强化练习

1. 为了迎接五四青年节的到来，校团委决定以"青春"为主题在全校举办一次作文竞赛。字数要求在 600 字以上。参赛作品力求观点鲜明、论证有力、语言生动、富有感染力。请根据以上要求写一则征文启事。

2. ××工业园区房地产交易管理中心是园区管委会直属事业单位。现因工作需要，公开招聘如下工作人员：①公司行政主管，要求本科以上学历，有 5 年以上大型企业行政工作经验，年龄 45 岁以下，男女不限；②物业管理公司经理，要求大专以上学历，有 5 年以上物业管理工作经验，年龄 50 岁以下；③工程部监理、施工人员，要求大专以上学历，有 3 年以上相关工作经验，年龄 45 岁以下。联系地址：××工业园区房地产交易管理中心。邮政编码：21××××。请根据以上内容拟一份招聘启事。

【相关链接】

启事与启示的区别

"启示"作为动词的含义是启发提示，使人有所领悟；作为名词的含义是通过启发提示使人领悟道理。而"启事"则是公开一些未有定案的事情，让大家参与、讨论，大多没有强制性，比如寻人启事、征友启事等。

1.3 海报

【基本知识】

1. 概念

海报是向人们报告或介绍有关文艺、体育或报告会等消息的招贴。

海报属于一种宣传广告，它的传播方式大多是用大纸张、大字体醒目地写出内容，张贴于闹市或其他人多的地方，有的直接固定在橱窗或墙壁上，有的刊登在报刊上。

2. 种类

海报按其应用不同一般分为商业海报、文化海报、电影海报、公益海报四类。

（1）商业海报　商业海报是指宣传商品或商业服务的商业广告性海报。商业海报的设计要配合产品的格调和受众对象。

（2）文化海报　文化海报是指各种社会文娱活动及各类展览的宣传海报。社会文娱活动及展览的种类很多，不同的社会文娱活动及展览有其各自的特点，设计师需要了解社会文娱活动及展览的内容才能运用恰当的方法表现其内容和风格。

（3）电影海报　电影海报是指对电影宣传、介绍的海报。电影海报的设计要能吸引观众注意，能够起到刺激电影票房收入的作用。

（4）公益海报　公益海报是指带有一定公益宣传性、具有一定思想性的海报。这类海报具有特定的对公众的教育意义，在设计主题上要体现社会公益、道德的宣传，或政治思想的宣传，弘扬爱心奉献、共同进步的精神等。

3. 格式与写法

海报的格式并不特别固定，但一般都有标题、正文、结尾三部分。

（1）标题　标题是海报的主题，内容的聚焦点。因此，标题必须醒目、新颖、简洁，让人"一见钟情"，激起强烈的参与愿望。标题的常用形式有：

1）用文种作为标题，只写"海报"即可。

2）用内容作为标题，如精彩球讯。

3）用有吸引力的句子作为标题，如×××院士来我校演说了！

标题要写得大且显眼，大到可以占到整幅海报的一半空间。

（2）正文　不同海报的正文内容的写法是各不相同的，但总体要求简洁明了，时间、地点、内容三要素要表述清楚，尤其是活动的时间、地点要具体、准确。如"本月10日（星期日）上午8点整"，不可以粗略地写成"本月10日上午"；"市图书馆二楼会议厅"，不可以简略地写成"本市图书馆"。其他修饰、溢美之词可根据情况随机发挥，但内容介绍必须真实，不可虚假、夸张。

（3）结尾　在正文之后，可另起一行用稍大的字书写"莫失良机""欢迎参加"等词语作为结束语。结束语后另起一行，稍右写落款，即举办单位的名称、时间。如果已有明确的时间和主办单位，署名和时间也可省略，但较正式的海报最好不省略。

【例文点评】

例文一

花船景观游　啤酒欢乐度

以"2021中国欢乐健康游"为主题的2021×××国际旅游节开幕。

时　间：8月10日上午11时

地　点：×××河岸边

这是一个大型活动海报。把以"2021中国欢乐健康游"为主题的2021×××国际旅游节开幕式的主题活动用标题的形式告知大家，主题鲜明、语言简洁，活动时间、巡游线路清楚明了。

例文二

海　报

你想一睹成功者的风采吗？你想了解大企业家的创业历程吗？你想感悟创业的苦辣酸甜吗？你想学习如何创业吗？请听著名企业家×××的精彩报告吧。

　　地点：校礼堂

　　时间：11月22日下午1点30分

辽宁省××职业学院学生会

 点评

　　这是辽宁省××职业学院学生会邀请著名企业家×××来校作"创业历程"报告而贴出的海报。正文由一连串的设问句组成的排比句式构成，极富吸引力，同时也点明了海报的具体内容。结尾写明活动的时间、地点。因是近期的校内活动，所以地点只写"校礼堂"，时间省略年份，简洁清楚。

例文三

球　迷　佳　音

比赛者：××××职业技术学院足球队 VS 我校足球队

时　　间：5月18日（星期六）上午9点整

地　　点：校足球场

校学生会体育部
2021年5月14日

 点评

　　这是校学生会体育部为足球比赛贴出的海报。标题已点明海报的内容。正文对比赛时间、地点及参赛者的介绍简洁、明晰。写这类海报时要注意时间、地点、内容三要素必不可少。

【实践与探究】

1. 实践

为捐助边远山区的学生，学院团委将在七一建党节前夕开展一次义演活动。请每名同学为这次活动设计一份宣传海报。

2. 探究

思考：设计海报需要注意哪些问题。

注意事项

1）海报的标题要力求醒目、新颖、简洁。有时甚至可以占据 1/2 的篇幅。

2）海报的内容要真实，不能为达到某种目的而夸大事实，甚至弄虚作假，欺骗公众。

3）文字要力求简洁明了，行文直截了当，语言要带有一定的鼓动性。

4）海报的时间、地点要交代得清楚明了。

5）可根据内容需要配以象征性的图画，图文并茂，以吸引群众的注意力。

【课后广场】

 知识巩固

1. 判断题。

1）标题是海报的主题，内容的聚焦点。因此，标题必须醒目、新颖、简洁，让人"一见钟情"。（　　）

2）为了达到有效吸引人们注意力的目的，海报的语言可以适当地夸大事实。（　　）

3）海报的时间、地点要具体、准确。（　　）

4）海报的标题可以直接以内容作标题，如"新老生联谊会"。（　　）

2. 简答题。

谈谈在编写海报时要注意哪些问题。

 强化练习

1. 如果你是生活小区的宣传人员，新年在即，小区准备举办一次新年联欢会，请你为这次活动写一份宣传海报。

2. ××物业公司总经理将于 2021 年 6 月 15 日来我校，为房地产经营与管理、物业管理专业的学生做一次主题为"物业管理行业发展现状"的专题讲座。

请同学们以组为单位，为这次讲座设计一份海报。

【相关链接】

海报的发展史

海报这个名词含有通告给大家看的意思，它早在古埃及时代就出现了。

据考古学家的发现，在残存的古埃及遗迹里的墙上、柱子上有壁画的存在，这种壁画意味着公告群众将有某种事情发生，这可以称得上是最早的海报了。

到了古罗马时代，海报的运用更为普遍。每当竞技场上有比赛、决斗演出，各处都会提前张贴海报来宣传。

印刷术发明之后，海报的形式更灵活了，不仅可以张贴，还可以手传。1796 年平版印刷术的面世，给海报加上了各种色彩与图案，增添了宣传效果。

1.4 情况说明

情况说明

【基本知识】

1. 概念

情况说明是指对所发生事件的时间、地点、起因、经过、结果等，或某种事物的特征情况、来龙去脉所作的简明扼要的说明。

2. 适用范围

情况说明在日常生活工作中使用广泛，比如施工情况说明、考场情况说明、事故处理情况说明等。

3. 格式与写法

情况说明一般包括标题、正文、结尾三部分。

（1）标题　标题位于第一行居中。标题常见形式有以下几种：

1）直接写"情况说明"四个字。

2）写明情况说明的性质，如财务情况说明。

3）以要说明的情况为题，如对三环新城燃气调压箱施工的情况说明。

（2）正文　正文具体表述情况说明的内容。事情类情况说明一般要将所发生事情的时间、地点、起因、经过、结果等叙述清楚；事物类情况说明则要将事物本身的特征、发展情况等作以说明。

（3）结尾　在正文的右下方，写上单位全称或个人姓名以及年、月、日等作为结尾。

【例文点评】

例文一

××厂20××年度财务情况说明书

20××年，我厂随着企业内部改革的深入和技术改造的加紧进行，造纸机械技术水平已大部分达到国内先进水平，生产经营和财务状况均有明显的好转。产品销售收入达到3915万元，比上年增加10.6%；利润总额实现928万元，比上年增加11.2%；上缴利税714万元，比上年增加11.5%。

一、利润情况

本年，我厂利润总额为928万元，比上年增加11.2%，净增96万元。销售收入利润达到23.7%，是企业经济效益较好的一年。从利润增减因素上分析：

1. 本年与上年相比，增加利润××万元。其中：

1）经企业主管部门和物价部门批准，提高了部分产品的销售价格，因而比上年增加利润××万元。

2）由于产品销售量增加，比上年增加利润××万元。

3）企业技术改造之后，品种结构发生变化，增加新产品7种，增加利润××万元。

2. 本年利润减少××万元。其中：

1）由于销售成本增加影响，利润比去年减少××万元。

2）由于综合税率提高和产品销售量的影响，税金增加，使利润比去年减少××万元。

3）由于销售费用上升影响，本年利润减少××万元。

二、产品成本分析

本年，我厂全部商品总成本为××万元，可比产品成本××万元，按上年平均单位成本计算为××万元，上升×%。

1. 原材料价格变动，影响成本上升××万元。其中：

1）部分钢材价格上调，影响成本上升××万元。

2）灰铸铁价格上调，影响成本上升××万元。

3）铜材价格上调，影响成本上升××万元。

2. 燃料、动力及运费提价导致成本上升×万元。其中，煤炭提价×万元；电费上升×万元；运费上升×万元；水费上升×万元。

3. 人工工资及附加费增加×万元。

4. 制造费用增加，影响成本上升×万元。

5. 通过"双增双节"活动，部分产品的原材料消耗定额降低，使成本下降××万元。

三、资金分析

本年，流动资金年末占用额为××万元，比年初增加××万元。周转天数为××天，与去年相同。

在流动资金中，储备资金年末占用额为××万元，比年初增加××万元；生产资金年末占用额为××万元，比年初增加××万元；成品资金年末占用额为××万元，比年初增加××万元，结算资金占用额为××万元，比年初增加××万元。

综上所述，本年我厂的经济效益已从下滑转为上升的态势。这既是对企业进行技术改造、适时调整产品结构所产生的结果，也是工厂内部改革逐步深化和开展"双增双节"活动所带来的成果。当前，我厂生产经营上的最大困难是资金紧缺，难以调度。如按正常需要计算，至少需补充×××万元的流动资产，才能确保生产经营的良性循环。

××造纸机械厂
20××年××月××日

 点评

> 这是一则××厂20××年度财务情况的说明，文中对生产经营和财务状况进行了说明。其中，对利润情况、产品成本情况及资金情况进行了说明和分析，条理清晰，语言诚恳、简洁明了。

例文二

关于陈××、薛××交通事故的情况说明

2021年8月30日凌晨，环境科学与工程学院2019级博士研究生陈××与2020级硕士研究生薛××，在××路进行大气实验采样时不幸被一辆轿车撞伤。道旁群众电话报警并拨打120急救电话，两人被送至××市第一中心医院抢救。

学校有关部门领导、学生导师接到中心医院电话告知后立即赶到医院，并提出要不惜一切代价抢救受伤学生。医院紧急组织最好的医疗力量全力进行救治。但陈××同学因伤势过重，抢救无效，于凌晨3点50分确认死亡；薛××同学已脱离危险，现正在住院观察中。肇事司机已被交警大队扣留。

新学期已经开始，学校领导和有关部门特此郑重提醒各位同学：要增强安全意识，注意自我保护，保证自己健康、愉快、顺利地学习和生活！

校学生处
2021 年 9 月 2 日

点评

这是一则交通事故的情况说明。将事件发生的时间、地点、起因、经过、结果等交代得清楚明了，并在文末提醒学生要增强安全意识，使情况说明的实际意义得以显现。

【实践与探究】

1. 实践

××市第一大桥的修建工作原计划在 2019 年 12 月 30 日之前完工，但是由于施工难度大、气候寒冷等原因，未能按时完工。请替该施工单位写一份未能完成该工程计划的情况说明。

2. 探究

思考：写情况说明需要注意哪些问题？

注意事项

1）标题要简短、醒目。
2）内容叙述要严密完整、词达意显、详略得当、条理清晰。
3）语言要简洁，以说明为主。
4）实事求是，真实可靠。

【课后广场】

知识巩固

1. 情况说明在叙述时要注意哪些内容？
2. 在某一工地，由于工人违章操作引起重大塌方事故，你作为现场负责人要如何写该事故的情况说明？

强化练习

结合自己所学专业到企业走访，了解某一项目生产情况，写一份生产情况说明。

【相关链接】

情况说明写作技巧

1. 恰当命题，一目了然

情况说明的标题，多采用"关于××的情况说明"的格式，便于受众能够直接知晓说明的事项，获知必要的信息，并决定是否进一步了解具体内容。如《关于我国茶馆行业标准化工作及相关机构的情况说明》，标题简单明白，受众易于做出阅读判断，从而节省时间和精力。

2. 区分对象，准确称谓

情况说明在有致送对象的情况下要写明主送机关，如果是向领导报送的情况说明，则可以直接采用称呼语；如果是面向公众发出的情况说明，则不需要写出称谓。

3. 介绍经过，实事求是

（1）简明扼要，说明背景　介绍背景是为了让有关部门、人员了解事情的前因，掌握更多背景资料，为顺利阅读后文、得出准确判断做铺垫。这些背景必须和要说明的事件密切相关，既要交代完备、详尽，又要避免喧宾夺主。

（2）尊重事实，说明经过　详述事情经过是情况说明必不可少的内容，要如实地把事件发生的时间、地点、参与人以及事件的起因、发展、结果等详细写出。这部分内容要求实事求是，尊重事情本来面貌，并突出主要问题和主要矛盾。

（3）简洁明了，说明处置　针对一些事件的情况说明，要明确写出处理措施、处理结果和现状等。

（4）妥善落款，突显权威　情况说明的文后，均要有落款。落款既要写明发文机关，显示权威性；也要注明时间，增强时效性；一般情况下，还需要加盖公章，表明真实性。如果是个人做出的情况说明，署名时可以采用亲笔签名。

1.5 声明

【基本知识】

1. 概念

声明是指就有关事项或问题向公众披露或澄清事实，表明自己的立场、态度的一种启事类应用文。

2. 适用范围

1）很重要、很严肃的事情，需要公众了解。

2）公开、正式表明对某事的观点、态度。

3）说明事实真相。

3. 特点

1）对相关事项或问题进行事实披露或澄清。

2）表明自己的立场、态度。

3）警告警示他人，保护自己的合法权益。

4. 格式与写法

声明通常由标题、正文、落款三部分组成。

（1）标题　标题有以下形式：

1）直接用"声明"作标题。

2）以"作者＋标题"构成标题，如《律师声明》。

3）以"态度＋声明"构成标题，如"郑重声明"或"严正声明"。

4）以"事由＋文种"构成标题，如《知识产权声明》《关于有人冒用公司名义进行商业活动的声明》。

5）以"作者＋事由＋声明"构成标题，如《××集团关于反商业贿赂行为的声明》《××日报关于报道失实的声明》。

（2）正文　正文有以下内容：

1）简要写明发表声明的原因，包括作者对基本事实的认定，这是声明写作的基础。

2）表明作者态度、立场，有时直接写明下一步将采取的措施，这是核心部分。如需公众协助，还应写明联系方式。

3）结束语。可以用"特此声明"作为结束语，以示强调，或者不写。

（3）落款　落款有以下内容：

1）署名。署名既可以是单位，也可以是个人，但必须是真实身份。如果有重名情况，应注意区别。

2）成文日期就是发表声明的日期，要精确到天，日期要准确。

【例文点评】

例文一

遗失声明

本公司不慎丢失营业执照副本一份，号码为××××××。从登报之日起，声明作废。如发生其他事情，本公司概不承担任何职责。

××××有限公司
2021 年 5 月 30 日

 点评

这是一份遗失声明，内容简单明了，丢失物品特征清楚，语言严肃，并向公众表明了态度，声明作废。

例文二

公司合并声明

为进一步促进中小企业发展，推动公司并购重组工作，兹××××医药有限公司与××××药材有限公司合并。原××××公司所有业务转交××××××公司处理，特此声明。

××××公司
2021 年 5 月 1 日

点评

此声明语言表述简练，内容表达清楚，格式完整、恰当。

【实践与探究】

1. 实践

小张在乘火车的途中，不慎将身份证遗失，身份证号码为××××××××××××，请替他写一份声明。

2. 探究

写声明需要注意哪些问题？

注意事项

1）声明不能写成"申明"。申明是"郑重说明"，重在透彻解释，以说服对方，不能作为文体；声明是"公开表示态度或说明真相"，在此处是"声明的文告"，重在公开宣布，以让公众知道，属于应用文体的一种，二者不可混淆。

2）遗失声明登报时另有格式，一般遵从报社的格式要求，一般会处理成：××遗失××，号码××××××，特声明作废。

3）声明内容不能侵犯他人权益。

【课后广场】

知识巩固

1. 填空题。

1）声明是指就有关事项或问题向公众披露或澄清事实，表明自己的＿＿＿＿＿＿、＿＿＿＿＿＿的一种启事类应用文。

2）声明的写法，通常由＿＿＿＿、＿＿＿＿、＿＿＿＿三部分组成。

3）写作声明时，可以直接用＿＿＿＿作标题。

2. 简答题。

1）声明的标题有哪几种写法？

2）写作声明时，需要注意哪些问题？

强化练习

××煤焦化公司与××科技市场签订的租房协议,已超过租用期限,严重影响了××科技市场的正常工作。因此,××科技市场负责人决定登报声明,如××煤焦化公司10日内还未办理有关手续,产生的一切后果由该公司负责。请替××科技市场负责人写一份声明。

【相关链接】

声明和启事的区别

(1) 重要程度不同　声明的内容一般要比启事重要,失物寻找、招领等用启事;遗失证件、支票等通常用声明。

(2) 态度措辞不同　声明的态度严肃、慎重,措辞常较强硬;启事则态度礼貌,语言谦和。声明常以郑重声明、严正声明等为标题,并常以声明……,或特此声明一类的句式作结语;启事一般没有专用的结语。

(3) 写作目的不同　启事的主要目的是寻求公众的参与、配合或帮助;声明的目的是表明观点和态度,说明事实真相。

第 2 章　书信类文书

　　书信，是人们在日常生活和工作中以书面形式交流情感、研究问题、商讨事情、互通信息时所使用的应用文体。作为一种交际工具和手段，书信具有距离性、双向性和平等性等特点。现在所用的书信，除公函外，可概括为两大类，即普通书信和专用书信。普通书信是指私人之间来往的书信；专用书信则是指在特定的场合中使用的具有专门用途的书信，如求职信、证明信、慰问信、申请书、表扬信、检讨书等。随着时代的发展、科技的进步，微信和 QQ 已成为人们沟通交流的重要手段。微信和 QQ 具有使用简易、信息发送迅速、信息易于保存等特点，使人们的交流方式得到了极大的改善。

2.1　普通书信

普通书信

【基本知识】

1. 概念

　　普通书信是指家人、亲戚、朋友、同志之间询问生活状况、叙谈友情、交流思想、传递信息、研究工作、讨论问题等所写的私人信件。

2. 种类

　　普通书信一般分为家信、问候信、求助信三类。

　　（1）家信　家信是用来传递情感、传递温暖的书信。

　　（2）问候信　问候信是用来表达问候、沟通情感、加强联系的书信。

　　（3）求助信　求助信是指遇到困难求助他人的书信。

3. 格式与写法

　　普通书信一般由信笺、信封两部分组成。

　　（1）信笺　信笺一般由称谓、问候语、正文、祝颂语、署名、日期六部分组成。

　　1）称谓。称谓是指对收信人的称呼。第一行顶格写起，后加冒号。称谓要有礼貌，符合对方身份。

　　2）问候语。问候语是指表示问候或者思念之情的话，写在称谓的下一行，开头空两格，单独成为一个段落，以示对收信人的礼貌和关心。常用的有"您好""近日工作忙吧""好久没有写信了，十分想念你"等。

　　3）正文。正文是书信的主要部分，一般来说正文由缘起语、主体文和总括语三部分组成。

　　① 缘起语。缘起语在问候语之后另起一行空两格写，说明为什么要写这封信。如果写的是回信，要写明"×月×日的来信已经收到，请勿念"之类的话。

　　② 主体文。主体文另起一行空两格写，主要谈自己要说的事情。写作顺序一般应是先

主后次,先谈对方再谈自己。如果说的事情不是一件,最好一件事写一段。重要的事先写,次要的事后写,这样显得眉目清楚,收信人也一目了然。如果是回信,最好在主体文开始,把来信询问的问题、或者委托过什么事情、或者事情的结果等内容明确地告诉对方,因为这是收信人最关心的事情,然后再写自己要说的话。

③ 总括语。在主体文结束时,用总括语总括一下全信的内容,以加深收信人的印象。如果认为没必要,也可不写。

4)祝颂语。正文结束时写上一句表示祝愿、敬意或勉励的祝颂语。

祝颂语一般分成两部分来写:祝颂语的前半部分写"此致""祝你"等词语,既可以紧接正文写,也可另起一行空两格写;祝颂语的后半部分写"敬礼""近安"等词语,一定要另起一行顶格写,以表示尊敬。

5)署名。署名是在正文的右下方签上写信人的姓名。可在署名前加关系词,如"学生""女儿"等。

6)日期。在署名的下一行写上发信的日期,一般用阿拉伯数字书写。

如果信已经写完,临时又想起一些事情要告诉对方,或觉得某件事叙述得还不够全面等,在信的后面还可以补写。可在补写话语的前面加上"另""又""另外""还有""附"等字样。

一般书信的格式写法如图2-1所示。

图2-1 一般书信的格式写法

(2)信封 标准的信封包括五个部分:

1)收信人邮政编码。收信人邮政编码填写在信封左上方的六个方格内,用阿拉伯数字书写,字体要工整、易于辨识。

2)收信人地址。在收信人邮政编码的下一行写上收信人的地址,一定要写具体,地名、单位要写全称。在大地名和小地名之间,地名和号数之间都要空一格断开,以给人眉目清楚之感。一行写不完可以转行写,但不要把地名拆开,也不要把号数拆开,以免看错、投错。

3）收信人姓名。收信人的姓名要写在信封中间部位，字体略大一些。姓名后面可以空两三格，根据收信人的具体情况写上"先生""女士""教授"等称呼，也可以不写。这里要注意，收信人的姓名既是给收信人看的，也是给邮局和收发人员看的，因此在收信人姓名后面写"父亲""爷爷""儿"之类的称呼是不合适的。

4）发信人的地址和姓名。在收信人的下边，信封偏右的地方，用比收信人姓名字体略小的字写发信人的地址和姓名。地址应当写全称，姓名写全称或只写姓，这样万一投错，也能迅速退还本人，同时收信人一看到信封，也就知道是谁从何处寄来的。

5）发信人邮政编码。发信人邮政编码填写在信封右下方的六个方格内。

信封写好后，把信笺装入信封内，封好口。邮票应贴在右上角贴邮票的地方，不要贴在信封背面或封口处。若寄航空信，还须向邮局索取航空标志，贴在邮票旁边，也可以买专用航空信封。

信封格式如图 2-2 所示。

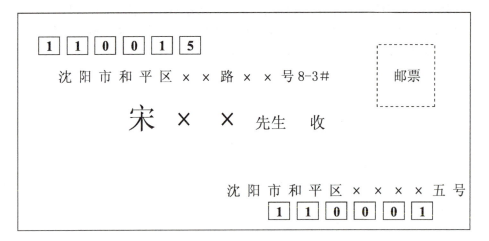

图 2-2　信封格式

【例文点评】

例文一

亲爱的爸爸妈妈：

　　你们好！

　　很长时间没有给你们写信了，非常想念你们。我一切安好，勿念。你们汇来的 1 万元钱我于今天下午收到，这些钱对我来说真是雪中送炭，这回我去北京实习就有充足的资金了，谢谢爸爸妈妈，等我工作赚钱了，一定好好报答你们。

　　我们现在处于毕业设计的关键时期，时间很紧，学习任务很重，但请爸爸妈妈放心，我会注意自己的身体，并处理好学习和休息的关系，请二老不要牵挂。

　　这里现在很热，不知家乡气候如何。北方天气早晚温差大，请二老一定要多保重身体，适当锻炼。妈妈的心脏一直不太好，不要过于劳累，遇事也不要着急上火。父母健康，就是儿女的福分，唯愿爸爸妈妈永远健康，给儿子多一些报答二老的机会。

　　好了，就写到这吧，等儿放假回家再唠。

祝爸爸妈妈

健康长寿！

儿×× 敬上

2021年6月14日

 点评

　　这是一封求学在外的学生写给父母的信，格式规范。称谓顶格写起，后面加冒号。问候语另起一行，独立成段。正文另起一行，首先写回信的主要原因：汇款收到，表示感谢；接着另起一段介绍自己的情况；再写自己对父母的牵挂。结尾的祝颂语很有礼貌。这封信文字朴实，用语贴切，虽写的都是平常生活，但小中见大，对父母真挚的感情流露于字里行间，感人至深。

例文二

尊敬的王老师：

　　您好！

　　毕业离开母校已有半年了，我却一直没有给老师写信，非常想念老师，不知您现在可好？老师，您长年肩负着教学和班主任工作，一定很辛苦，要保重自己的身体啊。往日您对我的教诲，学生至今难忘。每当我遇到困难的时候，是您的鼓励帮我战胜困难，继续前行；每当我取得成绩骄傲自满时，是您的鞭策让我清醒，再接再厉。今天我能立足于社会，离不开老师的辛勤培育，谢谢您，老师！

　　我毕业后就职于镇里的园林规划处，在工作中，我深深感到专业知识的匮乏，后悔在学校时，没有尽自己的全力学习。为了尽快充实自己的业务知识，提高自己的工作能力，我报考了自学考试，买了有关园林方面的专业书自行钻研，我期望自己能尽快掌握更多的专业知识和专业本领。

　　老师，您对我的谆谆教导，我永生难忘。虽然我已离开了母校，但我时常回忆起无忧无虑的学生时代，更加想念辛勤培育过我的老师。今天学生特地给老师写信，致以问候之情，希望有机会能再次得到您的教诲。

　　敬祝

教安！

学生陈×× 敬上

2021年2月14日

 点评

　　这是一封学生写给老师的问候信。信的开头部分表达出对老师的思念，接着汇报了自己的工作、学习情况，最后以对老师的赞扬和无限感激作为结尾。离开母校，走向工作岗位，是每个学生的必经之路，而往往在步入社会后，才更能体会到求学期间师生之情的真挚，感受到知识的宝贵。本文用质朴的话语，表达出对老师浓郁的爱戴之情、尊重之意，给人以亲切感。

例文三

郭老师：

您好！

在学校举行的"成才杯"英语大赛上，我听到了您的英语演讲。您那标准的发音、流畅的口语表达、潇洒的风度令我钦佩不已。

我非常喜欢英语，早就想学英语口语，只是苦无良师指导。作为一名在校生，我渴望拜您为师，您能不能抽些时间教教我？

我是2021级检测班的学生，叫杨××。盼您答复！

祝老师

工作顺利！

学生　杨××

××××年××月××日

 点评

> 这是一封求助信，语言朴实坦诚，言简意赅。它很好地体现了求助信的特征——目的明确，即一定要写清向谁求助，为何求助，求助的目的是什么。

【实践与探究】

1. 实践

小童因为学习成绩的问题，与她的父母吵架了，请你以朋友的身份给小童写一封信，劝她多理解父母，不要再与父母吵架。

2. 探究

思考：写普通书信需要注意哪些问题？

 注意事项

1) 注意格式要规范，讲究礼貌。

2) 明确写信的目的，力求明白、有条理地表情达意。

3) 语言要尽量口语化，用语要规范。

4) 字迹要工整，尽量不要涂改。不能用铅笔书写，以防模糊不清；也不要用红笔书写，这会被人认为是绝交信。

【课后广场】

 知识巩固

1. 填空题。

1) 普通书信由_____和_____两部分组成。

2) 书信的信笺由_____、_____、_____、_____、_____和_____构成。

2. 改错题。

1）指出下面这封信在格式上的错误。

大哥：

你好！

  你给我的信收到了，你在百忙中能关心我，让我还是感激万分！你的话是正确的，父亲对我说的话，我不能忘记。我自从到了部队，无论是领导还是同志，对我都很好，时常鼓励我，我不敢懈怠。无论是学科测验，还是术科的射击比赛，我都不落人后，经常保持前五名的成绩。但我绝不自满，我要加倍努力，希望在以后有更好的表现。

  大哥，谢谢你对我的关心！

祝你

  工作顺利！

              ××××年××月××日
                  弟××

A. _____
B. _____
C. _____
D. _____
E. _____

2）下面是一位高三毕业生写给她正在上大学的表姐的一封短信，在语言上有三处错误，格式上有两处错误，请指出错误内容并写出修改意见。

小华表姐：

近来可好？

  我马上就高中毕业了，想报考高等师范学校，将来当一名人民教师，可爸爸妈妈坚决不同意，偏要我报别的专业。谁都知道，咱们是表姐表妹，我想请你做做他们的思想工作。如果你有时间的话，希望你务必尽快给爸爸妈妈写封信谈一谈。拜托了！

  顺祝

  学习进步！

                表妹 ××
                四月十日

序　号	错误内容	修改意见
①		
②		
③		
④		
⑤		

3）下面是一个填写有误的信封，请具体指出错误之处。

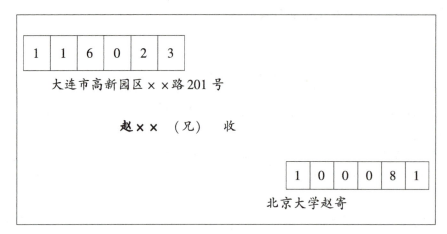

 强化练习

1. 新学期开学已有好长时间了，请给你的父母写一封信，汇报一下自己开学以来的学习生活情况。

2. "每逢佳节倍思亲"，在节日到来之际，请你给过去教过你的某位老师写一封问候信。

【相关链接】

我国早期邮政的象征——鱼雁

在我国古代，鱼雁和书信有着密切的渊源。古诗文中留有许多记载，如"关山梦魂长，鱼雁音尘少""鱼书欲寄何由达，水远山长处处同"等。因为传说古人在剖鲤鱼时，看见鱼肚里有书信："客从远方来，遗我双鲤鱼。呼儿烹鲤鱼，中有尺素书"（汉乐府《饮马长城窟行》）——后来人们便把书信叫做鱼书。而鸿雁是候鸟，往返有期，故人们想象雁能传递音讯，因而书信又被称作"飞鸿""鸿书"等。唐代著名诗人王昌龄有诗曰："手携双鲤鱼，目送千里雁"由于这种渊源，鱼雁成为我国早期邮政的象征。

2.2 专用书信

专用书信一般包括求职信、申请书、表扬信、检讨书等。

2.2.1 求职信

【基本知识】

1. 概念

求职信是个人向用人单位谋求职位时使用的一种专用书信。广义的求职信包括应聘信和自荐信。求职信具有针对性、自荐性、独特性等特点。

2. 种类

求职信有以下分类：

1）根据求职者的身份不同可分为以下几类：

①毕业生求职信。

②待业、下岗人员的求职信。

③在岗者求职信。

2）根据求职对象的情况不同可分为以下几类：

①有明确单位的求职信。这是指求职者有确定的求职单位，求职信只是写给该单位，准备在此单位谋职。这类求职信可以根据该单位的用人情况，目的明确地介绍自己，说明自己达到了用人单位的要求。

②广泛性的求职信。这是指求职者无确定的求职单位，求职信是写给所有同类性质的单位。这种求职信只能根据自己的专长和技能，凭借用人单位通常的用人标准来进行写作。

3. 格式与写法

求职信一般由标题、称呼、问候语、正文、祝颂语、落款、附件等七部分组成。

（1）标题　标题一般写"求职信""应聘信""自荐信"，位置居中。

（2）称呼　称呼顶格书写，如"××公司""尊敬的贵公司领导"。

（3）问候语　问候语另起一行，空两格写，如"您好"等。

（4）正文　正文另起一行，空两格写。正文包括以下内容：

1）求职缘由，简要交代为什么要向该用人单位求职，是通过什么途径获得该用人单位的招聘信息的。

2）个人简介，包括姓名、性别、年龄、籍贯、文化程度、毕业学校、所学专业等。

3）个人能力，着重介绍自己的所学课程、业务能力、实践经验、工作成绩、基本素质、兴趣爱好等。这一部分是求职成败的关键，要写得充分具体。所学课程可以列上几门最主要、最有特色的专业课；实践经验包括勤工俭学、课外活动、社团组织、实习经历等；兴趣爱好也可以列上两三项。

4）求职意向，包括求职的目的、能胜任何种工作、希望得到何种职务以及被聘用后的工作计划等。

5）请求语，其作用是希望并请求用人单位给予面谈的机会，语气应诚恳、有礼貌。

（5）祝颂语　祝颂语以表示敬意或祝愿的话作为结束，另起一行空两格写。如"此致"，再转行顶格写"敬礼"。

（6）落款　落款是在祝颂语右下方写上姓名，可以用"敬上"或"谨上"等词语以示礼貌和谦逊。姓名下面写上日期。

（7）附件　附件是信后附上的有关资料，如简历表、学历证、资格证、获奖证书、技能等级证书、身份证的复印件等，要在正文左下方注明。此外，还要在左下方留下详细的通信地址、邮政编码以及电话号码、电子邮箱地址等信息，以便于联系。

求职信的基本格式如图 2-3 所示。

```
                    ┌──────────┐
                    │   标  题  │
                    └──────────┘

      ┌──────┐
      │ 称 呼 │
      └──────┘
      ┌──────────────────────────┐
      │           问候语          │
      └──────────────────────────┘
      ┌──────────────────────────┐
      │          求职缘由          │
      └──────────────────────────┘
      ┌──────────────────────────┐
      │          个人简介          │
      └──────────────────────────┘
      ┌──────────────────────────┐
      │          个人能力          │
      └──────────────────────────┘
      ┌──────────────────────────┐
      │          求职意向          │
      └──────────────────────────┘
      ┌──────────────────────────┐
      │           请求语          │
      └──────────────────────────┘
              ┌──────┐
              │ 祝颂语│
              └──────┘
      ┌──────┐
      │ 祝颂语│
      └──────┘
                                ┌──────┐
                                │  署名 │
                                └──────┘
                                ┌──────┐
                                │  日期 │
                                └──────┘
      ┌──────────┐
      │  联系方式 │
      └──────────┘
```

图 2-3　求职信的基本格式

【例文点评】

例文一

自　荐　信

尊敬的领导：

　　您好！

　　首先，真诚地感谢您在百忙之中抽空垂阅我的自荐材料！我叫×××，是××学校××专业的××届毕业生。

　　在校期间，我认真学习，勤奋刻苦，努力做好本职工作，在学生会和班级工作中积累了大量的工作经验，具有良好的身体素质和心理素质。大学三年来我努力学习专业知识，从各门课程的基础知识出发，努力掌握基本技能、技巧，深钻细研，寻求其内在规律，并取得了良好的成绩，曾获得二等奖学金。在学好专业知识的基础上，我还自学了计算机操作技能，能够熟练操作计算机操作系统、Office办公软件、网页制作程序、图形图像处理程序、Auto-CAD等，并在学院网页设计大赛中荣获一等奖。

实践是检验真理的唯一标准，所以我利用暑假期间到××电器公司实习电路的配线和故障排除，还安装了××中学语音室的电路。课余时间我还到图书馆为同学们服务，在图书馆和阅览室里，我学到了很多知识。一个人只有把聪明才智应用到实际工作中去，服务于社会，有利于社会，让效益和效率来证明自己，才能真正体现自己的自身价值！我坚信，路是一步一步走出来的，只有脚踏实地，努力工作，才能做出更出色的成绩！

作为一名刚从象牙塔走出来的学生，我的经验尚且不足，但请您相信我的努力将弥补这暂时的不足，也许我不是最好的，但我绝对是最努力的。

最后，衷心祝愿贵公司事业发达、蒸蒸日上。

此致
敬礼

自荐人：×××
××年××月××日

 点评

> 这是一封应届毕业生向用人单位发出的自荐信。自荐信格式合理，正文重点突出，能够充分体现个人的优势和特长，语气诚恳。

例文二

应 聘 信

××大学人事处负责同志：

我叫王××，女，今年26岁。我于2018年毕业于××建筑大学建筑学专业，同年赴美国攻读西方建筑史。2020年获建筑学硕士学位，并翻译出版了《西方建筑史话》《西方著名建筑图解》等书籍。2020年至今在美国加利福尼亚州×××公司设计部工作。

虽说我现在从事的工作有比较优厚的待遇，但我一向热衷于东西方的建筑史研究，更希望自己能够在祖国的大学里传授多年研究的成果，并进一步深入研究东西方建筑艺术。看了贵校刊登在《××日报》上的"高薪诚聘教师启事"，我认为我的条件符合贵校的要求，我也比较赞赏贵校的创业精神和用人之道，为此我不揣冒昧，向贵校提交我的应聘信。我相信我就是贵校的合适人选。贵校如有意，请尽快与我联系。随信附上简历、证书等复印件。

此致
敬礼！

王××
××××年××月××日

联系电话：1380402××××
Email：wxz××××@163.com
联系地址：本市××路508号　　邮政编码：××××××

点评

　　这是一封在岗求职的应聘信。求职者在信中首先介绍了自己的年龄、专业、学历等基本情况，使用人单位对其有个基本了解。其次，谦虚诚恳地向用人单位表达出自己意欲谋求此职务的意图，是为了更好地发挥自己的专长，同时也表现出自己对该用人单位的创业精神和用人之道的欣赏，以博得对方好感。最后再次表明意欲谋职的意向，并留下联系方式。本文的精彩在于用语准确、简洁、明快，寥寥数语既介绍了自己又表明了自己的意愿。

【实践与探究】

1. 实践

　　某宾馆因工作需要，需招聘大堂经理、公关助理、餐饮部领班、服务员、保安员，有一位35岁的下岗女工毅然前往应聘。她认为自己有如下优势：在原单位担任过保卫干事，熟悉保安工作的规律与特点；女性善于察言观色，第六感觉特强，非常细心；受过专门训练，学过擒拿格斗的基本技巧，而且还在业余时间学过柔道；体格健壮等。

　　请根据以上材料代她写一封求职信。

2. 探究

　　思考：写求职信需要注意哪些问题？

 **注意事项**

　　1）格式规范，项目齐全。
　　2）态度诚恳，用语得体。
　　3）内容恰如其分，实事求是。
　　4）篇幅宜简洁，切忌过长。
　　5）书写规范。如有一手好字，最好采用手写体。

【相关链接】

个人简历制作实例

　　个人简历是对求职者过去的工作经历、教育背景等情况的陈述材料，是用于求职的书面交流材料，往往附在求职信的后面。个人简历是通向求职成功的入场券，所以写好个人简历意义重大。

　　个人简历一般包括四部分内容：个人基本情况；学历情况；能力特长；求职意向。

　　个人简历按制作形式可分为条文式、表格式两种。其中，表格式简历制作简捷，内容清晰、简练，对应届毕业生来说十分合适。以下是一份表格式简历的实例。

个人简历

姓名	林××		性别	女
籍贯	辽宁省××市		民族	汉
出生年月	1998年9月		政治面貌	团员
学历	高职		所学专业	园林
联系方式	家庭住址	××市××县××乡		
	固定电话	××××××	手机	138××××××××
教育经历	2014.9~2017.6　××县第一高级中学			
	2017.9~2020.6　××省职业技术学院			
技能水平	1. 掌握了土壤肥料、植物及植物生理、生态农业等基础知识和技术 2. 掌握了花卉、蔬菜、果树、草坪等作物的栽培管理 3. 能够运用所学知识分析和解决园艺作物方面的问题			
知识结构	主修：绘画、工程制图、园林设计、园林建筑、城市规划和绿地、风景区规划、园林树木学、花卉学、园林树木栽培与养护、计算机辅助设计等			
自我评价	思想上积极要求上进，学习勤奋刻苦，成绩良好，团结同学，尊敬师长，乐于助人，能吃苦耐劳，为人诚恳老实，性格开朗善于与人交际，工作上有较强的组织管理和动手能力，集体观念强，具有团队协作精神和创新意识			
奖惩情况	2018年获校"优秀团员"称号；个人素质大赛二等奖 2019年获校"优秀学生"称号；三等奖学金 2020年获校"优秀学生"称号；二等奖学金			
特长爱好	阅读、写作、运动、音乐			
求职意向	希望从事与本专业相关或相近的工作			

2.2.2　申请书

【基本知识】

1. 概念

申请书是单位或个人因某种需要，向有关部门、组织或社会团体提出书面请求、表达意愿或请求解决问题、希望得到批准的一种专用文书。

2. 种类

申请书一般分为思想政治方面的申请、工作学习方面的申请、日常生活方面的申请三类。

(1) 思想政治方面的申请　思想政治方面的申请一般是指加入某些进步的党派团体,

如申请加入中国共产主义青年团、中国共产党、少先队、工会或者中国人民解放军等。

（2）工作学习方面的申请　　工作学习方面的申请是指求学或在实际工作中所写的申请，如入学申请书、带职进修申请书、工作调动申请书等。

（3）日常生活方面的申请　　日常生活中，柴米油盐、吃穿住行等不时会遇到一些问题，需要个人申请才可以被组织、集体、单位等考虑照顾或着手给予解决，如申请福利性住房、申请结婚、个人申请开业或困难补助申请等。

3. 格式与写法

申请书一般由标题、称谓、正文和落款（署名、日期）构成。

（1）标题　　申请书的标题一般由申请内容和文种两部分构成，写在首页第一行居中。

（2）称谓　　在标题下空一至二行顶格写出接受申请的单位、部门、组织的名称或有关负责人的姓名，并在称呼后加冒号。

（3）正文　　正文是申请书的核心和主要内容，一般分为两部分。前一部分通常阐明申请的原因和理由。思想政治方面的申请则写明个人情况、家庭成员及社会关系，还须表明对组织的认识以及加入动机。后一部分则表明申请的具体愿望和需求。结尾处一般写上"此致""敬礼"之类表示敬意的话。

（4）署名和日期　　在正文的右下方写出"申请人：×××"，并另换一行写上"××××年××月××日"。

申请书的基本格式如图2-4所示。

图2-4　申请书的基本格式

【例文点评】

例文一

入党申请书

敬爱的党组织：

我志愿加入中国共产党！志愿加入中国共产党大家庭！

儿时的我，上学路上听着广播"没有共产党就没有新中国"，当时对此没有深入地了解，只感觉歌曲余音绕梁、不绝于耳，甚是好听。现在，正值青年的我，对此有了深入地了解，比对1840年以来的世界史，我国见证了世界之林中民族的兴起与衰落、国家的诞生与灭亡，在数不尽的政党更替的背后，只有中国共产党带领下的中华人民共和国强势而稳定地崛起，中国的强大，验证了此事。

1997年的"亚洲金融危机"，华尔街的"索罗斯飓风"席卷亚洲，在其他国家相继屈服的恶劣大环境下，中国共产党顶住巨大压力，坚持人民币不贬值，不仅稳住了中国经济，而且帮助许多国家和地区走出了危机；2007年的"美国次贷危机"波及全球，但是在中国共产党迅速、有力、坚决的政策措施下，我国未受到明显波及，国内经济井井有条、富有弹性；2020年开始的"新冠疫情"蔓延全球，我国在中国共产党的坚强领导下，疫情防控成就令人瞩目，全国万众一心、团结抗疫的画面令我永生难忘。中国共产党是经受过无数的、全方位的事实检验的，证明了她所拥有的一系列优秀特质！

2021年，是中国共产党的第一个百年华诞，这一百年来，在马克思列宁主义、毛泽东思想、邓小平理论、"三个代表"重要思想、科学发展观、习近平新时代中国特色社会主义思想的引领下，中国共产党领导全国各族人民，统揽伟大斗争、伟大工程、伟大事业、伟大梦想，推动中国特色社会主义进入了新时代，让我们的国民生活更上一层楼，使得我国人民的生活水平大幅提高，确保了我国现行标准下农村贫困人口实现脱贫，贫困县全部摘帽，解决了区域性整体贫困。我的家乡，也在2019年退出了贫困县。

中国共产党领导下的中国，在国内外各种事件中取得的辉煌成就，让我无比自豪，同时更加意识到了中国共产党的重要性，我入党的意愿无比强烈。

在党组织的培养与关怀下，我在思想觉悟、工作、学习、综合素质等方面都有了不小进步，为此我申请加入中国共产党。当然，我也对自身有一个清楚的认识，既无好的成就，也有许多需要补充的知识，但我通过不断的学习，不仅提高了自己的知识水平，还提高了为社会做出更大、更多贡献的思想觉悟。为了能在未来成为一名合格的共产党员，我会奋力消除自身的缺点，并认真做到以下几点：

一、思想上认真学习党的各项方针政策，用马克思列宁主义、毛泽东思想、邓小平理论、"三个代表"重要思想、科学发展观、习近平新时代中国特色社会主义思想武装自己的头脑，用共产党员的标准来激励自己、鼓舞自己，在思想上提前入党。

二、工作中脚踏实地、认真仔细，以社会主义核心价值观为准则，向周围优秀党员学习，将党的知识理论与本职工作紧密联系起来，奋力为人民谋利、为人民谋福、为国家谋强、为国家谋安。

一百年的风雨兼程，一百年的波澜壮阔，历史的车轮滚滚向前，历史的河流大浪淘沙，在中国共产党的坚强领导下，中国巨轮以人民为依托、以中国共产党的领导为方向，披荆斩棘、攻坚克难、勇往无前，驶入了新时代的星辰大海！我期望能早日加入中国共产党！早日加入中国共产党大家庭！更好地为祖国、为人民服务！

我，志愿加入中国共产党！志愿加入中国共产党大家庭！志愿为共产主义事业奋斗终生！

请党组织在实践中考验我！

此致

敬礼!

申请人：×××
××××年×月×日

 点评

  入党申请有书面申请和口头申请两种方式，青年学生一般采取书面申请的形式向组织递交入党申请书。例文中申请人向党组织提出入党的志愿要求，表明了对党组织的认识及入党的动机，并介绍了本人在政治、思想、工作等方面的情况，明确了今后努力的方向。这样，便于党组织对申请人有针对性地进行考察、教育、培养，同时也是党组织确定入党积极分子和发展对象的重要依据。入党申请书，是要求入党的青年学生对党的认识和自我认识的反映，每一位希望入党的青年学生，都应该认真写好入党申请书。

  入党申请书的基本格式如图 2-5 所示。

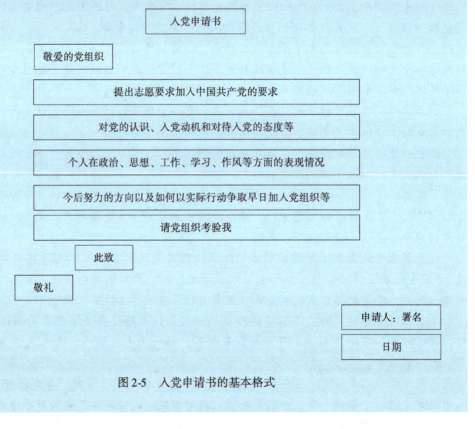

图 2-5　入党申请书的基本格式

例文二

工作岗位调动申请书

尊敬的领导：

  您好！

  我是张××，于 2017 年 6 月进入×××公司工作至今，目前在金属二车间后道工序担任组长一职。现申请调到分公司工作。

在加入×××公司这2年，我由一名普通的新员工成长为组长。在这段时间里，通过公司的培训以及领导的培养，我努力把自己的工作做到最好，兢兢业业，吃苦耐劳，用心做事；带领组里员工积极配合车间领导的各项工作，及时完成调度下达的生产任务，为提高车间的效益贡献出了自己的微薄之力。在此期间，我的工作能力和各方面的专业知识有了很大的提高，自己虚心求学、踏踏实实的工作态度得到了车间领导的肯定，自己的工作成果得到了领导的认可！

感谢领导对我的信任和培养，感谢工友对我的关心和帮助！

由于个人家庭原因，现在自己不能继续担任此项工作，自己的家人一直都在××市工作、生活，最为主要的原因就是自己身负高额的房贷压力，必须全方面考虑，前往××市，集全家之力还贷。

为解决自己的实际困难，免除后顾之忧，更好地投身工作，我希望调到分公司工作。恳请上级领导考虑本人的实际情况，解决我的工作难题。希望各位领导同意本人的工作调动申请，请给予批准，谢谢！

此致

敬礼！

申请人：
××××年×月×日

点评

工作调动申请言辞恳切，理由充分合理，实事求是；态度诚恳、朴实。

【实践与探究】

1. 实践

结合本人实际，写一份入党申请书。

2. 探究

思考：写入党申请书需要注意哪些问题？

注意事项

1) 写清楚申请入党（团）的动机、理由，使党（团）组织可以透彻地了解申请人的愿望和要求。

2) 如实叙述自己的经历和家庭等情况，不可弄虚作假，以便党（团）组织对你进行考察和了解。

3) 写入党（团）申请书要态度严肃，切忌东拉西扯，要有真情实感。

4) 语言简洁、态度谦和，要表明自己申请的诚挚之情。

【相关链接】

"此致""敬礼"的用法

以往写信，在结尾处要写上"此致""敬礼"，这在当时书信流通的时代已经成为一种习惯。"敬礼"，表示礼节性的尊重，那么"此致"是何意呢？

此致里的"此"字，表示的不是后面我要敬礼了，而是对前文的指向。"致"在这里指的是尽、完的意思，用在这里，第一是表示信就写到这里了；第二是表示话已经完全交代给你了，言外之意就是"上面的话说完了"或者是"上面的话都说给你听了"。

除此之外，还有别的表达方式，比如"此复"，多用于回信，是指我已经回复完了；或者"此布"，是指我已经发布完了；或者是"此通知"，是指以上就是通知的整个内容等。

虽然现在的交流方式发生了巨大变化，但是有一点要注意，在公文上，不管是电子邮件还是纸质书信，还是保留有这种习惯，所以不能让碎片化的信息方式改变了我们正常的、带有礼仪的社交方式，关键时刻用错了会让人笑话。

2.2.3 表扬信

【基本知识】

1. 概念

表扬信是用来表彰好人好事的一种专用书信。表扬信既能以组织的名义写，也能以个人的名义写。

2. 格式与写法

表扬信通常由标题、称谓、正文和落款四部分构成。

（1）标题　标题单独由文种名称"表扬信"组成。

（2）称谓　写称谓时一般顶格写被表扬的机关、单位、团体或个人的名称。

（3）正文　正文一般包括如下内容：

1）交代表扬的理由。用概括的语言着重叙述人物事件的发生、发展、结果及其意义。这部分叙述要清楚，要突出事件最本质的方面，要用事实说话，少讲空道理。

2）指出行为的意义。在叙事的基础上对事件进行评价、议论，赞颂其所作所为的道德意义，如指出这种行为属于哪种好思想、好风尚、好品德。这部分内容要简洁，评价要恰当。

3）提出希望和要求。提出对当事人的表扬，或者向当事人的单位提出建议，希望给予表扬。

（4）落款　落款应在右下方写明发文单位名称或个人姓名，并注明成文日期。

表扬信的基本格式如图2-6所示。

图2-6 表扬信的基本格式

【例文点评】

例文

表 扬 信

×××学校全体师生：

  本月9日我公司从外地运回一批装饰材料（密度板），因卡车出现故障，临时将货物卸在马路边。下午3点左右，我们正往公司仓库搬运货物，忽然雷声隆隆，下起了瓢泼大雨。大家正急得不知所措时，一群放学路过的学生，立即投入了抢运货物的战斗。抬的抬、扛的扛、搬的搬，使我们数万元的货物免遭损坏。为表达感激之情，我们买来饮料、水果招待他们，可他们坚决不肯接受，甚至连姓名也不愿留下。

  直到今天早晨，我们才了解到他们是贵校2019级市政（3）班的王××、陈××等6名同学。我们十分感谢贵校这些同学，他们助人为乐、做好事不留名的行为使我们深受感动，我们为贵校能够培育出这样的人才感到欣慰。

  我们应该向这些做好事的同学学习，也希望贵校对他们进行表彰，使广大学生以他们为榜样，将雷锋精神发扬光大。

××建筑装饰公司
2021年4月12日

  这是一封单位发给学校的表扬信。语气热情恳切，文字朴素流畅，篇幅短小精悍。信中用概括性语言介绍了事件过程，并对事件的意义做出了评价，赞颂学生助人为乐的精神，表达自己真诚的谢意，最后向学校提出给予这些学生表彰的建议。总体看来，表扬信以表扬为主，不乏感谢之意。

【实践与探究】

1. 实践

根据你所见到的好人好事，写一封表扬信。

2. 探究

思考：写表扬信需要注意哪些问题？

注意事项

1）叙事要简洁，重点叙述事件的发生、发展、结果及其意义。

2）要用事实说理，不要以空泛的说理代替动人的事迹。

3）评价要适当，语气要热情、恳切，文字要朴素、精炼，篇幅要短小精悍。

4）一般用大红纸誊写好，贴在被表扬对象单位的墙上。

2.2.4 检讨书

【基本知识】

1. 概念

检讨书也叫"检查"，是犯了错误或出现过失的个人或单位，向领导或上级检讨错误所写的一种书信。检讨书要表述自己对错误行为所进行的反省、悔悟，并希望以后在大家的监督下彻底改正错误。

2. 格式与写法

检讨书一般由标题、正文、落款三部分组成。

（1）标题　检讨书的标题通常是在第一行居中写上"检讨书"三个字。

（2）正文　检讨书正文需写明以下内容：

1）写清犯错误的基本过程，同时交待所犯错误的性质、后果及造成的危害性。在叙述事情的过程时，要求将事件的前因后果叙述清楚。

2）在分析所犯错误的基础上，提出以后改正的决心和改正方案。改正方案要具体可行，以备有关单位和群众监督执行。

（3）落款　落款处要求检讨人写出自己的姓名，并签上日期，需注意的是姓名前一般还需加上"检讨人"三个字。

检讨书的基本格式如图2-7所示。

```
                    ┌─────────┐
                    │  标题   │
                    └─────────┘
        ┌──────────────────────────────┐
        │       错误的基本过程         │
        └──────────────────────────────┘
        ┌──────────────────────────────┐
        │ 所犯错误的性质、后果及造成的危害性 │
        └──────────────────────────────┘
        ┌──────────────────────────────┐
        │  以后改正错误的决心和改正方案 │
        └──────────────────────────────┘
                              ┌───────────┐
                              │ 检讨人：署名 │
                              └───────────┘
                              ┌───────────┐
                              │   日期    │
                              └───────────┘
```

图2-7　检讨书的基本格式

【例文点评】

例文

检 讨 书

  今天下午我从校外回来，被校值班门卫叫住，让我出示学生证。由于我出去时匆忙，忘记了带学生证，所以就说了句"没带"，就跑进校门。这时门卫追上来，非让我回去登记班级、姓名。当时我有点着急，没有理会他，仍径直向校内跑。门卫就上来阻拦并拉住了我的衣服，我一时冲动，就和门卫厮打起来，直到周围的人赶过来拉开我们。

  这件事情错误在我，经过老师的批评教育，我深刻地认识到自己违反了学校的规章制度，并造成了不良影响，我进行了深刻的反省。首先，我做事马虎，竟然忘记了每个学生必须随身携带的学生证。其次，我遇事冲动不冷静，缺乏自制力，这表明我的个人修养欠佳。最后，我同门卫厮打，既没有尊重门卫的辛苦工作，又在校园造成了不良影响。

  我保证以后不会再犯类似的错误了，我要严格遵守校规校纪，努力提高自己的修养，遇事时一定冷静，不急躁，请同学和老师监督我。另外，在这里我也向今天的值班门卫鲁××表示道歉。

检讨人：李××
2021 年 5 月 21 日

 点评

> 这是一封学生的检讨书。检讨人首先将自己所犯错误的经过和基本事实写出来；然后在认识错误的基础上进行了深刻的反省，保证以后不再犯，并提出改正方案；最后请老师和同学们监督自己。这封检讨书格式规范，检讨人的态度很真诚，语言表达通俗易懂。

【实践与探究】

1. 实践

赵××因期末考试作弊，违反了学校的考试纪律，请替他写一份检讨书。要求态度明确、格式正确。

2. 探究

思考：写检讨书需要注意哪些问题？

注意事项

1）对所犯错误的事实叙述应准确、简洁，不必过于详尽；但也不能敷衍了事，对自己的错误左遮右盖，流于形式。

2）检讨人一定要尊重事实，对自己所犯错误有一个透彻的认识。

3）要真诚地表达改正错误的决心。

4）检讨书的语言要求真挚自然，所作的保证要切实可行。

【课后广场】

知识巩固

1. 填空题。

1）求职类书信是_____的专用书信。

2）申请书一般由_____、_____、_____、_____几部分构成。

3）检讨书一般由_____、_____和_____三部分组成。

4）广义的求职信包括_____、_____两种。

5）一般说来，简历应包含_____、_____、_____和_____四个部分。

2. 改错题。

1）下面这则求职信，还应该添加什么内容？请写在适当的位置。

求 职 信

××运输公司：

我叫潘××，男，25岁，××驾驶学校毕业，曾在本市较大的××汽车公司当客车驾驶员。我工作踏实，曾屡次受到该公司物质奖励。我除了驾驶技术熟练，也学过汽车修理，有一定的修理技能。我请求到贵公司担任驾驶员，如蒙录用，我将竭诚为贵公司服务。

2）阅读下面这封申请书，完成问题。

××文学社：

我是本校高二（3）班学生，名叫张××。我从小酷爱文学，喜欢写作，但收效甚微。为了取得该社的培养和社友们的帮助，特申请加入××文学社，请酌情批准为荷。

此致

敬礼

申请人　张××

2021 年 4 月 15 日

① 找出文中的毛病并在下面画上横线，并依次标出 A、B…序号。

② 按顺序把改后的内容填在下面的表格内。

序　号	改　正　为
A	
B	
C	
D	
E	

3. 下面是一封感谢信，读后作题。

××中学领导：

　　①我的女儿在去年的一次车祸中，失去了左腿，使她成为残疾姑娘。②一年多来，老师和同学们无微不致地关心她，给她补课，替她交作业。③尤其是班主任董老师给她送来的"身残志坚"的条幅，成了激励她奋斗的座右铭。④老师和同学们关心残疾人、助人为乐的精神，是值得我们学习的。⑤在大家的鼓励和帮助下，我的女儿战胜了伤残，如今已能挂着拐杖走路了；她加倍努力地学习，成绩在班级名列前矛。⑥我们全家向董老师和同学们表示衷心的感谢，并请学校领导给予表扬。此致

　　敬礼

学生家长　胡××

　　1）改正文中的两个错别字：_____改为_____；_____改为_____。
　　2）改正第①句的语病（在原句上作删改）。
　　3）信中第_____句应放在第_____句的前面，这样信的思路才顺畅。
　　4）从感谢信的写作格式要求看，这封信存在的两个主要问题是：①_____；②_____。

强化练习

　　1. 李××是省城建学校房地产专业的学生，今年三年级了。他在校期间学习刻苦自觉，社会实践能力强，英语的听、说、读、写能力都很强；在××花园项目实习期间，他吃苦耐劳，善于沟通，以广博的知识、较强的组织能力和沟通能力获得了实习单位好评。今年7月他就毕业了，请你代他写一封求职自荐信。

　　2. 假如你即将毕业，请根据自己的专业特征和实际情况，模仿"求职信"中的"个人简历"，为自己设计一份表格式个人简历。

　　3. 王××是我校2019级工民建专业学生，她擅长歌舞，打算加入校学生会文娱部。请你以她的身份写一份申请书。

　　4. 在学雷锋活动月中，2019级园林（3）班的学生义务为社区清理垃圾，栽种树木，被学校授予"精神文明建设先进集体"称号。请你以社区的名义写一封表扬信。

2.3　电子邮件、QQ、微信

电子邮件、QQ、微信

【基本知识】

　　1. 概念

　　电子邮件（E-mail）是建立在计算机网络基础上的一种通信形式，它利用电子信号传递和储存信息，从而为用户传送文件、图形、图像和语音等信息。

　　QQ，是"腾讯QQ"的简称，是一款基于互联网的即时通信软件。QQ已经覆盖了Windows、macOS、iPadOS、Android、iOS、Windows Phone、Linux等多种主流平台。其标志是一只戴着红色围巾的小企鹅。QQ支持在线聊天、视频通话、点对点断点续传文件、共享文

件、网络硬盘、自定义面板、QQ邮箱等多种功能，并可与多种通信终端相连。

微信公众平台分为订阅号和服务号两种类型。微信服务号是微信公众平台的一种账号类型，旨在为用户提供服务。微信服务号在一个月内可以发送四条群发消息。微信服务号发给用户的消息，会显示在用户的聊天列表中；并且，在发送消息给用户时，用户将收到即时的消息提醒。微信订阅号是微信公众平台的一种账号类型，为用户提供信息和资讯。微信订阅号每天可以发送一条群发消息。微信订阅号发给用户的消息，将会显示在用户的订阅号文件夹中；在发送消息给用户时，用户不会收到即时的消息提醒。在用户的通讯录中，微信订阅号一般放入订阅号文件夹中。

2. 电子邮件的格式（写法）

（1）电子邮件　常规纸质信件通过邮局、邮递员送到我们的手上，而电子邮件是以电子格式（如 Microsoft Word 文档、txt 文件等）通过互联网为世界各地的互联网用户提供一种快速、简单和经济的通信方法。与常规纸质信件相比，电子邮件的传送速度非常快，把信息的传送时间由几天、十几天减少到几秒钟甚至是瞬间，而且电子邮件使用非常方便，即写即发，省去粘贴邮票和跑邮局的麻烦。与电话相比，电子邮件的经济性非常好，传输信息几乎是免费的，而且用户可以向很多人同时发信息。正是这些优点，互联网上的绝大多数用户都有自己的电子邮箱。采用电子邮件系统进行通信时包括邮箱地址和电子邮件内容两个主要的部分。

（2）邮箱地址的格式　使用电子邮件系统的用户首先要有一个电子邮件的信箱，即电子邮箱，该邮箱在互联网上有唯一的地址，以便识别。电子邮箱和普通的邮政信箱一样具有私有性质，任何人都可以将电子邮件投递到电子邮箱中，但只有电子邮箱的主人才能够阅读自己邮箱中的邮件内容或从中删除、复制邮件。

与常规纸质信件的信封有格式要求一样，电子邮箱也有规范的地址格式要求。电子邮箱地址由字符串组成，该字符串被字符"@"分成两部分（字符@的英语发音类似"at"），前一部分为用户标识，如"20212021"；后一部分为用户邮箱所在的计算机的域名，如"qq.com"。"20212021@qq.com"就是一个电子邮箱地址。

（3）电子邮件的内容　一封完整的电子邮件由两个基本部分组成。

1）信头。信头包括收件人、抄送、主题。

①收件人是指收信人的电子邮箱地址。

②抄送是指可以同时收到该邮件的其他人的电子邮箱地址。

③主题是指概括地描述该邮件的内容，既可以是一个词，也可以是一句话。

2）信体。信体是指收件人看到的信件内容，电子邮件的信体中，常规纸质信件所用的客套语、祝贺词等可以省略，但称呼、正文、结束语、落款等要素要尽量完整。有时，信体还可以包含附件。附件是指含在一封信件里的一个或多个计算机文件，附件可以从信件上分离出来，成为独立的计算机文件。

3. 微信公众平台的特点

（1）可移动性强，操作简便　利用手机的可移动性，微信公众平台上的信息传递不限时间、地点，方便快捷。现在几乎是人手一部手机，微信可随时随地地与互联网对接，与电脑同步，与客户沟通。利用微信的可传播性和特有功能，可在很短的时间内，在不同的地点，随时把自己的想法表达给对方。

（2）用户群体不限，关注率高　只要在微信中编辑好文章，随时可以发布，还可充分利用微信的二维码关注和了解最新的资讯。

（3）覆盖面广，传播速度快，可积累口碑　每个人都有自己的需求，也有自己的朋友圈，可在微信朋友圈里发布自己的信息，以扩大自己的影响力和积累口碑，让朋友的朋友、客户的客户去宣传。

（4）营销方式灵活，过程多元化　相比传统营销方式，微信营销更加多元化，微信不仅支持文字，还支持图片、语音和视频，以及混合式编辑方式，尤其是语音和视频这种形如面对面的交流方式，拉近了人与人之间的距离，并可即时回复，使营销变得更真实、更有趣、更有说服力。

（5）线上服务方便，广告成本低　不管对个人还是企业，微信公众号作为线上平台，不仅可在线帮助客户解决问题，还可随时随地地更新个人或企业的最新动态、产品信息、发展规划、政策策略，同时也可即时解决相当比例的售前、售后问题，并在一定程度上解决现金、支票等支付慢的问题（微信支付）。微信的互动性提高了个人或企业的知名度，能吸引更多的合作伙伴，同时也显著节约了企业的广告费用，间接给企业带来效益。

【实践与探究】

1. 实践

请在 QQ 邮箱中新建一个账户，并利用 QQ 邮箱发送一封邮件。

收件人地址为：20202020@qq.com。

邮件主题为：我的邮件。

邮件内容为：朋友们，这是我的邮箱，有空常联系！

QQ 邮箱使用指南（界面如图 2-8 所示）：单击工具栏上的"写信"按钮，将打开"普

图 2-8　QQ 邮箱启动界面

通邮件"对话框（图2-9），在"收件人"栏里写下收件人的电子邮箱地址；如果还想把这封信寄给其他人，可以把他们的电子邮箱地址写在"添加抄送"栏里。在"主题"栏中填写这封信的主要内容，以便让对方收到信后能很快知道信的大致内容。还能以附件的形式发送任何格式的文件，如声音、图像、程序等。单击"添加附件"按钮，在文件选择窗口中选择想要发送的文件，然后单击底部的"发送"按钮就可以将电子邮件发送出去。

图2-9 "普通邮件"对话框

2．探索

思考：发送电子邮件需要注意哪些问题？

注意事项

1）发送电子邮件时，邮箱地址要规范、准确、无误。

2）做到当天的邮件当天答复。

3）注意语言要礼貌、得体、规范。

【课后广场】

知识巩固

1．下列关于微信公众平台说法正确的是（　　）。

A．微信公众平台主要面向名人、政府、媒体、企业等机构推出合作推广业务

B．微信公众平台主要是企业宣传推广用的

C．微信公众平台主要是商家和客户交易的平台

D．微信公众平台主要是发送商家信息的平台

2．微信公众平台的最大作用是（　　）。

A．微信公众平台可以吸粉，增加更多的粉丝

B. 微信渠道将品牌推广给微信用户，减少宣传成本，提高品牌知名度，打造更具影响力的品牌形象

C. 微信公众平台可以出售商品，让商家快速实现销售额

D. 微信公众平台是万能的

3. 微信公众平台服务号与订阅号的区别是（　　）。

A. 发送信息数量不一样

B. 手机端显示的界面不一样

C. 支持的支付功能不一样

D. ABC 都是

4. 下面关于电子邮件的说法中，不正确的是（　　）。

A. 在编辑电子邮件时，收件人、抄送、主题、内容都必须填写

B. 要发送编辑好的电子邮件，必须按"发送"按钮

C. 已发送的电子邮件不能再进行修改

D. 电子邮件本身是一个文件

强化练习

1. 邮件练习。

1）申请一个免费的 QQ 信箱，用户名自定。

2）给自己发送一个邮件，要求如下：

抄送：自定，可选择某位同学的电子邮箱地址。

主题为：My Birthday Party。

内容：您好，欢迎参加我的生日宴会。

3）接收新邮件。

4）回复主题为"My Birthday Party"的邮件。复信正文为"祝生日快乐！准时参加"。

2. 发送微信练习。

1）母亲节就要到了，为表达对母亲辛苦养育的感恩，并祝母亲节日快乐，请给母亲发一则微信信息，要求语言简明、连贯、有文采、有创意，不超过 60 字。

2）在外校读高三的表弟给你发来微信信息说，面临高考，他有些信心不足，自己很苦恼。请你给他回复一条微信信息，鼓励他战胜自我，勇敢面对高考，并祝愿他高考取得好成绩。要求语言简明、连贯、有文采、有创意，不超过 100 字。

第3章 公文类文书

公文类文书是行政机关在行政管理过程中形成的具有法定效力和规范体式的一类文书，是依法行政和进行公务活动的重要工具。公文类文书的种类很多，针对职业院校毕业生的实际能力需要，下面介绍通知、通报、请示、会议纪要四种比较常用的文书，通过对这些文体基本知识的学习，可使学生达到掌握其写作技巧及熟练应用的目的。

3.1 通知

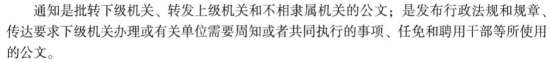
通知

【基本知识】

1．概念

通知是批转下级机关、转发上级机关和不相隶属机关的公文；是发布行政法规和规章、传达要求下级机关办理或有关单位需要周知或者共同执行的事项、任免和聘用干部等所使用的公文。

通知不受机关级别的限制，所有的行政机关、社会团体、企事业单位都可使用。通知具有指导性、晓谕性、广泛性、时效性、权威性和对象的专指性等显著特点。

2．种类

通知一般有以下种类：

（1）发布性通知　发布性通知用于上级机关发布行政规章制度及其他重要文件。

（2）批转性通知　批转性通知用于上级机关根据工作需要及本机关的职权范围批转下级机关的公文，予以相关人员周知或执行。

（3）转发性通知　转发性通知用于转发上级机关、平级机关和不相隶属的机关的公文给所属人员，让其周知或执行。

（4）指示性通知　指示性通知用于上级机关对下级机关就某项工作有所指示和安排，传达要求下级机关办理和有关单位共同执行的事项。

（5）任免性通知　任免性通知常用于党政机关任免和聘用干部。

（6）事务性通知　事务性通知用于处理日常工作中带有事务性的事情，常把有关信息或要求用通知的形式传达给有关机构或群众。

3．格式与写法

一般通知都要求写出缘由和事项，但不同种类的通知在写法上也不尽相同。

（1）发布性通知的写法　发布性通知一般由标题、主送机关、正文和落款等几部分构成。

1）标题。发布性通知的标题由发文机关的名称、被印发的公文标题与"通知"二字构成。其中，被印发的公文标题是由"关于发布"与发布的公文名称构成，例如《中共中央关于印发〈××实施纲要〉的通知》。

2）主送机关。发布性通知的主送机关是指公文的主要受理机关，即受文单位，要求在标题下空一行，左侧顶格标注。

3）正文。发布性通知的正文一般比较简短，多用祈使语句，适当配以说明语句。正文的内容包括发布行政规章的名称、印发目的、贯彻执行的要求及实施的日期。

4）落款。发布性通知的落款写发文机关的名称、发文日期，并加盖公章。

（2）批转性、转发性通知的写法 批转性、转发性通知一般由标题、主送机关、正文、附件和落款构成。

1）标题。批转性、转发性通知的标题由发文机关、被批转或转发的文件名称与"通知"二字构成。

2）主送机关。批转性、转发性通知的主送机关是指公文的主要受理机关。

3）正文。批转性、转发性通知的正文包括批转机关或转发机关的审批意见、批转或转发的目的、贯彻执行的要求三部分。例如，"××省人民政府同意《××意见》，现转发给你们，请认真贯彻执行"。

4）附件。不是所有的通知都具有附件，批转性、转发性通知中的附件是发文单位要批转、转发的对象。

5）落款。批转性、转发性通知的落款写发文机关的名称、发文日期，并加盖公章。

（3）指示性通知的写法 指示性通知一般由标题、主送机关、正文和落款构成。

1）标题。指示性通知的标题由发文机关、事由和"通知"二字组成。如果是紧急情况，在通知前加"紧急"二字。

2）主送机关。指示性通知的主送机关是指公文的主要受理机关。

3）正文。指示性通知的正文一般由三部分组成，即发文的缘由、通知的具体事项和执行要求。

4）落款。指示性通知的落款写发文机关的名称、发文日期，并加盖公章。

（4）任免性通知的写法 任免性通知一般由标题、正文、结束语和落款构成。

1）标题。任免性通知的标题由发文机关、事由和"通知"二字组成，例如《××县人民政府关于××等同志职务任免的通知》。

2）正文。任免性通知的正文一般由任免的缘由、依据或目的以及任免的具体事项组成。其中，任免的缘由、依据或目的只要略作交代即可，任免具体事项部分要具体明确。

3）结束语。任免性通知的结束语一般直接采用通知的惯用结束语"特此通知"即可，不要画蛇添足，不可添加工作交接、上任要求等方面的内容。

4）落款。任免性通知的落款写发文机关的名称、发文日期，并加盖公章。

（5）事务性通知的写法 事务性通知一般由标题、正文、结束语和落款构成。

1）标题。事务性通知的标题由发文机关、事由和"通知"二字组成，例如《××市地方税务局关于地址迁移的通知》。

2）正文。事务性通知的正文一般由告知事项的目的、依据及具体内容组成。

3）结束语。事务性通知的结束语一般直接采用通知的惯用结束语"特此通知"。

4）落款。事务性通知的落款写发文机关的名称、发文日期，并加盖公章。

【例文点评】

例文一

职工调转通知书

××××（调入单位全称）：

经××××决定，同意我单位职工××先生自××××年××月××日起调入贵单位。

特此通知

附：1. 人事档案一份。
　　2. 工资支付至××。

××××年××月××日

 点评

这是一则职工调转通知，正文简单说明要发布的事项和执行要求，行文简单，格式规范。

例文二

国务院批转水利部关于少数民族水费征收的几点意见的报告的通知
国发［××××］××号

各省水利局：

国务院同意水利部关于少数民族水费征收的几点意见的报告，现在转发给你们。报告中所提的几点意见，希参照办理。

附件：水利部关于少数民族水费征收和使用的几点意见的报告。

国务院
××××年××月××日

 点评

这是批转、转发通知中最简要的一种。例文中用"参照办理"几个字，简明扼要地写出了通知的具体要求。

例文三

重 要 通 知

各街道办事处主任：

兹定于3月3日下午2点，在沈阳市××区××街道办事处会议室召开关于个体经营户管理的会议,请准时出席。

市工商局
2021 年 3 月 2 日

 点评

这则通知写得简单明了,对象、时间、地点、内容、发文单位和发文日期各要素齐备。

例文四

××公司关于×××等三位同志职务任免的通知

各科室:

经 2020 年 5 月 28 日董事会扩大会议决定:

任命张××同志为公司业务部主任,免去其经营部副主任的职务;

任命李××同志为经营部副主任;

免去李××同志销售科科长的职务。

办公室
2021 年 6 月 5 日

 点评

这是一则任免通知。此类通知一般不需要说明意义,可用一两句话说明依据,如本通知正文第一行。有时也可不说明依据而直接任免,但标题、落款、日期不能少。

【实践与探究】

1. 实践

某知名房地产开发公司总经理要求秘书拟写一则转发性通知,具体要求如下:把省建设厅下发的《关于加强安全防范意识的通知》转发给各部门。

请你替秘书拟写这份通知。

2. 探究

思考:写通知需要注意哪些问题?

注意事项

1) 明确行文目的及通知事项。
2) 通知的主题要集中,严格执行一文一事制度。
3) 语言表述要简明、清晰。
4) 撰写通知要及时,讲究时效性。

【课后广场】

知识巩固

1. 填空题。

1）通知的种类一般有_____、_____、_____、_____、_____、_____。

2）批转性、转发性通知一般由_____、_____、_____、_____、_____、_____构成。

2. 简答题。

1）向下级询问有关事宜，使用"通知"可不可以？

2）请问：《××省人民政府批转省国税局〈关于加强税收工作的报告〉的通知》这个标题规范吗？

3. 指出下面两份通知的不当之处。

（1）因单位员工张××多次在工作期间拨打私人电话，影响其他员工的正常工作，××单位写了下列通知。

通　知

兹因本单位员工张××多次在工作期间拨打私人电话，影响其他员工的正常工作，为规范工作制度，提高工作效率，根据本单位《员工守则》第十条之规定，扣除张××半月工资，取消当月奖金，望各部门人员引起重视。特此通知！

××单位
××××年××月××日

（2）因要召开营销员工作会议，××公司经理办公室写了下列通知。

通　知

定于明天下午在公司一楼会议室召开营销员工作会议，所有营销员都要准时出席。

××公司经理办公室
2021年3月4日

强化练习

1. 根据下面的材料，写一则任免性通知，时间自拟。

××区组织部鉴于宣传科副科长刘××同志在工作中的出色表现，决定任命刘××同志为宣传科科长。

2. 某学校办公室于2019年12月最新修改了期末考试管理办法。请你替学校办公室拟写一则通知，要求各教学科从12月份起严格按照期末考试管理办法的相关规定执行。

【相关链接】

如何对待《××区教育局转发市教育局转发国家教委关于××××的通知》这样的标题？这是一个文种连续重叠的标题，冗长杂乱，令人生厌。依照转发性通知标题拟制的惯例，只保留公文发源处的一个文种即可。因此，可将整个标题改为：《××区教育局转发国家教委关于××××的通知》，把转发的中间层次（市教育局）的情况写进公文的开头，如"近日，接市教育局转来《国家教委关于××××的通知》，现把此文转发给你们，望……。"

3.2 通报

【基本知识】

1. 概念

通报是党政机关、社会团体、企事业单位等用以表彰先进、批评错误、传达重要精神或交流重要情况时使用的一种公文。通报具有指导性、告谕性、真实性、实效性和教育性等特点。

2. 种类

通报一般分为表彰性通报、批评性通报、事故性通报、情况性通报四类。

（1）表彰性通报　表彰性通报用于表扬先进集体、先进个人，宣传先进事迹，传播先进经验等，属下行文。如《国务院办公厅关于表彰中国女子足球队的通报》。

（2）批评性通报　批评性通报与表彰性通报相对，即用来批评错误、宣布纪律处分结果等，属下行文。如《关于×××非法占地修建私房的通报》。

（3）事故性通报　事故性通报常用于报道重大事故，对于重大事故发生的原因、产生的后果进行探究，引出值得重视的教训，促人深思并引以为戒，避免类似问题的发生并提出预防措施。如《国务院办公厅关于×××特大爆炸事故情况的通报》。

（4）情况性通报　情况性通报又叫事项性通报，主要用于传达信息、沟通情况、互通情报。情况性通报主要以事实说明问题，一般不下结论。情况性通报多为下行文，也可作为平行文。如《关于2019年元旦期间我市治安工作情况的通报》。

3. 格式与写法

通报一般由标题、主送单位、正文、落款四部分构成。

（1）标题　通报的标题有三种写法：

1）发文机关+事由+文种。这种写法多用于高层机关的通报，如《国务院办公厅关于表彰奖励中国女子足球队的通报》。

2）事由+文种。这种写法多用于基层机关的通报，如《关于表彰奖励中国女子足球队的通报》。

3）只写文种即可。这种写法适用于内容单一、发文范围小、发文对象单纯的通报，如《通报》。

（2）主送单位　通报属于发文针对性很强的公文，所以其发文一般采用统称的方法，直接标明收文单位的名称。

（3）正文　通报的正文一般没有前言，而是直叙所通报的事项或人物的事迹。不同的通报其正文内容也各有不同，具体如下：

1）表彰性通报的正文由三部分组成：

① 介绍事迹、成绩，要具体、简明。

② 对先进事迹、突出成绩给予恰当的评价。

③ 表彰的意见和办法，提出希望和要求。

2）批评性通报的正文由四部分组成：

① 写明错误事实，如实反映情况。

② 针对错误分析原因、点明实质、指出危害、表明态度、总结教训。

③ 宣布处理决定。

④ 提出要求和希望，提醒注意并引以为戒。

3）事故性通报的正文由四部分组成：

① 写明发生事故的经过，要写清楚时间、地点、主要过程及后果。

② 分析事故发生的原因，指出其性质的严重性。

③ 对事故的直接责任人做出处理决定。

④ 以后应采取何种防范措施。

4）情况性通报的正文由三部分组成：

① 简要说明通报什么情况，从何时起至何时止。

② 详细地介绍情况，这是通报的中心部分。

③ 上级的指示意见，或指出以后要进一步做什么。

（4）落款　在正文后右下方写明发文单位名称，如在标题中已出现发文单位，也可不署发文单位。下发或张贴的通报要加盖公章。

在发文单位署名之下，用汉字标明发文的日期。

通报的基本格式如图 3-1 所示。

图 3-1　通报的基本格式

【例文点评】

例文一

关于表扬××乡超额完成全年粮油征购任务的通报

各乡人民政府：

　　党在农村的各项政策落实后，××乡广大干部群众的生产积极性空前高涨，夺得了今年粮油大丰收。他们丰收不忘国家，踊跃向国家交售粮油。截至2019年12月25日，全乡交售的粮食、油菜籽已分别超过下达的指标（80万kg、9000kg），是我区今年第一个完成全年粮油征购任务的单位。特此通报表扬。

　　当前，我区粮油征购工作的情况，总的来说是好的，但也有少数乡进展缓慢，希望切实加强领导，检查原因，采取有力措施，为早日完成和超额完成今年粮油征购任务而努力。

××区人民政府
2019年12月30日

 点评

　　这份通报由区人民政府一方署名，属单独通报；内容是关于征购粮油的，可称为专业通报；此外它还是直述性、表彰性通报。

　　正文第一段既写出了事实，又指明了意义；第二段提出指导性意见，项目齐全，格式规范，主题明确，言简意赅。

例文二

国务院办公厅关于××省××市××县擅自停课组织中小学生参加迎送活动的通报

　　××××年×月×日，××省××市××县举行××高速公路通车仪式，县主要领导擅自决定，让本县部分中小学校停课参加通车仪式，近千名中小学生在风雪天等候长达两小时，致使部分中小学生生病，学生家长和群众极为愤慨，致信有关部门要求果断制止此类现象。

　　中小学校依照国家规定建立了严格的教育教学秩序，这是教育教学质量的保证，任何单位和个人都不能随意破坏。现在一些地方的个别领导利用自己的权力，动辄调用中小学生为各种会议、考察、参观、访问甚至为开业性典礼搞迎送或礼仪活动，有些地方还因此发生了严重的安全事故，造成极恶劣的社会影响。××县发生的问题，已不只是一般的形式主义，而是官僚主义，严重脱离群众，此类不良风气必须果断予以制止。各地区、各部门以及各级领导干部，要高度重视这一问题并从中吸取深刻的教训，切实增强群众观念，杜绝此类事件再度发生。

　　中小学生是祖国的未来，他们的学习和活动安排，要有利于他们的学习和身心健康。以后各地区、各部门都必须严格执行国家的有关法规和规定，不得擅自停课或随意组织中小学生参加各种迎送或礼仪活动，如确有必要组织的，须报经省级教育行政部门批准。

国务院办公厅（盖章）
××××年×月×日

 点评

这是一则批评性通报，通报的格式很规范，层次很清楚，写明了错误事实、点明了实质、指出了危害，并提醒领导干部从中吸取教训，引以为戒，整个通报观点鲜明、原则性很强。

例文三

国务院办公厅关于部分地区违反国家棉花购销政策的通报

各省、自治区、直辖市人民政府，国务院各部委、各直属机构：

今年新棉上市以来，各地认真贯彻国务院棉花政策，采取果断措施整顿棉花流通秩序，棉花收购大局是稳定的。但是，仍有一些地方、单位和个人置国家政策和法纪于不顾，私自收购棉花，公然扰乱棉花流通秩序，经核查，国务院决定予以通报。

一、一些乡（镇）政府和村办轧花厂非法从事棉花收购、加工、经营活动。

××县××镇政府自办轧花厂，在全国棉花工作会议后，仍然明文规定，严禁将棉花卖给镇政府以外的经济单位，对将棉花卖给其他单位的不算交售任务，否则，镇政府要一律没收。

……

二、有的棉纺厂非法收购棉花，扰乱棉花收购秩序。

×××棉纺厂在全国棉花工作会议后，仍高价抢购棉花。在有关部门对该厂进行检查处理的过程中，该厂负责人拒绝检查，还组织倒运藏匿，私自动用封存的棉花。

××县棉纺厂以解决生产用棉为由，要求每个职工必须向厂里交售"爱厂棉"，通过职工非法高价收购棉花。

三、有的国有农场扰乱正常的购销秩序，高价抢购，非法经营棉花。

（略）

四、有的县政府支持非棉花经营部门假借良种棉加工厂的名义非法收购棉花。

（略）

五、个体棉贩非法收购、加工棉花，扰乱市场秩序。

（略）

对上述违反国家棉花购销政策的问题，有关省人民政府的态度是明确的，已责成市、县政府采取措施，予以查处纠正。但从了解的情况看，有的市、县政府已经采取措施纠正，有的尚未处理。请有关省人民政府严厉查处，将结果报国务院。同时，各地都要引以为戒，要毫不放松地加强对棉花市场的治理，密切注视收购动态，严厉查处棉花购销活动中的违法违纪案件。各地凡是过去制定的与国务院文件不符的规定或政策应一律纠正，要果断地始终如一地贯彻国务院制定的棉花政策,维护正常的棉花流通秩序,确保今年棉花购销工作顺利进行。

国务院办公厅(盖章)
××××年××月××日

> 这是一则情况性通报,格式规范,内容完整,主送机关明确,正文部分对基本情况、存在问题、处理意见等作了详细的介绍;语言简洁明确,层次清楚有序,起到了指导性的作用。

例文四

××市人民政府关于西城区因积雪发生垮塌事故的通报

各县(市、区)人民政府,市直机关各单位:

1月28日上午10点30分,西城区××街道办事处××路的××汽车修理厂厂房发生垮塌事故,造成一辆汽车严重受损,无人员伤亡。同日上午11点15分,西城区××街道办事处××社区××糖厂仓库屋顶因积雪过重发生垮塌,造成2人轻微伤。事故发生后,西城区委、区政府领导立即带领有关部门赶赴现场开展事故施救,并及时将事故情况上报。市委常委、常务副市长×××对此高度重视,并作出重要指示,要求采取得力措施,确保此类事故不再发生。

当前,正值我市冰冻灾害的关键时期,极易发生灾害和生产安全事故。各级各部门要从两起事故中吸取教训,进一步落实安全责任制,切实做好各项安全隐患排查工作,并采取切实措施加以消除。

要进一步提高对抓好安全工作重要性、紧迫性的认识;进一步提高对抗冰救灾工作重要性、紧迫性的认识,以对人民高度负责的态度,确保人民群众生命财产安全,确保不因冰冻导致安全事故,造成人员伤亡。

要进一步落实安全防范工作。要重点抓好交通、通信、供水、供电和城市供气安全。公路、铁路、水运、航空部门要高度重视当前交通安全工作,落实防范措施。公路管理部门和交警部门要落实24小时值班和领导带班制度,对事故多发、易发路段要认真排查,严密监控,实行24小时不间断巡逻;要加强对春运交通工具和运力的检查,严防超载和车辆带病运输;对因冰雪造成道路不畅通的地方,要及时组织力量清扫积雪、疏通道路,确保出行畅通安全。供电、供水、通信等部门要加强输变电、供水和通信设施的安全检查,对因冰雪造成电线、电缆、水管和通气管道损坏的,要迅速组织维修,确保不出现大面积供水、供电、通信中断。对地质灾害易发区和在建工地、厂房、仓库等,要严防因冰雪造成山体滑坡和工程、厂房、仓库垮塌,特别要加固棚架等易被雪压的临时搭建物,确保人员安全。

要加大冰冻时期安全检查的工作力度。加强盯防本辖区内安全工作薄弱的重点领域、重点行业、重点单位,加大隐患排查,对排查出的隐患要落实整改措施,明确整改责任人和确定整改时限，并组织人员进行整改验收，不得走过场。

××市人民政府（章）
2019年1月30日

 点评

> 这是一篇行文规范、格式正确、用语精当的事故性通报。文章开头简要地交代了两起冰雪事故发生的基本情况，并对事故救援工作进行了简要介绍，使大家对通报所涉及的事故有一个较为直观的认识；接下来很自然地过渡到当前的形势，并对各级各部门提出了总体要求；最后用三个自然段从三个不同的方面着重阐述了避免类似事故发生的工作方法和纪律要求。

例文五

××大学第五届基层团组织建设活动月表彰通报
××团发〔××××〕××号

各学院：

  为深入贯彻习近平总书记重要讲话精神，认真落实团中央的工作部署，实现我校第八次团代会确定的工作目标，校团委把加强基层团组织建设作为共青团工作的重中之重，于×月×日发出《关于开展第五届基层团组织建设活动月的通知》，要求自×月×日～×月×日，开展××大学第五届基层团组织建设活动月。

  一个月来，在校团委的统一组织协调下，各分团委组织广大团员青年开展了各种形式的学习宣传教育活动，提高了广大团员青年的政治素质与理论素质，大胆探索和创新了基层团组织建设的有效载体和途径，增强了基层团组织的活力。

  活动结束后，校团委根据各单位活动开展情况，综合评定了在第五届基层团组织建设活动月中表现突出的单位和个人，现予以表彰。

  第五届基层团组织建设活动月先进单位（9个详细名称略）

  第五届基层团组织建设活动月先进个人（24人详细名单略）

共青团××大学委员会
2021年5月28日

 点评

> 这是一篇表彰性通报。第一自然段简明、清楚地介绍了活动开展的背景。第二自然段对活动进行了恰当得体的评价。最后的自然段提出了表彰意见。

【实践与探究】

1. 实践

在本学期期末考试中，××学院××专业××班××、×学院××专业××班×××、

×学院××专业××班×××等×位同学在实用英语科目的考试中夹带、偷看作弊,违反了××考试考场守则第×条。为端正考风,严肃考纪,决定给予相关同学处分,并发一份通报。

请你替教务处拟写这份通报。

2. 探究

思考:写通报需要注意哪些问题?

注意事项

1)坚持"五要"原则:事例要典型,材料要真实,行文要及时,详略要得当,评价要恰当。

2)坚持"五忌"原则:忌事件不典型,忌开头繁冗,忌叙述不清楚,忌语言不得体,忌总结指导性内容提前。

【课后广场】

知识巩固

1. 下面的各种通报分别属于哪一个种类?

1)××汽车队提前完成运输任务,这个车队的上级部门发出通报,号召其他车队向××汽车队学习,属于( )通报。

2)某部队战士在射击训练中走火,误伤百姓家的一头牛,部队下发了一份( )通报,对事件责任人进行处分。

3)××印刷厂发生火灾事故,该厂的上级机关发出了( )通报,分析原因,提出防范措施。

4)青年志愿者的模范行为被市政府肯定,发出( )通报,大力提倡这种毫不利己、专门利人的作风。

5)根据2019年全年的工作成绩和存在的一些问题,区政府发出( )通报,告知下属机关全区的总体情况。

2. 简答题。

1)《××钢铁公司授予王××同志"钢铁战士"荣誉称号通报》,这个标题写得规范吗?请谈谈你的理由。

2)同样一个内容的事情,同样要求下级贯彻执行,为什么有时候会用"通知",有时会用"通报"?

强化练习

1. 下面是一份批评通报中第三部分处理决定的文字,行文欠条理化,请重新组织顺序。

"鉴于以上严重错误,局领导经研究决定,给予胡××同志党内记过处分一次,写出书面检讨,向全公司做出检查。其余6名职工,属于盲目行动,在全体职工中公开批评。李××同志作为副职,没有及时劝阻,反而帮助胡××,扩大了事态,给予行政记过处分一次。"

2. 就××学校王××、李××同学在期末考试中请人代考的舞弊行为，请你以校长办公室的名义拟写一份批评通报。

3. 请根据所提供的材料，以××省人民政府办公室的名义拟写一则表彰性通报。

我省选手在第××届世界技能大赛中获得佳绩

今年10月，在××××举行的第××届世界技能大赛上，我省入选中国代表团的选手取得了5枚金牌、4枚银牌、6枚铜牌和2项优胜奖的优异成绩，金牌数量比上一届增加3枚，奖牌数量比上一届增加7枚，金牌数和奖牌数均居全国第一。以上成绩的取得，充分展现了我省青年技能人才的精湛技能和职业风采，充分体现了我省高技能人才队伍建设和技工教育创新发展水平，充分展示了我省从制造大省向制造强省迈进的基础和实力，为祖国赢得了荣誉，为我省增添了光彩。第××届世界技能大赛中国组委会特向我省人民政府发来感谢信，对我省在本届大赛上做出的努力和取得的成绩表示感谢。为大力弘扬劳动光荣、技能宝贵、创造伟大的时代风尚，现对我省获奖选手及为参赛工作做出突出贡献的集体和个人给予通报表扬和记功奖励。

4. 某学校2019级物业管理专业的学生刘××和徐××，于2019年11月3日下午搭乘出租车返校的途中，在车内的座位上捡到一个男士皮包，内有人民币5万元，一张银行卡及一份购房合同。两名学生回到学校之后，立刻将皮包送到校团委。经过团委的联系，焦急的失主赶到学校、取回钱包，并对两名拾金不昧的同学表示谢意，当即拿出2000元钱给他们，可是这两名同学无论如何都没有拿这份"酬金"。

请根据上述事例，拟写一则表彰性通报。

【相关链接】

通报与通知的区别

1. 内容范围不同

通知可以发布行政法规和规章、批转和转发公文、传达需办理和周知的事项等；通报则是表扬先进，批评错误，传达、交流重要的情况、信息。两者虽然都有告知的作用，但通知告知的主要是工作的情况以及共同遵守执行的事项；通报则是告知正反面典型，或有关重要的精神和情况。

2. 目的要求不同

通知的目的是告知事项、布置工作、部署行动，内容要具体，要求受文机关了解要办什么事、该怎样办理、不能怎样办理，有严格的约束力，要求遵照执行；通报的目的主要是交流、了解情况，或通过正反面的典型去教育人们，宣传先进的思想和事迹，提高人们的认识。

3. 表现方法不同

通知的表现方法主要是叙述，告知人们做什么，怎样做，叙述要具体，语言要平实；通报的表现方法则常兼用叙述、说明、分析和议论，有较强的感情色彩。

3.3 请示

【基本知识】

1. 概念

请示是下级机关向其所隶属的上级机关请求给予指示、批准和批转时所使用的一种文书。请示是一种请求性文件，属上行文。请示具有请求性、求复性、超前性、单一性等特点。

2. 种类

（1）请求指示的请示 这类请示主要是请求上级告知"应当怎样做"，行文中应把重点放在对有关情况的说明上，可以写明本单位的建议，以便上级单位批复时参考。如:《××省财政厅关于能否增拨流动资金的请示》。

（2）请求批准的请示 这是请示中十分普遍的一种，多用于增设机构、增加编制、上项目、列计划、要资金、购置设备等内容。行文中要把有待批准的事项阐述清楚，重点放在处理意见、办法、方案的说明上。如《关于 2019 年国债发行工作的请示》。

（3）请求批转的请示 这类请示用于请示上级机关审定或批准同意发文，并批转到有关方面执行。这种请示的关键是要针对有关单位的实际情况，注重文件的适用性。如《关于对执行经济合同法若干问题的意见的请示》。

3. 格式与写法

请示一般由标题、主送机关、正文、落款四部分组成。

（1）标题 请示的标题有两种：

1）发文单位＋事由＋文种，如《×××市税务局关于增拨办税大厅基建经费的请示》。

2）事由＋文种，如《关于增拨办税大厅基建经费的请示》。

（2）主送机关 请示的主送机关一般是负责受理和答复该文件的机关。请示的主送机关只能写一个主管的上级机关，若还要报告其他上级机关，可用"抄送"的形式在文后注明。

（3）正文 请示的正文由请示的缘由、请示的事项、结语三部分组成。

1）请示的缘由。请示的缘由要简要而充分地说明提出请求的背景或依据，要写在正文的开头。这部分是写作请示的关键。

2）请示的事项。请示的事项是指请求上级机关批准、帮助、解答的具体事项。请示的事项要具有可行性和可操作性。这部分宜分条逐项写明。

3）结语。请示习惯上采用请求、征询等语气的词语作结语，常用的有"以上请示，请予批复""上述意见，当否，请指示""以上请示，请予审批""以上请示，如无不妥，请批转各地、各部门执行"等。

（4）落款 落款一般是指发文单位，在正文之后的右下方标注发文单位的名称，并加盖单位公章。公章要覆盖在发文单位和日期上。在落款之下用汉字标明成文的年、月、日。

请示的基本格式如图 3-2 所示。

```
                    ┌──────────┐
                    │   标题   │
                    └──────────┘
         ┌──────────┐
         │ 主送机关 │
         └──────────┘
    ┌──────────────────────────────┐
    │        请示的缘由            │
    └──────────────────────────────┘
    ┌──────────────────────────────┐
    │        请示的事项            │
    └──────────────────────────────┘
    ┌──────────────────────────────┐
    │           结语               │
    └──────────────────────────────┘
                              ┌──────────────┐
                              │ 发文单位名称 │──公章
                              └──────────────┘
                              ┌──────────────┐
                              │  发文日期    │
                              └──────────────┘
```

图 3-2　请示的基本格式

【例文点评】

例文一

关于请求增拨修建新校舍经费的请示

××县财政局：

　　2018年我乡报经县政府及县教育局同意，定于今年开春修建乡中学新校舍总计3000平方米，目前已经开始施工，列入今年乡财政预算的基建经费也已基本到位。但由于遇上连日暴雨，导致山洪暴发，把已修好的一侧围墙和相邻的室外厕所冲垮，并冲毁了放置建筑材料的临时仓库一座，造成近15万元的经济损失，原计划款项已不够。这次山洪还把我乡辖区内几十户居民的住房冲倒，救灾负担沉重，造成乡财政捉襟见肘。为此，我乡除向县民政部门申请紧急救灾款外，特请县财政增拨10万元校舍修建经费，以便保证施工正常进行，使新校舍在秋季开学时交付使用。

　　现把有关损失清单附上，诚望能及时拨款。

　　以上请示妥否，请批示。

××县××乡（公章）
2019年8月7日

　　附件：（略）。

 点评

> 这是一篇请求批准的请示。全文具体阐述了请示的背景、原因，言辞恳切，理由充分，态度明朗，要求明确。文中"特请""诚望""以上请示妥否，请批示"等用语，准确、得当，值得借鉴。

例文二

关于给予交通肇事被害者家属抚恤问题的请示

最高人民法院：

　　据我省××县人民法院报告，针对交通肇事致被害人死亡，是否给予被害者家属抚恤的问题，有不同意见。一种意见认为，被害者若是有劳动能力的人，并遗有家属要抚养的，给予抚恤。另一种意见认为，只要不是由被害者自己的过失所引起的死亡事故，不管被害者有无劳动能力，都应酌情给予抚恤。几年来的实践经验证明，给予交通抚恤有利于安抚死者家属，因此我们同意后一种意见。

　　是否妥当，请批复。

××省高级人民法院
2019 年 12 月 5 日

 点评

　　这是一则请求指示的请示。正文内容简洁明了，请示事项单一明确。以"据……报告"作为行文依据、背景，然后对交通肇事致被害人死亡是否给予其家属抚恤的问题提出两种不同意见，同时表明行文单位的倾向性意见，最后请求上级单位给予指示。

例文三

关于请求审批××县城市污水处理厂工程可行性研究报告的请示

××市发展和改革委员会：

　　为加快我县城镇污水处理设施建设，促进我县环境保护与经济社会协调发展，拟在××县××农场新建污水处理厂，日处理污水 3 万吨。项目总投资 3546.24 万元。项目建设期限：2019 年 10 月～2019 年 12 月。该项目可行性研究报告已完成，现随文呈报。

　　以上请示妥否，请批示。

　　附：××县城市污水处理厂工程可行性研究报告

××县发展和改革委员会
2019 年 7 月 30 日

 点评

　　这是一则请求批准的请示。请求事项的理由很充分，语言简洁，条理清晰。以"以上请示妥否，请批示"结尾，态度诚恳。

【实践与探究】

1. 实践

　　某建筑公司的工程部为提高效果图绘制的效率，准备更新两台电脑。该工程部秘书遵照部门经理的吩咐，拟写了一份标题为《工程部关于购买设备的请示报告》。工程部经理只是扫了一眼标题就严厉批评了秘书。

你知道秘书为什么受到批评吗？这份请示应该怎么写？

2. 探究

思考：写请示需要注意哪些问题？

注意事项

1）标题不要写成"请示报告"。

2）坚持"一事一文一主旨"的原则。

3）只有一个主送机关，不能越级请示。

4）请示内容必须有根据，理由必须充分。

5）不得抄送下级机关。

6）注意使用请求语气。

【课后广场】

知识巩固

1. 填空题。

1）《关于批转××文件的请示》属于（　　　　）请示。

2）《××县关于修建长白至松江河公路的请示》属于（　　　　）请示。

3）《××教育局关于拨款筹建××学校综合教学楼的请示》属于（　　　　）请示。

2. 下面是两段请示文种的文字，请在括号中填出恰当的公文用语。

1）（　）（关于　由于　至于）民政部增加的八个名额，（　）（由　经　请）中央机构编制委员会解决；（　）（关于　由于　至于）给各地增加的编制名额，（　）（由　经　请）批转各地从现有名额中调剂解决。

2）（　）（这个　此　以上）报告，如果中央同意，请（　）（告知　批转　发往）各省、市、自治区党委有关部门。同时，我部还（　）（撰写　写作　草拟）了《关于××院校和××创作部门使用模特儿的通知》。拟由文化和旅游部下达有关单位执行，请一并审查批准。

3. 阅读下面这则请示，指出存在的问题。

关于增拨办税大厅基建经费的请示

××省人民政府、××省长：

为适应税收征管模式的改革，方便纳税人缴纳税款，2019年年初，我局决定修建功能齐全的办税大厅，得到了省人民政府的大力支持，拨给我局150万元，此项资金已专款专用。

但由于建筑材料涨价，原预算资金缺口较大，恳请省人民政府拨给不足部分，否则将影响办税大厅的竣工及我省税收任务的完成。

特此请示报告。

××省地方税务局
××××年××月××日

> **强化练习**

1. 根据下面提供的材料，请以××学校的名义写一份请示。

请示单位：某学校。事由：因近年来学校招生人数大增，学生宿舍和运动场地明显不足，原来只有一个200米跑道的运动场，只可容纳500名学生进行体育锻炼和露天集会活动，而学校现已增加到5000多名学生，有许多需要在室外进行的活动无法正常开展。为此向上级主管局请示，要求拨款1300万元，征地120亩（1亩≈666平方米），用以扩建学生宿舍和运动场地。请你根据以上情况，草拟一份请示，主送：××局基建处，抄送：该局教育处。

2. 某职业学校经过对市场的调查研究，根据近年来装配式建筑工程技术专业的发展和社会需求情况，决定开设装配式建筑工程技术专业，并在2020年秋季开始招生，但需要上级的批准。请你替该学校向省教育厅拟写一份请示。

【相关链接】

1）对于下级的"请示"，无论同意与否都应给以"批复"吗？

解答：是的。"请示"与"批复"是一对文种的必然组合，有一份"请示"，就应有一份"批复"。

2）向上级机关报送"请示"，可否同时抄送给下级机关？

解答：不可以。因为上报的"请示"在上级未批准之前，其所"请示"的事项根本不能成立。一旦让下级知晓，必然给工作造成麻烦。

3.4 报告

报告

【基本知识】

1. 概念

报告是向上级机关汇报工作、反映情况、提出意见或建议，答复上级机关询问的公文。报告属于上行文，一般产生于事后和事情发生的过程中。

2. 种类

报告一般分为工作报告、情况报告、建议报告、答复报告、报送报告等。

（1）工作报告　工作报告是指下级机关定期或不定期向上级领导机关汇报工作情况的报告，如《关于2021年下半年工作情况的报告》。

（2）情况报告　情况报告是指用于反映情况，陈述意见，说明理由，汇报给上级领导，以便领导了解和掌握有关情况和动向的报告，如《关于招商工作有关政策的报告》。

（3）建议报告　建议报告是指根据工作中的情况动向和存在的问题向上级机关提出具体建议、方法、方案的报告，如《关于制止盲目乱建啤酒厂问题的报告》。

（4）答复报告　答复报告是指针对上级机关向下级机关提出询问或要求，经过调查研究后所作的陈述情况或者回答问题的报告，如《××学校关于毕业生思想工作的回复报告》。

（5）报送报告　报送报告是指向上级机关呈报其他文件、物件的报告，如《关于报送2019年工作总结的报告》。

除此之外，报告根据性质的不同，分为综合报告、专题报告；根据时间期限的不同，分为定期报告和不定期报告。

建筑工程中经常使用的报告有开（竣）工报告、安全质量报告、事故调查报告、检测报告、市场调查报告、可行性研究报告等。

3. 格式与写法

报告一般由标题、主送机关、正文、落款四部分组成。

（1）标题　报告的标题有两种写法：

1）发文机关＋事由＋文种。例如：《××学院关于报送2020年工作总结的报告》。

2）事由＋文种。例如：《关于招标工作有关政策的报告》。

（2）主送机关　报告的主送机关，一般为直属上级机关或业务主管部门。

（3）正文　正文包括开头、主体和结束语三个部分。

1）开头。开头主要交代报告的缘由，概括说明报告的目的、意义或根据，然后用"现将有关情况报告如下""现就如何开展这项工作提出以下意见"等转入下文。

2）主体。主体部分一般包括两方面内容：一是工作情况及问题；二是进一步开展工作的意见。但在不同类型的报告中，报告事项的内容可以有所侧重。

3）结束语。常用的结束语包括"特此报告""以上报告，如无不妥，请批转各地执行""请审阅""请收阅""专此报告"等。

（4）落款　落款写明报告单位或个人名称，并注明日期。

【例文点评】

例文一

××市人民政府关于在本市文学艺术界
开展档案资料征集工作的报告
×政〔2018〕26号

省政府：

根据省政府办公厅《关于做好在文学艺术界开展档案资料征集工作的函》（×政办函〔2018〕12号）要求，现将我市在文学艺术界开展档案资料征集工作的情况报告如下：

2017年11月20日，我市成立了以副市长××为组长的市档案资料征集工作领导小组，成员由市文化局、市文联、市档案局有关同志担任。

2017年12月1日，市档案资料征集工作领导小组根据《中华人民共和国档案法》《艺术档案管理办法》的有关规定，结合我市实际情况，在全市文学艺术界下达了开展档案资料征集工作的通知。

档案资料征集的内容有：在文学艺术界中，反映知名人士主要经历及其主要活动的生平材料，包括履历表、传记（含自传）、回忆录、日记等；反映知名人士公务活动的材料，包括报告、演讲稿、题词、视频资料、照片等；反映知名人士成就的材料，包括论文、专著、研究成果、艺术作品、获奖证书、荣誉称号证书等；其他反映知名人士活动的相关材料，如评介文章、研究资料、原始材料等。

我市档案馆拟以知名人士个人为单位设立个人档案全宗，给予全宗号；并建立人物档案数据库，采用现代化管理模式和管理设施进行保管。

下达通知以来，据市档案资料征集工作领导小组调研走访，获悉许多知名人士正在整理自己多年积累的材料，以支持市政府的工作。

目前，市档案资料征集工作办公室已经收到无偿征集（移交、捐赠、寄存）资料112件，有偿征集（珍贵的历史价值档案）资料35件。市档案资料征集工作领导小组正在组织专业人员进行分类整理。

特此报告。

××市人民政府
2018年2月10日

　　问什么，答什么，是答复报告最大的特点。答复报告根据实际情况，按照上级机关的询问和要求回答问题。从本文引语可以得知，××市人民政府是以报告的形式回复上级机关省人民政府对该市开展档案资料征集工作进度情况的询问。与工作报告、情况报告不同的是，答复报告写作的前提是必须有上级机关的询问。

例文二

××市体制改革办公室关于事业单位公司制改革进展情况的报告

×体改〔2019〕×号

市政府：

《推进事业单位公司制改革》课题是市体制改革办公室牵头的全市年度改革项目，为市政府确定的2019年重点工作之一。现将进展情况报告如下：

今年1~4月，市体制改革办公室组织力量对我市事业单位企业化经营和事业单位公司制改造情况进行了调研，并将我市事业单位的有关情况报告市政府。××副市长对此作了批示："请转市机构编制委员会办公室，最好由市体制改革办公室、市机构编制委员会办公室共同组织调研，所需经费请市财政局审定。"

根据市领导的批示，我们与市机构编制委员会办公室、市财政局联系协商，拟定由市体制改革办公室和市机构编制委员会办公室牵头组成调研组开展调研，经费由市财政局负责审定落实。调研组拟由××副市长任组长，市体制改革办公室×××同志任副组长，成员由市体制改革办公室、市机构编制委员会办公室、市建设局、市财政局、市社科院、市勘察设计协会、市建筑设计总院的有关同志组成（名单附后）。市体制改革办公室起草了调研计划，鉴于市机构编制委员会办公室正组织全市事业单位进行机构改革，市机构编制委员会办公室建议将事业单位公司制改革课题纳入全市事业单位机构改革的总体方案中统一安排。

市体制改革办公室将与市机构编制委员会办公室配合，按原计划赴西安等地考察，尽快完成调研报告，并形成《××市事业单位公司制改革方案》上报。

专此报告。

附件：××市事业单位公司制改革调研组名单

××市体制改革办公室

2019 年 12 月 27 日

 点评

例文中，发文机关××市体制改革办公室就所承担"工作"的进展情况向上级做了汇报，报告使用上行文格式，结构清楚。在发文缘由之后，以承启语"现将进展情况报告如下"引领出报告事项，最后以尾语"专此报告"作为结束语。

例文三

关于报送我县 2019 年学前教育工作总结的报告

××市人民政府：

现将我县 2019 年学前教育工作的总结报上，请审阅。

附件：××县 2019 年学前教育工作总结。

××县人民政府

2019 年 12 月 20 日

 点评

这是一则报送报告，主要目的是递送"工作总结"，文字简洁，格式规范。

【实践与探究】

1. 实践

某学校要向省教育厅报送 2019 年度工作报告，请你替学校办公室拟写一份报告。

2. 探究

思考：写报告需要注意哪些问题？

注意事项

1）报告的内容要真实可靠，实事求是。起草报告要深入调查研究，无论是成绩还是问题，经验还是教训，都必须忠实于事实。

2）文字精练，用词准确，行文简洁，汇报和反映的问题要直截了当。

3）请示、报告要区分开，不能出现"请示报告"的文种。

4）报告中不能夹带请示事项。如需上级机关解决一些问题，应另外用"请示"行文。

5）工程质量检验报告必须下结论，检验项目必须符合规范要求。

6）与工程质量检验报告相反，施工质量事故调查报告不可轻易下结论。

【课后广场】

 知识巩固

1. 填空题。
1）报告一般由_____、_____、_____、_____四部分组成。
2）报告的种类一般包括_____、_____、_____、_____、_____。
2. 简答题。
1）什么叫报告？
2）简述可行性研究报告的格式。写作时有哪些要求？

 强化练习

虚拟一个工程，按照格式要求写一份工程开工报告。

【相关链接】

请示与报告的区别

请示用于向上级机关请求指导、批准，上级接文后一定要给予批复。报告则用于向上级机关汇报工作、反映情况、提出建议，供上级了解情况，为上级提供信息和经验，上级机关接文后不一定给予批复。

请示内容具体单一，要求一文一事，必须提出明确的请求事项。报告内容较广泛，既可一文一事，也可反映多方面情况，但不能在报告中写入请示事项，也不能请求上级批复。请示的起因、事项和结语缺一不可；报告行文较长，结构安排不拘一格，因文而异。

请示涉及的事项是没有进行的，等上级批复后才能处理，必须事前行文，不能"先斩后奏"；报告涉及的事项已过去或正在进行中，既可以事后行文，也可以事中行文。请求对时间要求较高，报告对时间要求一般较低。

3.5 会议纪要

【基本知识】

1. 概念

会议纪要是各级机关用来记载和传达会议情况与议定事项时所使用的一种公文。

会议纪要较详细地概述会议基本情况，较全面地阐述会议宗旨和议定的具体事项，发给下属单位及有关部门，使其了解会议的主要精神，并作为执行的依据。因此，会议纪要具有纪实性、提要性、约束性等特点。

2. 种类

会议纪要一般可分为办公会议纪要、专题会议纪要、协作会议纪要、座谈会议纪要四类。

（1）办公会议纪要　办公会议纪要是指记述机关或企事业等单位对重要的、综合性工作进行讨论、研究、决议等的一种会议纪要。

（2）专题会议纪要　专题会议纪要是指专门记述座谈会讨论、研究的情况与成果的一种会议纪要。

（3）协作会议纪要　不同部门、单位为解决或研讨共同的问题进行讨论、协商，以便达成一致意见，制定统一行动纲领，由此形成的会议纪要是协作会议纪要。

（4）座谈会议纪要　座谈会议纪要是指着重记载与会人员讨论的结果，相同的或不同的意见或看法，建议和要求等的一种会议纪要。

3. 格式与写法

会议纪要一般由标题、期号、正文、落款四部分组成（图3-3）。

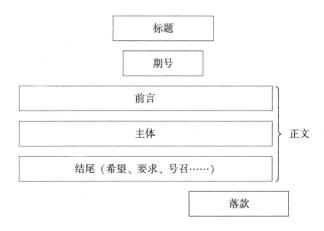

图3-3　会议纪要的基本格式

（1）标题　会议纪要的标题有以下四种写法：

1）会议名称+纪要内容+文种。如《曲艺家学会第七届理事会第一次会议决议事项纪要》。

2）发文单位+会议名称+文种。如《海淀区食品公司进一步做好市场供应工作会议纪要》。

3）会议名称+文种。如《××市人民政府办公会议纪要》。

4）正题+副题。正题阐述会议的主旨、意义，副题交代会议的名称、文种。如《一切围绕经济转，一切围绕效益干——环渤海圈经济开发座谈会议纪要》。

（2）期号　一般在标题下标明月份、期号（有的还有总期号）。许多会议纪要是以"通知"的形式下发给有关单位贯彻执行的，会议纪要不需要写发文字号；有的会议纪要甚至连期号也不用写，标题写完后就进入正文。

（3）正文　会议纪要的正文包括前言、主体和结尾三部分。

1）前言。前言一般概括会议的基本情况，包括会议的名称、目的、内容、时间、地点、规模、参加人员、主要议题和成果等。

2）主体。主体主要是反映会议的主要内容及成果，既可综合概括地写，也可按照条款分别列写，还可以按照发言的顺序写。主体部分要做到议题明确，有决定、决议和结论，既要客观真实，又要反映会议的实质，要集中概括。

3）结尾。结尾部分一般提希望、发号召等,要写得简短、有号召力,起鼓舞人心的作用。

（4）落款　落款的位置在正文结尾右下方,要标明纪要的写作单位。会议纪要一般不加盖公章,这是它在格式上与其他公文的一个重要区别。日期既可以写在文尾,也可以写在标题之下。

【例文点评】

例文一

××区教育工作会议纪要

2019年××月××日

　　××区2019年教育工作会议于××月××日在区政府会议室举行。全区教育系统主要负责人、各中小学校长共200人出席了会议。区党委、区政府主要负责同志出席了会议。区长××主持了会议,分管教育的副区长××总结了我区教育工作的成绩和存在的问题,区党委书记××对如何做好今年的教育工作提出了具体要求。

　　这次会议着重讨论了以下四个问题:

　　一、关于各中小学校教师资源互换交流问题

　　（略）

　　二、关于各中小学生就近划片入学问题

　　（略）

　　三、关于加强中小学德育工作问题

　　（略）

　　四、关于各中小学进一步加强素质教育问题

　　（略）

　　百年大计,教育为本。会议号召全区干部群众人人关心教育、尊师重教,积极为教育事业办实事。全区教育工作者要发扬人梯精神,勤奋工作,努力培养更多的合格人才。

××区区长办公室

 点评

> 该例文是一篇关于教育工作的会议纪要。该文的写法体现了会议纪要的格式要求。首先,在标题中标明了该会议纪要的性质;其次,在正文的开头介绍了这次专项工作会议的主要情况,包括开会的时间、地点、参加人员、主持人、报告人等;然后着重从四个方面说明这次会议讨论的主要问题;最后向全体人员发出号召。

例文二

全国城市经济体制改革试点工作座谈会纪要

第50期

　　××××年×月×日至×日,国家××局在辽宁省沈阳市召开了全国城市经济体制改革试点工作座谈会。有19个省、自治区、直辖市的负责同志，33个试点城市的负责同志，以及中央、国务院有关部门的负责同志共200多人参加了会议。会上传达学习了中央领导同志最近的重要讲话，交流了试点城市改革的情况和经验，研究了在新形势下要积极推进城市经济体制改革进一步开展的工作。

一、统一认识，明确今年改革的方针和主要任务。

（略）

二、进一步简政放权，政企分开，搞活企业。

（略）

三、充分发挥社会主义市场经济的优势，理顺经济关系。

（略）

四、精心指导，保证改革健康发展。

（略）

与会同志一致表示，当前改革进入攻坚阶段，我们要坚定地贯彻党中央和国务院的部署，精心组织，精心指导，搞好调查研究，把城市经济体制改革引向深处，为建立有中国特色的社会主义市场经济做出新贡献。

国家××局
××××年×月×日

> 这份专题会议纪要记述了全国城市经济体制改革试点工作座谈会的讨论结果，主题集中，条理清晰，语言明确。

例文三

抓住机遇　扩大开放
——沿长江五市对外开放研讨会纪要

沿长江五市（重庆、岳阳、武汉、九江、芜湖）对外开放研讨会，于××××年×月×日至×日在庐山××宾馆举行。这次会议是在党中央和国务院做出以上海浦东新区为"龙头"，进一步开放长江沿岸城市的战略决策之后，由九江市人民政府联合召开的，来自沿长江五市的领导和有关方面的负责同志及部分新闻单位的代表共40余人参加了会议。与会代表围绕着如何搞好沿长江对外开放的问题，进行了热烈发言和深入讨论。

与会代表一致认为，搞好沿长江的对外开放意义深远。过去数年间，我们的开放政策主要是向沿海地区倾斜，这是完全必要的，它为全国的对外开放起了先行探索和示范的作用。现在，中央提出进一步扩大沿长江和沿边的对外开放，这对于在沿海开放的基础上，形成"沿海－沿江－沿边"的整体开放格局，实现我国对外开放"全方位、多元化"的战略目标，推动对外开放向内地深入，促进沿江经济的发展有着重要意义。长江在我国国民经济和社会发展中占有重要地位，这里资源丰富，交通方便，城市密布，市场发达，人才荟萃，开发潜力巨大，前景良好。扩大沿长江的对外开放，通过利用外资、引进技术和人才，开拓国际市场，可增大开发的力度，加快开发步伐，从而为国民经济发展增添后劲。

扩大沿长江的对外开放，对沿长江五市来说是机遇和挑战并存。为此，代表们指出，搞好沿长江的对外开放，首先要解放思想，联系实际找差距，真正解决和克服长期束缚人们手脚的认识问题。要增强以经济建设为中心的观念，形成齐抓经济工作的活力；要进一步认识对外开放的重要性和迫切性，开拓并搞好对外开放的新思路、新办法和新途径；要强化商品经济意识，克服温饱即满、不愿冒风险、不敢迈大步的小农思想，自觉按照经济规律办事；要树立全局观念，防止和克服狭隘的部门利益，树立一盘棋的战略思想。

扩大开放，必须深化改革。代表们提出，与沿海地区相比，沿长江城市在对外开放方面已滞后了一步，旧的体制严重阻碍着对外开放的扩大。因此，应通过深化改革，给企业以更大自主权，使各项政策措施相互配套，逐步完善。改革需要探索，要敢想、敢干、敢闯、勇于实践，对的就大胆推广，错的就加以纠正。

开放是促进和带动一切的重要途径和手段。代表们认为，应围绕开发抓开放，通过开放促开发。通过开放，要开发新产品、新技术、新行业，解决内陆城市产业单调、技术陈旧、产品老化的问题，使经济发展具有新的活力；通过开放，不断开发利用资源，提高资源的综合利用率，提高经济效益；通过开放，把利用外资和老企业嫁接起来，加速技术改造和产品更新换代。

搞好长江的开放开发，必须走联合协作的路子。代表们认为，长江流域自然地理条件的多样性和社会经济发展的综合优势，决定了要通过联合协作的方式来搞好开放开发，如果化整为零，搞区域割据、市场封闭，长江的优势就发挥不出来，开放开发就会事倍功半，甚至会有负效应。因此，希望国家有关部门尽快拿出长江沿岸开放开发的总体规划，各省、各中心城市、各中小经济区域要在总体规划的基础上，通力合作，加强横向联系；要以上海浦东新区为"龙头"，加强政策的对接和连贯，使"龙头""龙身""龙尾"一起摆动，努力在生产力布局、产业结构、交通运输、资源开发利用、长江生态环境保护、市场开发等方面，做到协调一致。

投资环境建设是对外开放的重要内容，代表们认为应把它放在对外开放的重要地位来看待，作为一项持久的基础性工作来抓。既要搞好投资硬环境的建设，努力使"七通一平"符合国际标准；又要加强各项软环境的建设，使有关政策措施符合国际规范；还要大力发展第三产业，培养大批懂业务、善经营、敢开拓的外向型经济人才。

九江市人民政府
××××年××月××日

 点评

这是一份座谈会议纪要。标题采用主、副结合的方式，正文的开头介绍了这次会议的主要情况，包括时间、地点、参加人员等；然后对这次会议的主旨进行了分析，该文的写法体现了会议纪要的格式要求。

【实践与探究】

1. 实践

下面这份会议纪要的语言表述较混乱，请作适当调整，使其规范。

××省军区思想政治工作研讨会会议纪要

为了抓好全军思想政治工作,省军区政治部于2019年5月20日在××市召开了省军区思想政治研讨会。这次会议还收到有关思想政治工作的研讨论文50篇,10位同志在会上宣读了论文。会后评选出优秀论文20篇,颁发了奖品。会议首先听取了军区政治部主任××同志的报告,并且进行了热烈的讨论发言,交流了思想政治工作的研究成果,总结了思想政治工作的经验,达到了预期的目的。参加这次会议的有军区政治部主任××同志、副主任××同志,一些省市的领导也列席了会议。

2. 探究

思考:写会议纪要需要注意哪些问题?

1)内容要齐全。会议纪要应该包括会议召开的时间、地点,会议的主持人和参加者、列席者,会议议题,会议的决议,任何会议纪要都必须具备这些要素,缺一不可。

2)内容要实事求是,要忠实于会议内容,要抓住要点。

3)使用会议纪要专用语要庄重严肃、语言规范、表述逻辑缜密。常见的主体习惯用语包括"会议认为""会议强调""会议听取""会议讨论""会议提出""会议通过""××同志指出"等;常见的结尾习惯用语包括"会议要求""会议号召""会议希望"等。

4)完稿后要经领导同意签发才能成为正式公文。

【课后广场】

1. 判断下面的文种是不是公文文件,是的打"√",不是的打"×"。

1)一份材料,真实地记录了××机关会议的议程,按照顺序记录了发言的内容。( )

2)××区交通局就一起重大交通事故召开会议,将局长的讲话发布在该局内部刊物上。( )

3)××区就如何整治全区脏、乱、差的问题召开区党委会议,并按照会议记录提炼取舍,整理成文。( )

4)市委宣传工作会议结束之后,有关领导从所有会议材料中找了一份会议期间的简报,认为这是反映会议内容的重要材料之一。( )

5)××学院就教育改革问题召开会议,会后根据会议主要内容整理出一份集中反映会议主旨、宣传会议精神的文件。( )

2. 阅读下面这段文字,选择括号中恰当的词语。

这次会议,具有重要的现实意义。会议(研究 听取 通过)了与会代表的建议和意见,对几项重大工作进行了安排部署。会议(讨论 落实 强调)了今年工作的实施方案,形成一致意见。会议(命令 责成 要求)总公司下属的每个部门,必须通力合作,加强团结。会议（鼓舞　号召　决定）全体职工振奋精神，再创佳绩！

 强化练习

1. 请为一次班会或者团会写一份会议纪要。
2. 把下面这个材料按照要求整理成一份会议纪要。

××市××区公安局2019年12月8日在区政府礼堂召开了一个题为"打黑除恶工作会议"。会议的议题是如何端掉当地黑恶势力的黑窝点，怎样整顿全区的社会治安秩序，采取何种措施维护全区治安，确保一方安全。出席会议的有区公安局局长刘××，区政法委书记赵××，区公安局副局长李××以及各乡镇治安保卫干部25人。

会议开始，由区公安局局长刘××同志通报了治安情况，特别是这个地区黑恶势力团伙砸抢××饭庄的事件，给社会带来极坏的影响，群众产生恐惧心理。接着，与会人员研究了一举端掉黑恶势力团伙的行动方案，由区公安局副局长李××在会上部署了工作任务，区政法委书记赵××提出了三点强化社会治安的要求。会议作出如下决议：在一周时间内，铲除这个黑恶势力团伙，不使一个坏人漏网。彻底整顿全区的社会治安秩序，确保一方平安，还××区一个安定平和的环境，使人民快快乐乐度元旦。

会议纪要的格式：

1）标题：

2）会议时间、地点：_____
　　会议出席人：_____
3）议题：_____
4）会议内容：_____
5）会议决定：_____
　　_____
6）落款：_____

【相关链接】

会议纪要具有可诉性吗？

一些行政机关在诉讼过程中会把会议纪要作为证据予以证明行政行为的合法性，但会议纪要是对会议情况和特定事项的记载与传达，不能作为行政机关的行政行为的法律依据。此时，有些人会问，那我可以去法院起诉会议纪要吗？

对此，最高人民法院做出的《中华人民共和国最高人民法院行政裁定书》[（2021）最高法行申2404号] 予以了回答，其认定：会议纪要作为行政机关通过会议方式就特定事项形成的内部意见或工作安排，通常情况下其效力限于行政机关内部，并不对行政相对人的权利和义务产生直接影响；只有当会议纪要的内容对相关当事人的权利和义务做出具体规定且直接对外发生法律效力，才可认定该会议纪要对当事人的合法权益已产生实际影响，具有可诉性。因此，只有当会议纪要的内容对当事人的权利和义务做出了具体规定且直接对外发生法律效力的情况下，才可以去法院起诉。

3.6 批复

【基本知识】

1. 概念

批复是指答复下级机关的请示事项时使用的文种，是机关应用写作活动中的一种常用公务文书。批复为下行文。

2. 种类

批复根据内容和性质不同，可以分为审批事项批复、审批法规批复和阐述政策的批复三种。另有肯定性批复、否定性批复和解答性批复三种类型。

3. 特点

（1）行文具有被动性　批复的写作以下级的请示为前提，它是专门用于答复下级机关请示事项的公文，先有上报的请示，后有下发的批复，一来一往，被动行文，这一点与其他公文有所不同。

（2）内容具有针对性　批复要针对请示事项表明是否同意或是否可行的态度，批复事项必须针对请示内容来答复，而不能另找与请示内容不相关的话题。因此，批复的内容必须明确、简洁，以利于下级机关贯彻执行。

（3）效用的权威性　批复表示的是上级机关的结论性意见，下级机关对上级机关的答复必须认真贯彻执行，不得违背，批复的效用在这方面类似命令、决定，带有很强的权威性。

（4）态度的明确性　批复的内容要具体明确，不能有模棱两可的语言，使得请示单位不知道如何处理。

4. 格式与写法

（1）标题　批复的标题一般有以下几种：

1）由发文机关＋事由＋文种构成标题，在事由中一般将下级机关及请示的事由和问题写进去。

2）由发文机关＋表态词＋请示事项＋文种构成标题，这种标题较为简明、全面和常用。

3）只写事由和文种的标题。

（2）发文字号　发文字号是发文机关在某一年度内所发各种不同文件总数的顺序编号。发文字号由机关代字＋年份代码＋发文顺序号组成。

（3）主送机关　批复的主送机关一般只有一个，是报送请示的下级机关，其位置同一般的行政公文，写于标题之下、正文之前，左起顶格。

批复不能越级行文，当所请示的机关不能答复下级机关的问题而需要向更上一级机关转报"请示"时，更上一级机关所作批复的主机关不应是原请示机关，而是"转报机关"；如果批复的内容同时涉及其他的机关和单位，则要采用抄送的形式送达。

（4）正文　批复的正文包括批复引语、批复意见和批复要求三部分。

1）批复引语。批复引语要点出批复对象，一般称收到某文或某文收悉。要写明是对于何时、何号、关于何事的请示的答复，时间和文号可省略。

2）批复意见。批复意见是针对请示中提出的问题所做的答复和指示，意思要明确，语气要适当，什么事同意、什么事不同意、为什么某些条款不同意、注意事项等都要写清楚。

3）批复要求。批复要求（其实可以单独作为结尾）是指从上级机关的角度提出的一些补充性意见，或是表明希望、提出号召。如果同意，可写要求；如果不同意，亦可提供其他解决办法。

（5）落款　在正文之后的右下方写发文机关的名称及成文时间。

5．写作要求

1）写批复的具体要求是：①批复在开头第一行写明所答复的请示的日期、标题或发文编号，如"你局×××年×月×日关于××××问题的请示收悉"，以便收文单位查找办理；②批复要针对下级机关的请示表明意见，内容上要有具体的针对性；③尾语常用"此复""特此批复"等语。

2）收到请示必须予以答复。答复要简明扼要、观点明确、措辞肯定，绝不能模棱两可、含糊其辞。另外，批复的意见要具体可行，以便下级机关按照办理。

3）批复问题应持慎重态度，要加强调查研究与磋商，不要轻率下结论。有的批复如需要其他所属机关周知时，亦可批转给有关的下属机关或在文件公报上刊登。

【例文点评】

例文一

**国务院关于同意建立×××山国家级自然保护区
给××区人民政府的批复**

国函〔2018〕31号

×××区人民政府：

你区关于建立×××山国家级自然保护区的报告收悉。批复如下：

一、×××山自然保护区有完整的原始高原生态系统，对保护稀有的高原有蹄类动物，拯救濒危物种有着重要的意义，国务院同意将×××山自然保护区列为国家级自然保护区。

二、要认真搞好该自然保护区的规划，采取切实措施，保护好该区的生态环境和各类自然资源。

三、自然保护区所需人员编制、物资、经费、设备等纳入你区的计划。

国务院

2018年×月×日

该例文是常见的批复，因是抄件，省略了上下款而在标题里都写明了。正文开头写明什么报告收悉，是针对的来文，然后以"批复如下"过渡到主体。主体分三条答复，一是为何同意建立这个自然保护区；二是指示如何建立，特别提出要搞好规划；三是人员、经费等实际问题如何解决。层层深入，解决得彻底、实在。

例文二

关于××省××县人民政府驻地迁移的批复

民行批〔2018〕7号

××省人民政府：

你省《关于××县人民政府驻地由××市区迁往××镇的请示》（豫政文〔2018〕72号）和有关补充报告收悉。经国务院批准，同意将××县人民政府驻地由××市区迁至××县××镇。搬迁所需经费由你省自行解决。

民政部
2018年3月9日

> 这是一则极简括的批复。标题因有下款而省去了发文机关，上下款俱全。正文有三句话：一是来文收悉，何文写得很清楚；二是经国务院批准，同意请示中的迁址（作为国务院属部级主管部门，经国务院批准才能批复，这句话不可缺）；三是确认经费由你省自行解决。全文言简意赅，增减不得。

【实践与探究】

1. 实践

某学校向省教育厅报送了一份《关于请求拨付资金的请示》，申请资金15万元，用于建设实训场地，省教育厅经过研究决定同意该请示的内容，请替省教育厅写一份批复。

2. 探究

思考：写批复需要注意哪些问题？

注意事项

1）批复既是上级机关指示性、政策性较强的公文，又是对下级单位请求指示、批准的答复性公文，因此撰写批复要慎重、及时，根据现行政策法令及办事准则及时给予答复。撰写时，不管同意与否，批复意见必须清楚明白、态度明朗。不能含糊其辞，模棱两可，以免下级单位无所适从。

2）批复必须是有针对性的一文一批复，请示要求解决什么问题，批复就答复什么问题。

3）从既有的批复定义和使用实际来看，批复是"答复下级机关请示事项"时使用的文种。依法行政讲究职权法定，每个行政机关都有自己独立的法定职责，需要经过"请示"而为的事项越来越少，上级行政机关面对请示时要看是否有必要"批复"。对于应当由下级机关"依法独立行使职权"并独立承担责任的事项，虽有请示也不应批复（即使需要指导，也应采用其他方式）。这一方面是便于明晰职权，分清责任，推进依法行政的需要；另一方面是避免文牍主义，提高行政效率的需要。

【课后广场】

知识巩固

1. 填空题。

1）批复是指答复_____级机关的请示事项时使用的文种，是机关应用写作活动中的一种常用公务文书。批复为_____行文。

2）批复根据内容和性质不同，可以分为_____批复、_____批复和_____批复等三种。

3）批复的正文包括_____、_____和_____三部分。

2. 简答题。

1）批复的特点有哪些？

2）写作批复需要注意哪些问题？

强化练习

指出下面这则批复的错误和不当之处并改正。

中共××大学委员会关于增补人文学院党委委员的批复的函

人文学院党委：

2019 年 5 月你院的请示中所提出的增补人文学院党委委员的事我们已经收到。经校党委七名常委在 4 月 10 日的常委会上反复讨论决定，并举手表决，最终一致通过。现将决定告之你们，我们原则上同意你们上报的两名同志为你院党委委员。

2019 年 5 月 15 日

【相关链接】

函与批复的区别

1）可以从概念上界定函与批复：函是用来相互商洽工作、询问和答复问题，向有关主管部门请求批准的文书；批复是专门用来答复请示事项的文书。

2）从作用与行文关系上来区分函与批复：批复的作用仅限于有隶属关系或业务主管关系的上级对所管辖的机关单位行文，准与不准的态度十分鲜明，往往具有通知和指示的性质，它只能是下行文；函的答复更多为平级行文，并只是商洽性的联系与咨询的答复，一般情况都是平行文。

第2篇 建筑实用文体写作

　　了解和掌握建筑实用文体的基本知识和写作技巧，既是建筑类专业学生应具备的能力，也是其适应职业能力发展的需要。本篇以"必要、实用、够用"为度，对在建筑行业中使用频率较高的文体进行介绍。内容讲求实用功能，注重实践环节，具有典范性和针对性的特点，能够有效地帮助学生掌握写作技巧，指导学生在以后的工作中有效应对各种建筑实用文体的写作。

　　工程建设程序与常用建筑实用文体的关系一览表见附录。

第4章 事务类文书

事务类文书是机关团体、企事业单位或个人经常使用的一种实用文体。它包括计划、总结、毕业论文、日记与工作日志、述职报告、协议书等，主要用于处理日常事务的各项工作，是做好日常工作不可缺少的文体形式。针对职业院校学生的实际需要，本章特别加入了毕业论文写作的相关内容。本章结合专业特点，通过对相关例文的阅读与评析，介绍这些文书写作的必备知识，使学生掌握事务类文书的一般格式与写法，提高学生事务类文书的写作技能。

4.1 计划

【基本知识】

1. 概念

计划是机关团体、企事业单位及个人对一定时期的工作目标、措施、步骤所作的先导性部署与安排的一种事务类文书。

计划的使用频率很高。现实生活中常见的规划、纲要、工作意见、工作要点、打算、安排、设想、方案等都属于计划的范畴。

目标、措施、步骤，被称为计划的"三要素"，是写计划不可缺少的内容。

计划具有预见性、指导性、约束性、可操作性等特点。

2. 种类

从不同的角度，可将计划划分为不同的类别。

1）计划按内容分类，有全面的综合性计划（社会发展计划、国民经济计划等）、单项计划（生产计划、学习计划等）。

2）计划按范围分类，有国家计划、地区计划、系统计划、部门计划、单位计划、个人计划等。

3）计划按时间分类，有多年性的计划（又称为规划）、近期的计划（年度计划、季度计划、月计划等）。

4）计划按详细程度分类，有计划要点、简要计划和详细计划。

3. 格式与写法

计划一般由标题、正文和落款三部分内容组成。

（1）标题　计划的标题通常可采用以下几种形式：

1）单位+时间+事由+文种。如《××城市建设职业技术学院2021年招生计划》。

2）单位+事由+文种。如《辽宁省博物馆建设计划》。

3）时间+事由+文种。如《2019—2020年骨干教师培训计划》。

4）事由＋文种。如《学期授课计划》。

如果计划还需讨论才能定稿，则应在标题后面或标题正下方用括号注明"初稿""草稿""供讨论用""征求意见稿"等字样。

（2）正文　计划的正文一般包括前言、主体和结语三部分。

1）前言。前言又叫导语，是制订计划的背景和依据。前言应写明制订计划的主观目的、客观依据、指导思想、基本情况等。前言既是制订计划的基础，又是计划的总纲，要写得简明扼要。

2）主体。主体是计划的核心部分，一般包括目标、措施、步骤这"三要素"内容。

① 目标。目标要回答"做什么""做到什么程度"的问题，它是计划的灵魂。目标制订对计划的撰写乃至计划的实施至关重要，目标过高或过低都不合适。因此，制订目标要客观科学、切实可行。这就需要深入调查研究，广泛征求意见和充分论证，慎重确定目标。

② 措施。措施要回答"怎么做"的问题，包括组织分工、进程安排、物质保证、方式方法等。这部分要写清楚完成目标所需要的手段、条件、办法，这是实现计划的切实保证。措施要具有科学性，便于操作实施。必要时，哪项工作由谁负责都要写进去，以便落实和检查。

③ 步骤。步骤要回答"做得怎样""何时完成"的问题，主要是对质量、数量、时间上的要求。这是完成计划效益指标的具体设想，要写得具体、实在。

总之，计划的正文要按照"做什么——怎么做——做到怎样"的顺序来安排结构内容，只有这样，才能简明、全面、清楚地制订好计划。

3）结语。结语是计划内容的补充，可点明工作重点，强调主要环节；可说明注意事项，分析可能出现的问题；可提出希望与号召，激励大家为完成计划而努力奋斗。结语要求言简意赅，自然收束，有鼓动性、有号召力。是否写结语，要根据计划的具体情况确定。

（3）落款　落款要写明制订计划的单位名称、个人姓名和成文日期。单位名称如果在标题中已出现，则可略去。

计划的基本格式如图 4-1 所示。

图 4-1　计划的基本格式

【例文点评】

例文一

英语四级考试复习计划

学院英语教研室要求大三的同学，必须参加英语等级考试，取得大学英语四级考试证书。我小组为了完成英语考试任务，并取得优良成绩，特制订如下复习计划。

1. 任务与要求

（1）第一阶段

1月8日～3月8日，完成如下学习任务：

1）阅读完《大学英语》1～4册所有篇目，完成7500个单词的读写。

2）背诵80篇小例文，并写作25篇小作文，采用小组互相检查、互相评阅的方式提高阅读和写作质量。

3）快速阅读英语读物80篇，并能流畅地进行笔译。

（2）第二阶段

3月9日～4月8日，完成如下学习任务：

1）进行3～4次模拟测试，采用组内相互监考、阅卷的方式。

2）复习《大学英语》1～4册的语法部分，巩固并强化对7500个单词的记忆。

3）进行听力与阅读训练，由浅入深、由易到难。

（3）第三阶段

4月9日～6月8日，完成如下任务：

1）对语法、听说、写作各部分进行全面复习，针对薄弱环节进行小组自测。

2）有针对性地训练应考技巧。全组对考试中可能出现的问题进行研讨，拿出对策，准备考试。

2. 措施与步骤

1）阅读采用记笔记的方法，由组长进行阶段检查并相互学习。

2）每人每天阅读3篇英语读物，读物的种类由个人自选。完成阅读后，小组成员之间也可以相互交换用书，以便增大阅读量。

3）小组整体完成模拟测试后，要做到查缺补漏。成员之间可以取长补短，交流提高。

4）要把听力水平作为重点来突破，对听力水平较差的组员，小组要加以帮助，促进其听力水平的提高。

5）应考技巧重点放在阅读与写作上，要以练为主，及时总结。

6）4月以后，每两周举办一次复习交流会，请测试中成绩较好的同学介绍经验。

以上计划，要求在××××年1月8日完成。

××××级建筑工程技术专业2班第一学习小组全体成员

××××年1月5日

点评

  这是一份条文式计划。计划的前言写明了制订计划的依据和目的，即"取得大学英语四级考试证书""取得优良成绩"。计划中的任务十分明确，被划分为三个阶段，每个阶段都有"做什么"的具体要求。计划中的措施与步骤能针对各个阶段的任务写出来，有时序性，能按部就班地完成。总之，这是一份格式规范、内容具体的计划，尤其适合学生使用。

例文二

××省2019年度一级建造师资格考试考务工作计划

时间		工作、考试内容
2019年7月中下旬		各地完成报名及资格核验
2019年7月末		缴费确认
2019年9月中旬		发放准考证
2019年 9月19日	上午：9:00～11:00	建设工程经济
	下午：14:00～17:00	建设工程法规及相关知识
2019年 9月20日	上午：9:00～12:00	建设工程项目管理
	下午：14:00～18:00	专业工程管理与实务

 点评

  这是一份表格式计划。其内容是关于××省2019年度一级建造师资格考试的具体日程安排，包括时间、相关事项及考试科目。这份计划清晰简明，如改写成文字表述才会比较繁琐。

例文三

××办公楼施工方案

（一）总体安排

  本工程是一项综合性强、功能多、建筑装饰和设备安装要求较高，按一类建筑设计的项目。在承担此项任务后，我们调配了一批年富力强、经验丰富的施工管理人员组成现场管理班子，周密计划、科学安排、严格管理、精心组织施工，安排好各专业、各工种的配合和交叉流水作业；同时，组建一支操作熟练、能力强、素质高的专业技术工人队伍，发扬求实、创新、团结、拼搏的企业精神，保证本工程能按期交付使用。公司优先调配机械施工器具，积极引进新技术、新装备和新工艺，以满足施工需要。

（二）施工顺序

  本工程施工场地狭窄，因此先清除地基上残留的既有基础及其他障碍物，并插入基坑支护及塔式起重机，积极拓宽工作面，以减少窝工和返工损失，从而加快施工速度、缩短工期。

1. 施工阶段的划分

工程分为基础工程、主体工程、装修工程、设备安装和调试工程四个阶段。

2. 施工段的划分

基础、主楼主体工程分两段施工，辅房单列不划分。

(三) 主要项目施工顺序、方法及措施

1. 钻孔灌注桩

1）工艺流程。(略)

2）主要技术措施。(略)

2. 土方开挖

1）基坑支护。(略)

2）施工段划分及挖土方法。(略)

3）排水措施。(略)

4）其他事项。(略)

3. 地下室防水混凝土

1）地基土。(略)

2）设计概况。(略)

3）防水混凝土的施工。(略)

4. 结构混凝土

1）模板。(略)

2）细部结构模板。(略)

3）抗震拉结筋。(略)

4）垂直运输。(略)

5）钢筋。(略)

6）施工缝及沉降缝。(略)

7）混凝土浇筑、拆模、养护。(略)

5. 小型砌块填充墙

1）施工要点。(略)

2）其他措施。(略)

6. 主体施工阶段施工测量

1）水准基点、主轴线控制桩的埋设。(略)

2）楼层高程传递。(略)

7. 珍珠岩隔热保温层、防水屋面

1）施工要点。(略)

2）其他措施。(略)

8. 装修

1）施工顺序总体上遵循先屋面、后楼层，自上而下的原则。

2）施工准备及基层处理要求。(略)

点评

　　这既是一份条文式计划，也是具体的施工方案。首先写明制订该方案的依据和基本情况，然后结合工程的施工顺序由总体到局部逐一写明具体的施工措施及方法。这份施工方案能结合工程的特点与实际情况认真分析，任务明确、步骤妥当、措施得力。

【实践与探究】

1. 实践

请你为班级制订一个本学期班级活动计划。

2. 探究

思考：制订计划应注意哪些问题？

 注意事项

1）要集思广益、深入研究，广泛听取意见，反对主观主义。

2）要从实际情况出发确定目标、任务，做到目标明确、任务清楚、措施可行。

3）要突出重点、分清主次、以点带面，不能"眉毛胡子一把抓"。

4）要使用准确、朴实、庄重的语言，尽量少用华丽的辞藻。

【课后广场】

 知识巩固

1. 简答题。

1）什么是计划？计划有什么特点？计划的写作有什么要求？

2）你是否在学习、工作、生活中制订过计划？为什么？

2. 判断题。

1）计划的目标不能留有余量，制订了就要坚决执行。　　　　　　　　　　　　　（　　）

2）计划虽不是正式公文，但一经机关会议通过和批准，就具有正式文件的效能，在它所管辖的范围内，就具有了权威性和约束力。　　　　　　　　　　　　　　　　　　（　　）

3）计划的实质是对理想、目标的具体化。　　　　　　　　　　　　　　　　　　（　　）

3. 下面是一则《文学作品阅读计划》的主要内容，显得很混乱，毛病在哪里？经过整理分析，请重新写出主体内容。

（1）某《文学作品阅读计划》的主要内容

1）提高阅读能力，达到对文章段落分析正确的目的。

2）每天阅读一篇散文、一首诗歌，并做好笔记。

3）阅读中遇到问题，要虚心向老师和同学请教。

4）通过阅读，半年之内要提高写作能力，能写出质量较高的散文，在学生会《文学天地》上要发表2~3篇习作。

5）要做到每天积累词汇，进行摘抄，每月积累词汇不少于300个。

（2）修改要求

1）分出"目标""措施""步骤"三个层次。

2）使用序号，对每个层次的条目做出安排。

3）必要时，可对内容添加补充。

强化练习

1. 制订一份你当前最需要的计划（如每月消费计划、体育锻炼计划、阅读计划、宿舍卫生工作计划、计算机或英语考级计划、××科目的学习计划等）。

要求：制订的计划要有标题、前言、主体、落款，字数不少于200字。

2. ××城建学校要举办五四青年节庆祝活动，届时将举行多种纪念活动，包括篮球比赛、读书报告会、文艺联欢会、书画展、电影专场等。请拟一份表格式活动安排表，计划名称、计划表及说明均要求具体明确，有关内容如时间、地点、负责人等可虚拟。

【相关链接】

古人对计划的重视

古人也非常重视计划的制订。例如《礼记·中庸》中记载："凡事预则立，不预则废。"其中"预"的含义就是"事前的准备和安排"，和现在所说的计划同义。全句大意是：一切事情，如果事先做好准备，就会成功；事先没有准备，就会失败。

4.2 总结

【基本知识】

1. 概念

总结是机关团体、企事业单位或个人对前一阶段的实践活动进行系统的回顾、分析、研究与评价，从中找出经验教训，得出规律性的认识，以指导以后工作开展而写成的一种事务类文书。总结一般包括综合性总结、专题总结和个人总结几类，常用的小结、体会也属总结的范畴。

总结具有实践性、说理性、概括性、叙事性、经验性等特点。

2. 种类

从不同的角度，可将总结划分为不同的类别。

1）按性质分类，总结可分为综合性总结、专题性总结。综合性总结又叫全面总结，是对本单位、本部门在一定时期内的所有情况进行全面反映和评析的总结。专题性总结则是对某项工作、某个问题的情况或本单位、本部门在某个时期、某个方面的情况进行专门反映和评析的总结。

2）按内容分类，总结可分为思想总结、学习总结、工作总结等。

3）按范围分类，总结可分为部门总结、单位总结、个人总结等。

4）按时间分类，总结可分为年度总结、季度总结、月总结等。

3. 格式与写法

总结一般由标题、正文和落款三部分组成。

（1）标题　标题要与总结的内容紧密相连，力求准确、简明、醒目。标题一般有以下几种方式：

1）直接性标题，即直接表明单位名称、时间、内容、文种，如《××学校2019年德育工作总结》，也可以省略某一部分。

2）间接性标题，即标题中不出现"总结"的文种名称，但从标题中已反映出总结的内容，如《我市干部思想作风建设的成效及存在的问题》。

3）正（副）标题。一般说来，正标题概括总结主要内容或根本观点，副标题说明单位名称、时限、文种等，如《适应新形势，努力做好财会工作——基建三公司财务处2018年工作总结》。

（2）正文　总结的正文一般由前言、主体和结尾三部分组成。

1）前言。前言是总结的开头部分，通常简明扼要地概述总结所涉及的时间、背景、任务、效果等，目的在于点明主旨、领起下文。

2）主体。主体主要写明取得的成绩和经验、存在的问题和教训，这是总结的重点和精华。要写好这部分内容，一定要注意点面结合、详略结合、叙议结合，而且要叙议得当。

3）结尾。结尾一般写以后的努力方向，或提出切实有效的改进措施，或提出新的奋斗目标，鼓舞斗志。这部分在写法上要有新意。

总结的正文作为重点一定要安排好结构层次，一般而言，常用的结构方式有时序式、并列式、总分式等。

（3）落款　落款包括署名和日期，在正文结尾的右下方分两行书写：第一行写单位名称或个人姓名；第二行写具体的日期。署名要写全称。

【例文点评】

例文一

2019年度团委工作总结

在学校党总支的正确领导下，在学生处的关心和支持下，在全校师生的共同努力下，我校团委认真落实上级团委交给的各项工作，做好青年团员的思想教育工作，积极开展各项丰富多彩的文体活动，大力开展学生社团活动，组织学生参加各项社会实践，搞好重大节日的庆祝活动，促进学生德、智、体等素质的全面发展，为学校各项工作做出了应有的奉献。现将本学期的工作总结如下：

一、坚持用习近平新时代中国特色社会主义思想武装团员青年，努力构筑广大团员青年的精神支柱

（1）用科学理论武装人　以深入学习习近平总书记重要讲话、增强团员意识为主线，建立团组织主导、学生骨干带动、理论社团推进、基层支部落实、广大团员参与的全方位立体式的工作格局。院团委结合学院实际情况，深入开展主题活动，向全院同学发出倡议书，深入开展以"《校园文明公约》大讨论"等学生关注的热点问题为主题的特色主题团日活动、以团组织生活为载体的各种形式的思想政治教育活动，加强团员青年责任意识、集体主

义、道德品质教育。通过"十佳团日活动"评选、观摩等形式,将"主题团日"活动打造成为交流思想、导航人生、提升素质、锻炼能力的主阵地。

(2) 以爱国主义鼓舞人 以"继承××精神""弘扬五四精神"等爱国精神活动为教育契机,组织开展了"学习长征精神"征文比赛、"毛泽东诗词朗诵"比赛等主题教育活动。特别是以"传承烈士精神,弘扬校园正气"为主题的活动,通过回忆、学习我院的校园英雄钱××的英雄事迹,掀起了向烈士学习的热潮,从而大力弘扬和培育以爱国主义为核心的民族精神和以改革创新为核心的时代精神,引导大学生为实现中华民族的伟大复兴而奋发成才。

(3) 以先进榜样激励人 坚持以正面教育引导为主,先后开展了"微笑校园""弘扬雷锋精神,创建和谐校园"等活动,坚持用先进人物的事迹激励青年团员树立努力学习、立志报国的理想信念。同时,积极树立身边的典型人物,通过"校园自强之星"的评选、"五四表彰"等形式为广大团员树立学习的榜样。一年来,团委先后表彰了优秀团干部 262 名、优秀团员 373 名、优秀团支部 17 个。

二、不断加强和完善共青团的自身建设,为全院共青团的工作奠定坚实基础

1) 进一步加强了团委工作制度化建设,2019 年 4 月召开的第二次团员代表大会、第一次学生代表大会在广泛讨论的基础上,审议通过了学院首届团委、学生会的工作报告,审议通过了《××××学院学生会章程》《××××学院社团联合会章程》,以无记名投票的方式选举了共青团×××学院第二届委员会委员。大会圆满地完成了各项任务,确定了以后几年学院团委工作的主要任务和奋斗目标,为以后两年的团委工作指明了方向。团委、学生会各部门做到每月有计划、有小结。坚持学生干部每周例会制度、分团委书记每月例会制度,通过及时沟通、交流,探讨工作方法。加强校区之间学生干部以及与兄弟院校学生干部的交流,建立良好的工作关系,丰富交流内容,提高交流层次。

2) 以团员干部为重点,每学期定期组织开展团校培训,聘请资深老师、校外专家对学生干部进行系统培训,剖析形势政策、社会热点、时代特点、学校发展状况、新形势下共青团工作及学生干部工作的特点。通过学习研讨、实践调研等方式,以骨干带动学习活动的普遍开展,提高团员干部的素质,使习近平新时代中国特色社会主义思想成为团员干部的思想支柱,使团员干部在学生中真正起到领头人的作用,使团员干部更好地为广大学生服务。2019 年共举办了 2 期业余团校,200 余名同学经考试合格。

3) 在学院党委的领导下,积极做好学生党建工作,进一步完善团员推优入党机制,配合各系部加大对学生入党积极分子的教育、培养与组织发展的力度。经过严格的筛选,本学年共推优 200 余人。

4) 大力加强信息化建设,不断提高校团委信息化的总体水平,充分利用好共青团的宣传阵地。一方面,充分发挥好宣传栏、黑板报、橱窗、广播站等传统媒介的舆论引导作用,推动多个层面与广大青年的有效沟通;另一方面,开拓宣传新平台,积极建设并完成校团委工作网站,利用学生校刊、"星光"电视台等多媒体方式增强宣传力度。

三、积极推动"大学生素质拓展计划"实施,进一步丰富校园文化,服务青年学生成长成才

1) 进一步推动我院素质教育的全面实施,通过整合有助于学生提高综合素质的各种活动和工作项目,以就业为导向,制订并实施了大学生职业生涯设计教育方案,全面推行适合

职业院校学生特色的《大学生素质拓展计划》《素质学分管理办法》，将素质拓展活动与学分挂钩，与就业推荐挂钩，增强学生的就业竞争力，更好地满足广大青年学生成长成才、就业创业的迫切需要。

2) 以加强我院"第二课堂"建设为重要途径，大力推进校园文化建设。以形式多样的文化科技活动为载体，大力开展文娱体育活动。为了营造良好的学术氛围，邀请校内外专家、教授举办"心理健康讲座""媒体人讲新闻"等人文素质讲座、学术报告100余场。2019年5月举办的"校园文化艺术节"作为我院传统的活动，以"拓展学生人文素质"为主旨，设有丰富多彩的知识讲座、文化活动、文艺活动、体育竞技、职业生涯、心理健康六大版块，共举办了35项院级、70余项系级文化艺术活动，参与人数超过1万人次，有80余名学生获得院级表彰。2019年10月举办的校园科技文化节以"崇尚科学，增长技能，拓展素质，成就未来"为主题，通过精心设计的技能竞赛、知识竞赛、专题研讨活动、大学生实践创新活动、大学生职业生涯设计大赛、心理健康教育活动、体育竞技活动、讲座活动八大版块50余项活动的开展，进一步营造了良好的校园科技文化氛围，为同学们提供了一个展示技能才华、激发智慧灵感的舞台。

在以后的工作中，我院团委将继续以习近平新时代中国特色社会主义思想为指导，在之前工作的基础上进一步强化学习意识、服务意识，以更饱满的热情、更扎实的工作、更出色的成绩更好地为广大同学服务，创造团委工作新的辉煌。

××团委
××××年××月

> 这是一篇学校团委学期综合总结。开头简明扼要地概述了工作的依据和重要成效。主体部分具体阐述了这一学期的主要工作、工作的做法和实效。材料的组织采用了横式结构，工作分为三个部分，每部分又分为几个方面，结构清晰、条理清楚。结尾简短、有力。

例文二

GN大道D标段工程施工总结

一、前言

继××××年×月×日晚钢构梁顺利完工和×月×日晚完成最后一跨30m预制梁的吊装任务后，GN大道D标段梁主体工程至此已全部贯通，一条屹立在GN大道的银色巨龙将在晨曦的阳光中迎来四面八方的市民，这比原计划×月×日桥梁主体工程全部贯通的工期目标提前了整整两个星期。××××年×月×日，当最后30m的防撞栏完成后，由我项目部负责施工的GN大道D标段桥梁主体工程胜利宣告按期、优质、安全地完成施工任务。

二、工程概况

GN大道D标段工程位于市中心交通主干道——GN大道上，桥梁工程的施工高度最高达22.8m，分上下两层共四条线，其中下层的b主线全长496.449m，B匝道全长316.213m；上层的a主线全长513.545m，A匝道全长380.314m。基础采用钻（冲）孔灌注桩，其中主线 Sb2~Sb4 段、Sa2~Sa3 段、匝道 B2~B7 段、A3~A9 段为直径 150cm 的桩；Sb1 段、Sb5~Sb18 段、Sa1 段、Sa5~Sa18 段和匝道 A1 段、B1 段、A2 段为直径 180cm 的桩。下部结构为承台、墩柱和帽梁或框架梁，上部结构分别为现浇箱梁、30m 预制梁、钢箱梁。a、b 主线桥梁标准跨采用 30m 和 22m 标准段，30m 跨标准段下部采用 H 形门架式桥墩，22m 跨标准段和不等跨标准段下部采用分离式独立墩；30m 跨标准段上部结构采用 30m 预应力混凝土空心板梁，22m 跨标准段上部结构采用普通钢筋混凝土箱梁。在曲线段 a 主线（Sa4~Sa50 段）和 b 主线（Sb3~Sb50 段）共 7 跨的上部结构采用钢箱梁结构。A、B 匝道下部采用分离式独立墩，上部结构用 30m 预应力混凝土空心板梁。

本标段工程的总造价超过 5288 万元，合同工期为××××年×月×日至××××年×月×日，工期相当紧迫。由于本标段施工难点多，我项目部从进场伊始就面临严峻挑战。

三、施工过程的突出难点和解决办法

由于征地、拆迁滞后等原因，原合同计划进场日期从×月×日推迟到×月×日。起初，由于交通改道方案还没有获得批准，在车多人忙的 GN 大道 D 标段上无法进行施工放样测量，为了抢时间，我项目部不惜重金购买了一台全自动 J2 全站仪，及时解决了施工测量问题。

如何在不影响施工的同时做好交通疏导工作，是摆在我项目部面前的又一道难题。GN 大道 D 标段的交通特点是车多人多路窄，我项目部经过准确测量、精心组织，决定将 GN 大道 D 标段东侧的既有人行道和西侧的慢车道上铺上一层 15cm 厚的 C20 混凝土，改成机动车道，代替原来的机动车道，中间施工场地全部用 PVC 塑料板围挡起来。此交通改道方案经过交通管理部门反复研究后，最终获得批准，施工实践也证明这个方案是成功的，施工期间的 GN 大道基本可以保持交通安全、顺畅。

如何保证高处作业的施工安全是我项目部面临的又一个难题。我项目部在施工开始之前，就从施工部署、施工工艺方面考虑解决这一难题的办法。经过反复研究，最后统一认识，确定先施工匝道、再施工 b 主线、最后施工 a 主线的施工顺序，并精心计算出每月、每周的施工进度计划以及需要投入的人力、材料、设备、资金等，统筹安排，确实做到精心施工、严格管理，确保施工安全。实践也证明这一施工部署是成功的。如 a 主线的 30m 预制梁如果从地面吊装，吊装高度平均为 18m，但是采用新施工方案后，起重机可以直接沿匝道进入 b 主线桥面，从 b 主线桥面吊装 a 主线的 30m 预制梁，吊装高度仅有 5~6m，从而大大提高了预制梁的吊装速度，同时也大大降低了预制梁吊装的危险。现浇箱梁支架的搭设，我项目部采用脚手架和贝雷架（装配式公路钢桥）混合搭设的施工工艺，支顶架中间做了两条交通通道，解决了支（顶）架搭设后的交通安全问题。另外，为了保证施工安全，所有 2m 高度以上的支顶架外侧均用密目式安全网封闭，以确保施工安全。

四、质量保证措施和质量评定

1）施工严格按照设计文件、《公路工程技术标准》（JT GB01—2014）和《公路桥涵施工技术规范》（JTG/T 3650—2020）的要求进行施工。

2）主要施工技术规范、验收规范有：

① 《公路工程岩石试验规程》（JTG E 41—2005）。

② 《公路工程水泥及水泥混凝土试验规程》（JTG 3420—2020）。

3）编制完善的施工组织设计及主要工序（部位）专项设计，施工过程严格按施工组织设计及专项设计施工。

4）组织完善的资料管理体系，对所有发放的技术文件进行监控、编号，过期文件和变更文件及时标注。

5）实行技术交底制度，使管理层、操作层对规范、施工组织设计的要求有明确的认识。

五、工程自检结论

1）工程已经按照设计文件规定的内容全部完成。

2）工程质量达到了有关施工及验收规范的标准和设计文件的要求。

3）规定的竣工资料和文件齐全，并检查合格。

4）在施工范围内已经清除与工程无关的杂物，现场整洁干净。

5）工程质量综合评分结果如下：

①资料评分：97.0。

②外观评分：96.7。

③实测得分：95。

④工程综合评分：96.3。

⑤质量等级自评为"优良"。

六、结束语

GN大道D标段桥梁主体工程无论是实测实量结果，还是外观质量，都得到了质量监督站、设计单位、业主和监理单位的高度评价，还被评为省级优良样板工程。这是大家共同努力奋斗了9个月，用辛勤汗水换来的成果，也初步实现了去年年初开工时提出的"建一条让市民满意的GN大道"的目标。

GN大道D标段项目部

××××年×月×日

这是一份施工总结。首先概述了工程施工的基本情况；然后在主体部分重点介绍了施工过程的突出难点和解决办法、质量保证措施和质量评定等方面内容，并对工程施工情况进行了自评；最后提到施工结果得到了相关部门的高度评价，并被评为"省级优良样板工程"。

【实践与探究】

1. 实践

请拟写一份班级活动总结。

2. 探究

思考：写总结应该注意哪些问题？

注意事项

1）要态度中肯，材料充分。要用坦诚的态度了解情况、听取意见、整理思路，要准备好材料。

2）要实事求是，一分为二。不夸夸其谈，不好大喜功，不隐藏自己的缺点，不弄虚作假。要按照实际情况，真实而全面地展示自己过去的工作情况。

3）要研究材料，找出规律。对材料要反复分析研究，抓住事物的本质特点、来龙去脉，写出自己独特的见解与看法。

4）要主次分明，突出重点。选材不能求全贪多、主次不分，要把既能显示特点，又有一定普遍性的材料作为重点选用。而一般性的材料则要略写或舍弃。

5）要语言得体，用词准确。要反映客观事物，要尽可能多地用群众喜闻乐见、形象生动的语言。要用第一人称，即从本部门的角度来撰写。

【课后广场】

 知识巩固

1. 简答题。

总结的特点是什么？写总结时应注意什么问题？

2. 阅读与评析题。

阅读下面这篇总结，按文后要求回答问题。

放手发展多种经营　努力增加农民收入

近年来，××县委、县政府在稳定发展粮棉油生产的同时，把突出发展多种经营作为增加农民收入的突破口，充分利用现有土地资源，依托近城优势，建设具有地方特色的城郊经济，显示出"服务城市，富裕农村"的战略效应。××××年，全县人均纯收入达到×××××元，比上年增加××××元，增长××%，成为全省农村人均纯收入增幅最高的县。我县的主要做法是：

（一）积极引导，鼓励发展

（略）

（二）因地制宜，发扬优势

（略）

（三）综合利用，立体养种

全县广泛运用食物链、生物链和产业链的理论，在种、养、加工方面创造出多种立体开发模式。根据植物相生、伴生、互生与序生的规律，在林果基地间作套种粮、油、药、茶、瓜等，实行以短养长，取得不错的效果。全县推广用农副产品加工的下脚料喂猪养禽，又用畜禽粪便养鱼，最后用塘泥肥田，综合利用，极大地促进了畜牧业的发展。××××年全县生猪出栏达到35.5万头，家禽出笼741万只，鲜蛋产量1.93万吨，分别比上年增长11%、40.3%和14.8%。

（四）大力发展乡镇企业和个体、私营经济

（略）

××县人民政府
××××年××月××日

（1）选择题

1）本文开头采用了（　　）方式。

A. 概述情况　　　　B. 提出结论　　　　C. 提出内容　　　　D. 做出设问

E. 运用比较

2）全文采用了（　　）形式。

A. 阶段式　　　　　B. 总分条文式　　　C. 贯通式

3）主体部分主要写了（　　）。

A. 做法与成绩　　　B. 问题与教训　　　C. 设想与努力方向　D. 以上三个方面

4）本文显示主旨的方法是（　　）。

A. 呼应显旨　　　　B. 开宗明义　　　　C. 篇末点旨　　　　D. 转换接旨

5）本文安排材料主要采用了（　　）方法。

A. 先亮观点、后举材料　　　　　　　B. 先举材料、后亮观点

C. 边举材料、边亮观点　　　　　　　D. 既摆事实、又讲道理

（2）填空题

1）本文主旨是_____。

2）本文主体部分各条文都有_____句，其作用是_____。

3）本文采用了_____等表达方式。

4）本文大量采用了_____、_____、_____等说明方法。

强化练习

根据下面的内容任选其一，写一篇相关的总结。

1）你有什么兴趣爱好？这些兴趣爱好对自己有帮助吗？

2）你某一门功课成绩好的秘诀是什么？

3）在某一项活动中，你参与了吗？你在整个活动过程中获得了哪些经验？

4）你现在或过去担任学校、班级的一些工作吗？从这些工作中，你获得了什么益处？

要求：

选择自己最想写、最爱写的题目；选材要深入具体，以找到事例为佳（2~3例）；字数在500字左右。

【相关链接】

计划与总结的关系

计划与总结关系密切。计划是在事前制订的，总结则是在工作进行到一定阶段或计划完成后进行的。计划的内容是为完成一定任务所设想的具体步骤、方法和措施，重在叙述说明；总结则是对一定阶段工作或计划执行情况做出的分析和评价，重在找到规律性的东西。计划所要回答的问题是"做什么""怎么做""做到什么程度"；总结要回答的问题是"做了什么""做得怎样""有何规律性的东西"。

4.3 毕业论文

【基本知识】

1. 概念

毕业论文是应届毕业生对所学专业某个领域中的问题进行深入研究、探讨，表达自己研究成果的文章。它是学生在校期间学习成果的总结，充分展示了学生运用所学知识，研究解决实际问题的综合能力，同时也为以后从事工作和科学研究打下良好的基础。

毕业论文具有真实性、创造性、专业性等特点。

2. 格式与写法

毕业论文的格式一般包括标题、作者、摘要、关键词、正文、致谢、注释、参考文献等。

（1）标题　标题的方式有两种：一种是论题的范畴，如《论网络时代的作文教学》；一种是中心论点，如《计算机基础课教学中学生能力的培养》。标题应以最恰当、最简明的词语来反映论文中最重要内容的逻辑组合，应避免使用不常见的缩写省略词、字符、代号、符号和公式等。论文标题一般不超过20个字。

（2）作者　作者写在标题之下，有的还需在姓名前冠以所在部门（如系、专业或班级）的名称。

（3）摘要　摘要也称内容提要，是对毕业论文内容的高度概括，要求用简短的文字揭示全文的主旨。有的摘要实际就是对论文中心论点和各个分论点的综述。论文的内容摘要一般以200~400字为宜。

（4）关键词　关键词是指用来表达论文全文主题内容信息的单词或术语，供资料查询用。每篇论文的关键词一般选取3~5个词语。如《论网络时代的作文教学》一文的关键词为网络时代、作文、教学。

（5）正文　正文是毕业论文的核心和主体，是对中心论点的求证、推论，并导出结论。正文分绪论、本论、结论三部分。

1）绪论。绪论也称引论、前言、导言、序论和导论，是论文的起始部分，主要写明论文的基本观点和写作意图，也可以阐明论文的价值或进行解题，语言宜简洁明了。

2）本论。本论既是论文的核心部分，也是论文的主体部分，其功能是展开论题、分析论证。本论要深入分析文章引言提出的问题，运用理论研究和实践操作相结合的方法进行分析论证，揭示专业领域客观事物内部错综复杂的联系及其规律性。撰写本论时采用的层次结构有如下几种形式：

① 递进式。该形式由文章中心出发，层层深入地展开论述。

② 并列式。该形式把从属于基本论题的若干论点并列起来，分别进行论述。

③ 总分式。该形式先提出总论点后再具体分述，或先具体分述后再归纳总论点。

3）结论。结论是总结性的结尾，是对文中观点的最后认定，是对文中精华的提炼与提示或建议等。结论既要照应开头，又要体现全文的整体性。

（6）致谢　致谢一般是对指导者、合作者、资助者、支持者、协助者表示感谢，对准予引用其资料、文献或图片的人予以感谢，特别是对论文指导教师表示感谢。致谢语既可以作为"脚注"放在文章首页的最下面，也可以放在文章的最后。致谢的词语要诚恳、简洁、恰当。

（7）注释　在论文写作过程中，有些问题需要在正文之外加以阐述和说明时，就用注释。

（8）参考文献　参考文献（资料）附在论文的后面，内容较多时应加页列出，位置至少要离开文末四行。

列举参考文献（资料）的具体要求如下：

1）按毕业论文参考或引证文章和资料的先后顺序排列。

2）列举的参考文献一般应为正式出版物（包括书籍、报纸、杂志等）。

3）参考文献的具体格式参照《信息与文献－参考文献著录规则》（GB/T 7714—2015）执行。

【例文点评】

例文

装修工程室内空气污染危害及防治

摘要：近年来，随着人们生活水平的不断提高，室内装修已经成为人们改善生活条件、提高生活质量的重要手段。但人们在追求居室完善的同时，常忽略室内空气污染的问题。本文论述了装修工程室内环境污染的原因及对人体健康的危害；装修工程室内环境污染防治措施。

关键词：装修工程　室内空气污染　危害　防治措施

近年来，由于装饰装修行业的不断升温，各种建筑材料的广泛应用，室内的环境污染问题日显突出，严重影响了人们的生活质量，危害人们的身心健康。在装修工程中，大量使用人造的板材、石材、油漆、涂料、胶粘剂、防水剂、防冻剂等是造成室内空气污染物含量超标的主要原因。事实上，科学合理的装修及选用环保型建筑材料并加强室内通风换气，室内环境是可以达到国家规定的质量标准要求的。

一、室内装修污染物的种类及对人体健康的危害

随着社会经济的发展和人们生活水平的不断提高，人们更加注重舒适美观的室内生活、工作环境，经常对室内环境进行大面积的装饰装修，由此引发了许多的"高楼住宅综合征"或"建筑物综合征"，具体表现为头痛、头晕、咳嗽、眼睛不适、疲倦、皮肤红肿等症状。其实，这些症状很多是装修工程中装修材料引起室内空气污染的结果，这些污染物主要有甲醛、氨、氡、苯等。

1. 甲醛

甲醛（化学式为HCHO）一般无色，有强烈刺激性气味，易溶于水、醇、醚。甲醛在常温下是气态的，通常以水溶液形式出现。35%~40%的甲醛水溶液称为福尔马林。

甲醛主要来源于家具产品及家庭装修饰面板，家庭装修饰面板中的胶合板、细木工板、中密度纤维板和刨花板等人造板材，由于生产时使用的胶粘剂以脲醛树脂为主，板材中残留的和未参与反应的甲醛会逐渐向周围环境释放。一些厂家为了追求高额利润，使用

不合格的板材，在粘接贴面材料时再使用劣质胶水，造成大量有害气体的释放。另外，含有甲醛成分并有可能向外界散发的其他装饰材料还有墙布、墙纸、化纤地毯、泡沫塑料、油漆和涂料等。

甲醛对人体的主要危害：眼睛及呼吸道刺激症状、免疫功能异常、肝肺损伤、神经衰弱，还可以损伤细胞内的遗传物质，其中以嗅觉和刺激症状最敏感。当空气中甲醛含量在 $0.07mg/m^3$ 时，人即能嗅到它的臭味；$0.3mg/m^3$ 时会引起眼睛刺激；$0.7mg/m^3$ 时喉部会干渴难受。当人吸入甲醛后，轻症者有鼻、咽、喉部不适和烧灼感，流鼻涕、咽疼、咳嗽等症状；重症者有胸部紧感、呼吸困难、头痛、心烦等症状；更严重的可发生口腔、鼻腔黏膜糜烂，喉头水肿、痉挛等。长期过量吸入甲醛可引发鼻咽癌、喉头癌等多种严重疾病，对人的身体健康构成严重威胁。

2. 氨

氨是一种无色但有强烈刺激性的气体。在正常情况下，不会出现氨污染室内空气的情况，可是现在的装饰建材中，多用尿素作为水泥和涂料的防冻剂，在使用过程中会缓慢释放出氨。此外，室内空气中氨的另一个来源是木制板材，木制板材在加压成型过程中使用了大量的胶粘剂，这些胶粘剂主要由甲醛和尿素加工而成，它们在室温下易释放出气态甲醛和氨。家具在涂饰时所用的添加剂和增白剂大部分也用氨水（氨的水溶液），也会释放出气态氨，造成室内空气的污染。

人在居住的环境中与氨长期接触可出现胸闷、咽干、咽痛、头痛、头晕、厌食、疲劳等症状，使味觉和嗅觉减退，还可通过三叉神经末梢的反射作用引起心脏和呼吸停止。

3. 氡

氡是一种放射性气体，无色无味，易扩散，能溶于水，故极易溶于脂肪，在体湿条件下氡在脂肪和水中的分配系数为125:1，故极易进入人体组织。天然石块、建筑砌块、地基土壤、自来水、燃料、空气中都有不同含量的氡。氡对人体的辐射伤害严重威胁人体健康。

4. 苯

苯是一种无色、有芳香气味、易挥发的液体。居室中的苯主要来源于室内装修和家具中的涂料、油漆、稀释剂、香蕉水、各类胶粘剂等。如果长期接触苯，可出现头痛、失眠、记忆力减退等神经衰弱症状。空气中苯的含量达到2%时可使人于10分钟内死亡。长期接触苯而发生慢性中毒时，轻症者渐感倦怠无力、精神萎靡，易患感冒和并发咽炎、头晕、头痛、记忆力减退、失眠或嗜睡、食欲不振、气短等症状；较重症者有出血倾向，如鼻腔、牙龈出血，黏膜和皮下出血，晚期则出现严重贫血，并发感染或败血病。苯是人类已知的致癌物之一。

二、装修工程室内空气污染防治措施

1. 选择优质的健康环保产品

在装饰材料的选择上，要严格选用无污染或少污染，有助于消费者健康的环保安全型产品，选取不含甲醛、氨、氡、苯等有毒有害物质的装饰材料。

2. 选择简捷实用的装修方式

室内空气污染是由人工复合材料、油漆、胶粘剂、涂料等释放的有毒气体所引起的，大量地使用这些材料将加大室内污染的程度，豪华、复杂的装修方式会带来严重的室内污染。

因此，进行装饰设计时，应注意环境因素，合理搭配装修材料，尽可能地减少污染来源。

3. 加强室内通风换气

保持室内空气流通、干燥和清洁，一方面有利于室内污染物的排放；另一方面可以使装修材料中的有毒有害气体尽快地释放出来。加强室内通风换气是清除室内有害气体十分有效的办法。一般而言，室内的空气质量（清洁度）总是劣于室外，开窗通风可以保持室内具有良好的空气质量，是改善住宅室内空气质量的关键。新风量越大，发生"建筑物综合征"的风险就越小。即使在较寒冷的冬季，也最好能开一些窗户，使室外的新鲜空气能进入室内。

4. 新建或新装修的居室不宜立即入住

新建或新装修的居室不宜立即入住，应让装修材料中的有害物质散发掉，最好在半年之后再入住。其间必须注意通风，保持室内空气流畅，使各种橱、柜等家具含有的挥发性污染物尽可能散去，以降低对人体的危害。一般情况下新装修的居室经过2~6个月的通风，室内空气环境可达到安全水平。

5. 要选择正规的装饰公司

特别要注意选择正规的装饰公司，并在签订装修合同时注明室内环境要求。装修中尽量采用符合国家标准的室内装饰和装修材料，这是降低室内空气中有害物质含量的根本措施。要严格选用环保安全型材料，选用不含甲醛的胶粘剂，不含苯的稀释料，不含氡、苯的石膏板材，不含甲醛的大芯板、贴面板等。尽量少用化学及人工材料，尽量不要过度装修，提倡接近自然的装修方式。

6. 选择绿色环保型家具

在选购家具时，应选择正规企业生产的名牌环保型绿色家具。要注意选择刺激性气味较小的产品，因为刺激性气味越大，说明有害物质释放量越高。有条件的家庭，可将新买的家具空置一段时间再用。

7. 选择室内空气净化装置

有条件的家庭可安装室内空气净化器、空调系统过滤器等设备，以去除室内的气态污染物。

8. 选择合适的装修时间

室内污染物大多是易挥发的气体，因此衰减速度和室内外温度有直接关系。应尽量避免冬季施工，如室内用暖气则要开窗通风，否则冬季装修的居室在来年春夏两季将出现二次污染高峰。所以，室内装修应选择春季，并在夏季通风2~3月，炎热的夏季可使有害物质充分释放扩散。

由于城市现代化建设的不断发展和人们生活水平的不断提高，装修工程中室内环境污染引发的健康问题更加突出。室内化学性、物理性、生物性、电磁辐射性污染的事例在不断增加，政府有关部门应高度重视，采取有效措施，制订并实施有效的室内环境治理办法，控制好"环境污染源头"，强制淘汰不符合国家环境标准的各种建筑装饰材料，保护好人们赖以生存的生活环境，保护好人们的身心健康，为子孙后代创造更好的生存环境。

主要参考文献：

（略）

点评

　　这是一篇建筑专业学生写的毕业论文。"标题"点明了全文论述的中心,"摘要"用简略的语言对论文的内容作了概括介绍。正文分绪论、本论、结论三部分。从行文来看,本论部分采用小标题的形式,将每一部分论述的内容明确化,因而全文脉络十分清晰。作者紧紧围绕室内装饰污染的种类、危害和防治措施,以并列式结构依次展开论述;结尾再次重申全文的中心论点,首尾呼应,中心突出。从语言表述来看,文中多用专业术语,表意准确、严密,通达晓畅。

【实践与探究】

1. 实践

　　请结合自己的学习、生活或专业实习等,按照论文的格式要求,写一篇 600~800 字的论文习作。

2. 探究

　　思考:写毕业论文应该注意哪些问题?

 **注意事项**

1) 选题要有科学价值和现实意义,体现新颖性和可行性。
2) 要搜集资料和研究资料,明确论点和选定材料。
3) 要拟定提纲,构建论文的基本框架。
4) 论证要严密,分析要透彻,事例、数据要准确可靠,如转引其他报刊、书籍,还需在文后注明。

【课后广场】

 知识巩固

1. 判断题。
1) 毕业论文只要找到材料就能写作,不必拟定提纲。　　　　　　　　　(　　)
2) 毕业论文的结构安排可以使用并列式和递进式。　　　　　　　　　　(　　)
3) 毕业论文的摘要部分是对论文主体的高度浓缩。　　　　　　　　　　(　　)
4) 毕业论文的标题有严格的限制,只能是这篇论文的中心论点。　　　　(　　)
5) 毕业论文中的绪论、本论、结论三部分是不可缺少的。　　　　　　　(　　)
6) 毕业论文是专业知识的积累和实习经验的总结。　　　　　　　　　　(　　)
7) 搜集材料是写作毕业论文的基础,对材料的搜集应以适量为好。　　　(　　)
8) 选题时,要把握好原则,题目要时髦、要大而全。　　　　　　　　　(　　)
9) 写作过程中出现了新意,也不能突破写作提纲的限制。　　　　　　　(　　)
10) 毕业论文的论点是作者对材料进行整理、归纳、分析、概括的结果。　(　　)
11) 毕业论文的创造性体现在对以前的定论有新研究、新发现。　　　　 (　　)
12) 毕业论文的真实性体现在必须是第一手材料,内容不能脱离实际。　 (　　)

2. 阅读下面一篇论文简介，按格式要求填写论文的标题、署名、摘要和关键词。

李××同学完成了一篇毕业论文——《论道具在〈聊斋志异〉中的美学功能》。论文的基本观点是：道具是戏剧演出中常用的小对象，后来在小说创作中也经常使用。蒲松龄继承了中国古典文学利用道具揭示主题、引导故事、构造情节、塑造人物的传统手法，在《聊斋志异》近500篇小说中，几乎篇篇有道具。在作家笔下，哪怕是一块石头、一只草虫、一把折扇、一双绣鞋，都赋予了不同寻常的美学功能和审美价值，取得了引人入胜的艺术效果。

1）标题：_____。
2）署名：_____。
3）摘要：_____。
4）关键词：_____。

强化练习

1. 病文修改。

病　　文	修　　改
（论文语段） 　　学生是教学的主体，教师在教学中要注意培养学生的思辨能力、分析推理能力、对知识的理解和运用能力、实践实习的各种技能。要使这些要求在教学中得到体现，必须研究学生的特点，设计适合学生学习的教学情境，给他们训练技能技巧的机会，在课堂上为他们搭建显示能力的平台。而目前有的教师偏重于理论知识的讲授而轻视实践技能的培养，这种做法是不可取的。因此，一切教学应以学生为主体。	1. 这个语段的中心观点是_____ _____。应放在哪里为好？ 2. 这个语段的某些句子脱离主旨，仔细阅读，找出来并删掉。

2. 将下列各段组成一篇毕业论文的提纲，要符合逻辑顺序与毕业论文绪论、本论、结论的结构要求。

题目：《园林植物栽培课程教改探讨》

1）分论点：改革考核方式，提高教学质量。

2）分论点：强化教学实践，突出能力培养。

3）结论：通过诸项改革措施，突出实用性，强化实践性，达到学生综合能力整体提高的目标。

4）分论点：以岗位需求为主导，深化教学改革。

5）中心论点：对园林植物栽培课程的教学内容、教学方法和考核方式进行教学改革，是学生能力得到发展的关键。

6）分论点：改革教学方法，调动学生的积极性和创造性。

请正确排序。

【相关链接】

> 我国的《室内空气质量标准》（GB/T 18883—2002）、《民用建筑工程室内环境污染控制标准》（GB 50325—2020）、《室内装饰装修材料》系列标准共同构成了一个比较完整的室内环境污染控制和评价体系，既为广大消费者解决室内污染难题提供了有力的依据，也为装饰企业的施工操作提供了规范文件。

4.4 日记与工作日志

4.4.1 日记

【基本知识】

1. 概念

日记是人们将每天生活中的所见、所闻、所做、所思、所感有选择地以文字形式记载下来的一种自我备忘的实用文体。日记具有即日性、主观性、真实性、广泛性和选择性的特征。

有人评价说："日记是岁月的保险柜；日记是灵魂的密室；日记是忠实的朋友；日记是作家的摇篮。"的确，写日记的好处是多方面的。正因如此，古往今来，许多著名人物十分重视记日记，如鲁迅、叶圣陶、郁达夫等人的日记便成为后人研究他们的思想和创作的重要史料，对研究与他们同时代的其他作家、作品也有参考价值。

2. 格式与写法

日记没有固定的格式，一般第一行写明时间（年、月、日）、星期和天气情况，有时还可以写上地点。第二行空两格写正文。正文内容可多可少，大到对社会生活、人生真谛的探索，小到一言一行、只言片语；既可写轰轰烈烈、波澜壮阔的国内外大事，也可写自己衣食住行、言谈举止的小事；既可赞扬真善美，歌颂美好事物，也可针砭假丑恶，鞭挞不良风气；既可描写高山大海的雄奇壮观，也可描写微雕作品的小巧玲珑；既可立安邦治国之宏论，亦可发修身养性之微言。所见、所闻、所感无所不可。

记日记的形式灵活多样，采用的体裁要根据所记内容而定，或记叙，或描写，或议论，或抒情。日记常见的形式有备忘式、随感式、纪实式、研讨式等。

【例文点评】

例文一

10 月 19 日

有些人说工作忙，没有时间学习。我认为问题不在工作忙，而在于你愿不愿意学习，会不会挤时间。要学习的时间是有的，问题是我们善不善于挤，愿不愿意钻。

一块好好的木板，上面一个眼也没有，但钉子为什么能钉进去呢？这就是靠压力硬挤进去的，硬钻进去的。由此看来，钉子有两个长处：一个是挤劲，一个是钻劲。我们在学习上，也要提倡这种"钉子"精神，善于挤和善于钻。（引自《雷锋日记》）

 点评

> 这是随感式日记。第一行写明写日记的时间，第二行是正文，作者就生活中一些人的说法"工作忙，没有时间学习"有感而发，直截了当地谈了自己的体会看法，要发扬"钉子"精神，以议论为主，阐述了一个生活哲理。

例文二

　　　　　　十八日　　星期五　　晴　　午后有雷雨

　　在拒绝美援和美国面粉的宣言上签名，这意味着每月的生活费要减少600万法币。下午认真思索了一阵子，坚信我的签名之举是正确的。因为我们反对美国扶植日本的政策。要采取行动，就不应逃避个人的责任。（引自《朱自清日记》）

 点评

> 这是随感式日记。作者在记叙当天亲历的"签名"事件的基础上，着重记写了自己的感想，因事而感，有感而发，叙与议达到了自然、贴切的结合，进而表现了其高尚的人格。

例文三

　　雾不浓，船七点后开。略见小滩，水皆平稳。经蔺市、李沱，午刻到涪陵。青年人皆上岸游观，余未上。午后一时许复开船。棹夫停手休息时，青年人往替之。初不熟悉，历二三回，居然合拍，上下一致。傍晚歇于南沱，为一小市集，无甚可观。（引自《叶圣陶日记》）

 点评

> 这是纪实式日记。日记中对于开船时间、所经地点、一路景物和人物活动的记写，简洁却又具体，且饶有情趣。

【实践与探究】

1. 实践

写日记是自我心灵的默默对话，这种对话是坦诚而没有顾忌的。日记不仅是生活的记录，也是人们生活中的一面镜子，人们可以通过这种自省方式提高自己的品德修养和认识水平。在实际工作中，写工作日记不仅可以反省自己的行为，更是经验的一种积累方式。

请你就一天的学习、生活中的所见所感写一篇日记。

2. 探究

思考：写日记应该注意哪些问题？

 注意事项

1）日记的内容必须真实。
2）日记要有重点、有条理，不能记流水账。
3）日记的行文应力求简约。
4）日记是一日一记，一般不后补。
5）日记的语言要明白、通顺，书写要工整。

4.4.2　工作日志

【基本知识】

1. 概念

工作日志是对每天工作进展情况的真实记录和总结。通过记写工作日志，可以清楚地知道一天的工作内容，并及时发现问题，改进不足，不断提高工作质量。

2. 格式与写法

工作日志的形式通常为条款式、综合式、表格式。

工作日志一般在第一行写明日期、天气情况。正文一般分条直录,需要记载单位名称、日期、主要事项、完成情况等,有的加上个人的看法,提出方案、建议。工作日志的最后要签上自己的姓名,并且留出位置让审阅处理人员写上分析意见,并签上姓名和审阅日期。

【例文点评】

例文一

7 月 9 日　星期一

上午,举行 2017 届毕业生毕业典礼。副校长杨××同志主持会议,校长胡××、教师代表李××、毕业生代表张××、在校生代表夏××先后讲话,教育局局长李××到会并即席讲话。下午,毕业生办理离校手续。

> 这是一篇学校工作日志,围绕"毕业生离校"这一中心工作如实记载,准确、简明。

例文二

施工日志				编　号	
时间	天气情况	风力	最高(最低)温度/℃		备注
白天	晴	2～3 级	24(19)		—
夜间	晴	1～2 级	17(8)		—
一、生产情况记录(施工部位、施工内容、机械作业、班组工作、存在问题等): 地下二层的生产情况记录: 1. Ⅰ段(①～⑬/Ⓐ～Ⓙ轴)顶板钢筋绑扎,各工种预埋件固定,塔式起重机作业(××型号),钢筋班组 15 人。 2. Ⅱ段(⑬～⑲/Ⓐ～Ⓙ轴)梁开始钢筋绑扎,塔式起重机作业(××型号),钢筋班组 12 人。 3. Ⅲ段(⑲～㉘/Ⓑ～Ⓕ轴)因设计单位提出对该部位施工图样进行修改,待设计变更通知单下发后,再组织有关人员施工。 4. 发现问题:Ⅰ段顶板(①～⑬/Ⓐ～Ⓙ轴)钢筋绑扎时,钢筋保护层厚度、搭接长度不够,存在随意绑扎的现象。 二、技术质量安全工作记录(技术质量安全活动、检查评定验收、安全问题等): 1. 建设单位、设计单位、监理单位、施工单位在现场召开技术质量安全工作会议,会议决定: 1)±0.000 以下结构于 ×月×日前完成。 2)地下三层回填土于 ×月×日前完成,地下二层回填土于 ×月×日前完成。 3)对施工中发现的问题(Ⅰ段(①～⑬/Ⓐ～Ⓙ轴)顶板钢筋绑扎),应立即返修并整改复查,必须符合设计、规范要求。 2. 安全生产方面:由安全员带领 3 人巡视检查,重点是"三宝、四口、五临边"。 3. 检查评定验收: (1)对Ⅱ段(⑬～⑲/Ⓐ～Ⓙ轴)梁,Ⅳ段(㉘～㊶/Ⓑ～Ⓖ轴)剪力墙、柱予以验收,工程主控项目、一般项目符合施工质量验收规范要求。 (2)参加验收人员: 监理单位　××、×××(职务)等。 施工单位　×××、××、×××(职务)等。					
审阅意见:					
记录人	×××	日期	2021 年 6 月 15 日　星期一		

点评

　　这是一篇施工日志。施工日志是施工活动的原始记录，是编制施工文件、积累资料、总结施工经验的重要依据，由项目技术负责人具体负责。施工日志一般采用表格形式，便于施工现场记录。施工日志一般由施工单位填写并保存。本文以表格的形式，清楚明了地记述了当日的生产情况和技术质量安全工作。

　　由本文可以看出，施工日志的内容应包括基本内容、工作内容、其他内容三项。具体要求如下：

　　（1）基本内容　基本内容要写明天气情况、施工部位、出勤人数、操作负责人等。

　　（2）工作内容　工作内容要写明当日工作内容及实际完成情况；施工现场有关会议的主要内容；对施工技术、质量、安全方面的检查意见和决定；建设单位、监理单位对工程施工提出的技术、质量要求、意见，以及施工方落实实施情况。

　　（3）其他内容　其他内容要写明设计变更、技术核定通知及执行情况；施工任务交底、技术交底、安全技术交底情况；停电、停水、停工情况；施工机械故障及处理情况；冬（雨）期施工准备及措施执行情况；施工中涉及的特殊措施和施工方法以及新技术和新材料的推广使用情况。

【实践与探究】

1. 实践

请写一篇表格式的实习日志。

2. 探究

思考：写工作日志应注意哪些问题？

 注意事项

1）工作日志必须每天认真、如实、及时地记写，不能敷衍了事。

2）记录前应对当天的工作情况进行汇总、整理，做到条理分明、书写清楚、内容周全，重要的情况不能有纰漏。

3）必须逐日记载，不能有中断。

4）可根据具体情况制定统一的表格，按日期填写。项目要齐全，填写人要签名。

【课后广场】

 **知识巩固**

1. 判断题。

1）施工日志不必天天记录。　　　　　　　　　　　　　　　　　　　　（　　）

2）工作日志只能就某项工作进展情况作以实录。　　　　　　　　　　　（　　）

3）日记具有主观性、即日性、真实性、广泛性、选择性等特点。　　　　（　　）

4）记日记的形式灵活多样，叙述、描写、说明、议论、抒情皆可自由运用。（　　）

2. 请设计并填写一份表格式的班级日志。

> **强化练习**

1. 下面是一份班级日志，文中有表述不妥之处，请改正。

星期五下午1:50在106教室，我们班同学参加了一场由兄弟班级统计1904班组织的一次团日活动——请我们专业的硕士生导师徐××博士讲解指导了我们关于学年论文和毕业论文的写法问题。此次活动完全是为同学们考虑，从同学的角度出发，同时在徐老师的热情帮助下圆满成功。全场气氛热烈，互动性特别高，及时地反映了在写论文方面的种种问题，对同学有很高的指导意义。

2. 请到施工现场收集几份施工日志，比较其写法的异同。

【相关链接】

最早的日记

日记是我国悠长的文化史中一个有独特功能的宝贵部分。我国最早的一部完整的日记，当推唐代著名散文家、哲学家李翱的《来南录》，主要记载元和三年十月作者自长安经洛阳，由水道至广州的行程。虽极简略，但已具日记规模，开后代日记体游记散文的先声。全文文笔简洁、古朴、流畅、自然。

4.5 述职报告

述职报告

【基本知识】

1. 概念

述职报告是各级党政机关、企事业单位的领导和干部职工为了向本系统的主管部门、上一级主管领导及群众，陈述自己在任职期间的业绩而拟写的书面文字材料。

2. 格式与写法

述职报告的格式一般包括标题、主送单位（或称谓）、正文和落款。

（1）标题　标题一般包括姓名、时限、事由和文种名称，如《20××～20××年试聘期述职报告》。

（2）主送单位　书面述职报告的抬头写主送单位的名称。

（3）正文　述职报告的正文部分由开头、主体和结尾三部分组成。其中，开头又叫引语，一般交代任职的自然情况，包括何时任何职、变动情况及背景；岗位职责和考核期内的目标任务情况及个人认识；对自己工作尽职的整体评价，确定述职范围和基调。这部分要写得简明扼要，给审阅者一个大体的印象。主体是述职报告的中心内容，主要写实绩、做法、经验、体会或教训、问题。结尾又叫结束语，一般用"以上报告，请审阅""以上报告，请审查""特此报告，请审查"等作为结尾。

（4）落款　落款写上述职人姓名和述职日期或成文日期。署名既可放在标题之下，也可以放文尾。

【例文点评】

例文一

述职报告
××县工业局局长　李××

各位领导、各位同志：

我是2018年4月调到县工业局任局长职务的。一年来，在上级部门的正确领导下，在全局干部职工的共同努力下，我局进一步深化了工业生产和经营改革，取得了一定的成绩。

一、主要目标的完成情况

1）工业生产提前3个月完成全年计划，销售提前2个月完成全年计划，预计今年可实现产值××，实现利润××亿元。

2）技术输入有了明显进展，局属主要企业技术协议履行工作稳步推进。

3）经济效益明显提高。去年全县工业系统亏损××万元，今年预计可实现利润××万元，一举扭亏为盈。

4）职工的素质、业务水平有了提高。今年为局属企业创办了计算机培训班、质量检测培训班共五期，并选派部分干部、职工到高等院校和上级主管部门接受业务培训，收到良好效果。

二、一年来的工作回顾

今年，我县工业生产在十分困难的情况下取得较快发展。一年来，市场行情瞬息万变，原材料价格上涨、资金紧缺、电力紧缺等，都给工业生产带来严重的干扰。在这种艰难的情况下，全局干部职工同心同德、求新创新，取得了一定的成绩。具体而言，一年来有以下新的变化：

1. 管理观念不断更新

随着管理体制改革不断深入和市场经济的全面发展，工业生产面临着新的形势和挑战。针对这种情况，我们组织干部、职工认真研究新形势，积极治理生产环境，自觉整顿生产秩序，转变思想观念，强化服务意识，保证了工业生产的顺利进行。

2. 企业承包不断完善

今年，全局所属企业全部实行了承包经营，对企业的经理、厂长全部实行了聘任制，并签订了承包责任书。各企业也根据本单位的实际情况分别实行了各种形式的责任制，取得了良好的效果。

3. 工贸结合不断扩大

工贸结合是促进工业生产的根本途径。今年，全局所属企业的各级部门主动实行工贸结合，加快了生产销售的步伐。在开展工商联营的同时，我们转变经营作风，密切工贸关系，积极为销售部门排忧解难，得到销售部门的好评，从而保证了产品销售的稳步发展。

三、本人的主要工作

1. 抓学习贯彻党和政府的方针政策

这是保证生产顺利开展的根本一环，凡是党和政府的政策、方针、法令，我都结合局工作实际学习好、领会好、运用好，并把精神落实到工作中去。

2. 抓目标管理

一年来，我用改革总揽全局，紧紧抓住改革这个机遇，积极在全局上下推行目标管理，同时主动与有关部门协商，制定改革方案，主持制定全局目标管理实施办法，不断督促检查，确保各项目标的落实。

3. 抓综合协调

对于局里的重大事件，在各副局长分工负责的前提下，我主动出谋划策，帮助综合协调，特别是有关全局的业务规划、技术改造，涉及上下关系、业务工作、思想工作的难题，我都尽量参与，与各副局长一起深入实际，帮助解决。

四、存在的问题和改进措施

本人的工作能力和业务水平需要进一步提高，虽然平时尽心尽力，但有些工作仍然没有考虑全面，管理还不到位。以后要改进以下方面的工作：

1. 进一步加强经营管理工作

由于受到环境的干扰，自己在认识上不够高；在经营活动中，虽然我也要求和强调加强管理，但实际上要求过宽。以后要切实把经营管理当作大事抓，做到严格管理。

2. 进一步搞好调查研究

虽然工作中我也强调现场办公、调查研究，但一年来还是浮在上面多、开会研究多，下企业基层少、调查研究少。以后要制订深入调查研究的具体计划，并付诸行动。

借此机会，向工作中支持、帮助过我的各位领导和同志们表示诚挚的谢意。

以上述职报告，请领导和同志们评议，欢迎多提宝贵意见。

2019 年 1 月 12 日

> 这篇述职报告的标题由文种构成。由于是向上级部门、单位人员陈述，所以写了称谓。述职报告的正文部分由导语、主体、结尾组成。导语部分简介自己的任职时间及对工作的概括性评价。主体部分从四个方面对自己在任职期间所取得的成绩和存在的不足进行了客观、中肯的分析，并指出以后努力的方向。结尾部分，用感谢性习惯用语结束全文。最后是成文时间。此文带有鲜明的个性特点：讲经验，材料翔实、有理有据；讲问题，直截了当、不掩饰，是一篇质量较高的述职报告。

例文二

述职报告

各位代表：

我于 2015 年 1 月任××市××机床厂厂长，在市委、机械局党委的领导下，按照厂长岗位职责做了自己应该做的工作。现在向领导和同志们作如下汇报：

一、党、政、工、团工作齐抓共管，改变厂容厂貌

2015 年我上任后，首先实行各级一把手责任制，把各单位的工作质量与干部政绩

考核直接挂钩。不能限期达标的，一把手就地免职。同时，筹措经费8万元，用来改善环境、整顿厂容厂貌。广大职工利用业余时间奋战50天，彻底改变了脏、乱、差的工厂面貌。

二、抓好职工的思想政治工作教育

在深化改革过程中，有些职工信心不足，有的干部有畏难情绪。我深入到宿舍进行走访，先后与12名工程技术人员、老工人促膝长谈，引导职工树立跑步竞争意识，用厂里的先进人物事迹激发职工克服畏难情绪，使广大职工树立起坚定改革的信念。

三、注重现场生产管理

我厂在生产管理上，提出"强化生产管理，创建文明生产"的奋斗目标。抓岗位工序控制，严格执行工艺纪律和质量管理，组建了"文明生产""工艺纪律""产品质量"督导组，日检查、月评比、季总结。实施季度奖、考核奖等奖励制度，调动了职工的积极性，各项经济技术指标均完成良好。

四、改善职工的劳动条件

保护职工在劳动生产中的安全和健康，是我们党和国家的一贯方针政策。为此，厂里为翻砂车间安装了通风排尘设备，各车间为女工设立了更衣室，在四个车间修建了男、女专用浴池，为生产工人提供了较为全面的劳动保护条件。

五、建立健全质量管理机制，提高产品质量

设立了质量监督站，坚持每批产品出厂前均做抽检，抽检不合格不予出厂的制度。抽检的35台机床中，34台达到国家标准要求；1台部分指标未达到国家标准要求，予以返工，确保了我厂在市场中的信誉。年终总结评比产品质量，产品优良率与去年相比提高了9.6%；产值、实现利税、出口创汇与去年相比，分别增长了16.4%、18.2%、21.3%。

六、试行承包责任制

把现场管理纳入各单位承包责任制的考核内容。生产第一线工人的工时单价与现场管理质量挂钩，浮动工资与总额奖金挂钩。2015年上半年，全厂因出现废品造成的损失，比我厂规定允许的考核指标减少31.42万元。

七、开发新工艺、加速国产化

我厂以加快数控机床国产化为目标，注意横向联合，带动了一些协作配套厂的发展。

八、关心职工生活福利

为缓解职工宿舍紧张的情况，8月份建成一栋职工住宅楼，解决了75户工人家属的住宿问题。

任职一年以来，我尽职尽责地做了应该做的工作，取得了点滴成绩，这是在上级党委、厂党委领导的关心，全厂职工的努力支持下共同取得的，我认为自己是称职的。

以后，我仍然要全心全意依靠广大职工，出主意想办法，大胆改革，锐意进取。继续提高产品质量，开发新产品，扩大产品销路，力争2016年实现利税1000万元，以优异的成绩向同志们汇报。

××市××机床厂厂长

××××年×月×日

点评

这篇述职报告的前言部分介绍了所任职务、任职时间,概括说明了任职以来的工作情况。主体部分从三个大的方面陈述了自己的任职情况:第一个方面是组织管理、思想教育工作,这是搞好企业生产的前提条件;第二个方面是生产工作,这既是厂长工作的中心与重点,也是全文的主体,所占篇幅也最大,约占全文二分之一篇幅;第三个方面是关心职工生活,解决职工的后顾之忧,这是职工能够安心生产的重要保障。结尾部分归纳总结全文,概述下一步的工作设想,这是述职报告的常用写法。

【实践与探究】

1. 实践

2019年6月,小李参加市委组织部组织的大学生村干部考试,考试合格成为一名"大学生村官"。她由一个刚走出校门的学生来到××县某村任村主任助理,新的工作、新的环境,对她来说是一次全新的体验。现在到了年末,县里要求新来的"大学生村官"对自己半年来的工作进行述职。小李的述职报告应该怎么写呢?你认为应该从几个方面着手?

2. 探究

思考:述职报告有哪些方面的作用?

 注意事项

1)内容的局限性。述职必须紧紧围绕岗位职责和目标来进行,无论是汇报工作成绩,还是说明存在的问题、概括以后的工作打算,所用的材料都被限定在述职人的职责范围内,不属于自己的岗位职责,即使做了某些工作也不要写入报告中。

2)实绩的呈现性。述职报告表述的重点应该是工作实绩,即在一段时间内做了哪些工作,有什么突出贡献,包括工作质量、效率以及完成的情况等,要实事求是地做出自我评价。写述职报告,切忌泛泛而谈、抽象论证。

3)时间的限制性。述职报告有严格的时间界限:一是述职的内容必须是任职期限内的,不是这一期间做的工作不要写入;二是报告时间的限制性,述职者必须在考核期间按考核时间的要求写出书面报告,向本部门群众宣读并上交上级有关部门。

4)行文的严肃性。述职报告是考察工作的重要依据之一,一般要存入人事档案,并且需要面对领导、群众作报告,这些因素决定了述职报告具有极强的严肃性。因此,述职者必须严肃认真地对待述职报告的写作。报告中表述的"实绩",必须真实准确,语言要质朴平易,切不可添枝加叶、主观想象,或含糊其辞、文过饰非。

5)主体的唯一性,用第一人称表述。

【课后广场】

 知识巩固

1. 填空题。

1)述职报告的结构一般包括 _____、_____、_____ 和

_____四部分。

2）述职报告的结尾又叫_____，一般用"以上报告，请审阅""_____"
"特此报告，请审查"等作为结尾。

2. 简答题。

1）什么叫述职报告？

2）简述述职报告中正文部分的组成。写作述职报告时有哪些注意事项？

 强化练习

请班干部和学生会干部根据自身履行职责的情况写一篇述职报告。

【相关链接】

述职报告与个人总结的异同

述职报告与个人总结都要反映本人在工作中取得的主要成绩，都要采用第一人称撰写。这是两种文体的相同之处，但两种文体有以下几点不同：

1）内容侧重点不同。述职报告侧重陈述自己在任职期间的职责是什么，是否称职，工作能力如何，主要业绩是什么；而个人总结侧重于全面反映自己的工作情况，包括取得的工作成绩、存在的问题或需要吸取的教训、以后的打算。

2）写作目的不同。撰写述职报告主要是为了给上级领导对个人工作的鉴定、考核提供参考资料和依据；撰写个人总结是为了总结工作经验、吸取教训，以便把以后的工作做得更好。

3）在写作格式上述职报告与个人总结也不完全相同。

4.6 协议书

协议书

【基本知识】

1. 概念

协议书是当事人双方或多方对某一问题或事项经过协商取得一致意见后订立的具体经济或其他关系的契约型文书。协议书是将协商结果、合作意向以文本形式固定下来，可为后续签订合同做准备，它有较强的约束力，具有凭证作用。协议书介于合同和意向书之间，和它们既有相似之处，也有区别。

2. 格式与写法

协议书一般包括标题、首部、正文和结尾。

（1）标题　协议书的标题有两种形式，一种形式是只标示文种名称，即在第一行居中用较大字体写"协议书"三个字；另一种形式是由协议的事由与文种协议书构成，如"技术合作协议书""赔偿协议书"等。

（2）首部　首部一般在标题之下书写订立协议的双方当事人的单位名称或个人名称，单位名称必须写全称。为了正文行文简洁，一般注明当事人双方为"甲方""乙方"等。首部内容也可以和正文的前言合并在一起写。

（3）正文　首部之下开始书写正文，一般由前言、主体、结语三部分内容构成。前言主要交代签订协议的原因、根据、目的等，并用程式化的语言引出主体，如"为了……，双方经过友好协商，达成如下协议"。主体具体规定双方所协议的各种事项，一般以条款的形式逐项地列出来，在内容上一般包括协议的中心内容及要求、双方各自拥有的权利、双方各自应当承担的责任、违约责任的追究等。结语要简洁地写明合同的其他事项，一般包括协议书的份数、执存者及所执协议书的份数、有效期等，如"本协议书一式两份，甲乙双方各执一份"。

（4）结尾　在正文的下方署上双方当事人的单位名称或个人姓名，如果是单位，要加盖公章并签上代表人姓名。必要时还要署上公证单位及公证人姓名等。最后是协商签订协议的准确日期。

【例文点评】

例文

劳动争议调解协议书

申请人：鲁××，32岁，××市人，住××市××街××号，联系电话：2355×××× 。

被申请人：××市××塑胶有限责任公司。

住所地：××市××区××街××号院。

法定代表人：董××，该公司董事长，联系电话：××××××××。

本案当事人自愿将劳动合同和社会保险纠纷，申请××劳动争议调解委员会调解，经审查，该案符合劳动争议调解委员会受理条件。在调解员程××、韩××主持调解下，双方达成调解协议。

基本案情：

××××年1月1日，申请人鲁××（甲方）应聘到被申请人××塑胶公司（乙方）任电工和机修工。双方未签订书面劳动合同，口头约定甲方每月工资为2450元。直到当年9月，乙方才提出与甲方签订书面劳动合同。劳动合同的内容双方达成一致，但对签约时间双方存在分歧，甲方主张劳动合同文本中的签订时间应写为甲方到乙方公司工作之日，即当年的1月2日；而乙方坚持双方签订劳动合同的时间为当年的9月28日，即双方实际签订书面劳动合同之日。因无法达成一致，双方未能签订书面劳动合同。2天后，乙方向甲方发出解除劳动合同的通知书，通知书上载明：因甲方拒不签订书面劳动合同，经公司研究决定，于××××年10月29日终止双方的劳动关系。此外，自甲方进入乙方处工作以来，乙方一直未依法给甲方缴纳养老、工伤、医疗、失业和生育等各项社会保险费。因双方不能自行协商解决，甲方特向本劳动争议调解委员会申请调解，并要求乙方支付未订立书面合同的8个月的双倍工资39200元；支付违法解除劳动合同的赔偿金4900元；依法为甲方办理社会保险登记和补缴各项社会保险费。

协议内容：

1. 因乙方未与甲方及时订立书面劳动合同，乙方同意向甲方支付8个月的双倍工资

39200元。

2. 乙方同意向甲方支付违法解除劳动合同的赔偿金4900元。

3. 乙方同意以甲方为申请人办理社会保险登记和补缴各项社会保险费，依法应当由甲方缴纳并由乙方代扣代缴的各种社会保险费用由乙方承担。

4. 本协议经双方签字、盖章生效之日起10日内，乙方在为甲方补缴各项社会保险费用后，对应支付的上述款项一次性支付给甲方。

本调解协议由双方当事人签名或者盖章，经调解员签名并加盖调解组织印章后生效，对双方当事人具有约束力，当事人应当履行。

本协议一式三份，由双方当事人各持一份，本调解委员会保留一份，具有同等效力。

申请人：鲁××（签名）
被申请人：××市××塑胶有限责任公司（盖章）
调解员：程××、韩××（签名）
劳动争议调解委员会（盖章）
签订日期：××××年9月15日

 点评

> 这篇协议书是经调解当事人所达成的协议，实际上就是当事人解决争议的方案。调解协议达成一致后，采用书面形式制作调解协议书。

【实践与探究】

1. 实践

根据下列材料，按协议的格式撰写一份购销协议。

××市建筑公司于××年×月×日向××市钢铁公司采购50吨螺纹钢，单价为每吨××元，建筑公司预付定金×万元，在×月×日前凭定金收据到钢铁公司提货××吨，其余部分在×月×日以前如数交货。余货经建筑公司验收后，凭收货单结算，做到货清款结。除定金外，其余款项汇至××银行××分行×××账户。如果因为无货跑空车，运输费由钢铁公司负责；如建筑公司不按期取货，超过10天，钢铁公司不予保留，责任由建筑公司承担。在合同执行期间，一方因故要求修改合同，必须提前五天书面通知对方，经双方同意，共同修改，否则造成的损失由违约方支付违约金（定金金额乘以×%）。合同在执行中，如双方发生争议，先由双方协商解决，协商不成交×××工商管理局调解，如调解不成则由仲裁机构仲裁。

2. 探究

某服装厂与某服装公司签订了一份服装合同，合同文本如下：

供货协议

卖方：某服装厂
买方：某服装公司

(1) 卖方为买方生产 200 件工作服，买方向卖方提供所需布料××米。
(2) 买方于 2018 年 8 月自备车辆将成品送到买方所在地，双方在到达地验收，运费由买方负担。
(3) 买方向卖方支付货款××万元，货到付款。
(4) 本合同自双方签字盖章之日起生效。一式两份，双方各持一份。

卖方：某服装厂（章）　　　　　　　　买方：某服装公司生产部（章）

如果你是买方的法律顾问，请审查此协议并提出修改意见：

1. 标题的不当之处：_____
2. 单位名称的不当之处：_____
3. 正文的不当之处：_____
4. 落款的不当之处：_____

注意事项

1）贯彻合法原则。协议书的内容、形式和程序，均须遵守国家各项法律法规，要符合国家的政策要求，这样才能得到国家的承认和保护。凡是违反国家法律法规和危害国家与公共利益的协议都是无效的，当事人要承担由此产生的法律责任。

2）贯彻平等协商、自愿互利的原则。平等协商、自愿互利是签订协议的前提和基础，不同的机关和经济组织在职能、规模和经营能力等方面各有区别，或有领导与被领导的关系，但在订立协议时，彼此的地位是完全平等的，应充分协商、互相尊重，任何一方不得以自己的意志强加于对方，任何单位和个人也不得从中非法干预。协议书中双方取得的权利和承担的义务应当是对等的。

【课后广场】

知识巩固

1. 填空题。

1）协议书的结构一般包括_____、_____、_____和_____四部分。
2）协议书的正文由_____、_____和_____三部分组成。

2. 简答题。

1）什么叫协议书？
2）简述协议书中正文部分的写作要求。

强化练习

请阅读下列各组协议语言的材料，指出其中不确切的地方。

1. 甲乙双方签订了一份《加工承揽协议》，其中的交货时间是这样拟定的："甲方要求乙方于 2018 年 8 月 10 日前完成全部加工物件。"

_____

2. 某协议中规定："交货地点：北京。"

_____

3. 某协议中规定的货物包装标准为"袋装"。

【相关链接】

协议书与合同的异同

　　一般情况下,协议书指的是当事人之间就重大原则性问题达成的协议,并写成条款;而合同则是指两个或两个以上当事人在办理某事时,为了确定各自的权利和义务而订立的共同遵守的条文。就复杂的经济合同而言,协议书签订在前,合同签订在后,协议书是签订合同的依据。协议书的条款原则性较强,合同的条款更具体、更细致。

第5章 工程管理类文书

工程管理类文书是建筑企业经常使用的一种实用文体,是处理工程中各类事务的主要书面形式,主要用于各类事务的管理工作,是建筑实体顺利完工不可缺少的组成部分。

本章结合对建筑工程实际例文的阅读和评析,介绍了记录、说明书、合同、招(投)标书、联系单、可行性研究报告等工程类文书的基本知识和写作技巧。通过学习,不仅可以使学生掌握工程管理类文书的格式与写法,而且也会对建筑工程相关知识有更深的了解。

5.1 记录

【基本知识】

1. 概念

记录是把听到的或实际发生的事情用文字客观真实地记载下来。做记录是为了便于事后整理、传达或参考、存档。

认真做好各种记录是日常工作的重要组成部分。常用的记录性文书有会议记录、会谈记录、谈判记录、庭审记录、报告记录、采访记录、电话记录、交往记录、事故现场记录、课堂笔记等。在工程中经常用到的记录有会议记录、施工记录、技术交底记录、事故调查记录、测量记录等。

2. 格式与写法

因记录内容不同,记录的格式与写法也不尽相同,但都要将时间、地点、人物等要素写清楚,要记录那些能反映事物本来面目的言论和事件。根据不同工作的特点及需要,记录可采用不同的方式:既可全面记,也可概要记;既可记原话,也可记大意。

根据记录内容的不同,记录可采用条款式、表格式或两者兼有的格式。

【例文点评】

例文一

××项目部例会会议记录

时间:2019年9月29日下午3时

地点:××项目部会议室

出席人:张××(项目经理)、王××(技术负责人)、李××(施工员)、刘××(安全员)、周××(质检员)、钱××(钢筋班组队长)、王××(混凝土班组队长)、施××(模板班组队长)

缺席人:张××(技术员,因病)

列席人：王××（×××开发公司工程部经理）、张××（监理工程师）

主持人：张××

记录人：李××（档案员）

会议内容：本周现场存在的问题及事故处理情况。

1. 主持人讲话

1）本周施工进度符合预期目标。

2）钢筋班组表现突出，施工质量较好。

3）由技术负责人具体说明各班组情况。

4）由安全员说明打架事件的处理情况。

2. 发言

（1）王××

1）钢筋班组在本周内工作到位，钢筋工程施工质量得到监理工程师表扬。

2）模板班组在二层剪力墙模板支设施工中存在质量问题，导致二层⑤~⑥/Ⓓ轴剪力墙胀模。

3）混凝土班组在混凝土浇筑后没有及时清理现场，导致后续工作不便。

（2）刘××

1）2019年9月25日上午9时，混凝土班组两名工人由于言语不和发生打架事件，双方均使用了器械，造成其中一人住院。根据项目部安全管理制度，对混凝土班组处以2000元罚款，对两名工人各处罚款500元。

2）对模板班组违反施工规范进行操作，导致剪力墙模板胀模事故，处以罚款1000元的处罚。

（3）王××

我们对此次打架事件中负有直接责任的两名工人已经给予了批评教育，他们也接受了处罚。

3. 决议

1）责令模板班组在三天之内对施工中存在的问题提出整改方案。

2）责令混凝土班组在明天下午5时前对两名工人打架事件提出处理方案。

下午4时30分散会。

主持人：张××（签名）

记录人：李××（签名）

点评

这是一篇会议记录，格式规范，项目齐全，内容简要，切实可行。其中对工程质量事故、打架事件及处罚结果记录得翔实、明确。

会议记录是一种配合会议召开而使用的文书，是用于记录会议的组织情况、议程、内容等基本情况而形成的书面材料。

（1）会议记录的组成部分

1）会议的组织情况。要求写明会议的名称、时间、地点、出席人数、缺席人数（原因）、列席人数、主持人、记录人等，这些要在会议主持人宣布开会之前写好。

2) 会议的内容。要求写明会议主持人的发言、主讲人的报告或传达的事情、交流的情况、讨论的问题、作出的决议、会议涉及的其他主要内容，最后要有主持人、记录人的签名等。对于发言的内容，一是详细具体地记录，尽量记录原话，主要用于比较重要的会议和重要的发言；二是摘要性记录，只记录会议要点和中心内容，多用于一般性会议。

3) 会议结束。记录完毕，要另起一行写"散会"字样，如中途休会，要写明"休会"字样。

(2) 会议记录的写作技巧

1) 快。"快"是指记得快。会议记录的字要写得小一些、轻一点，多写连笔字。

2) 要。"要"是指择要而记。会议记录要围绕会议议题、会议主持人和主要领导同志发言的中心思想，与会者的不同意见或有争议的问题、结论性意见、决定或决议等作记录。就记录一个人的发言来说，要记其发言要点、主要论据和结论，论证过程可以不记；就记一句话来说，要记这句话的中心词，修饰语一般可以不记。

3) 省。"省"是指在记录中正确使用省略法，如使用简称、简化词语和统称。可省略词语和句子中的附加成分，比如"但是"只记"但"；可省略较长的成语、俗语、熟悉的词组，句子的后半部分画一曲线代替；可省略引文，记下起止句或起止词即可，会后查补。

4) 代。"代"是指用较为简便的写法代替复杂的写法。可用姓代替全名，用笔画少易写的同音字代替笔画多难写的字，用一些数字和国际上通用的符号代替文字，用汉语拼音代替生词难字，用外语符号代替某些词汇等。但在整理和印发会议记录时，均应按规范要求处理。

例文二

施工现场质量管理检查记录

施工现场质量管理检查记录表 C1-1		编号		068
工程名称		××工程		
开工日期	2018年3月22日	施工许可证（开工证）		施2018-00188建
建设单位	××房地产开发有限公司	项目负责人		王××
设计单位	××建筑设计院	项目负责人		潘××
监理单位	××监理公司	总监理工程师		陈××
施工单位	××建设集团	项目经理	钱××	项目技术负责人	陆××
序号	项目		内容	
1	现场质量管理制度	质量例会制度；月评比及奖罚制度；三检及交接检制度；质量与经济挂钩制度		
2	质量责任制	岗位责任制；设计交底制度；技术交底制度；挂牌制度		
3	主要专业工种操作上岗证书	测量员、钢筋工、木工、混凝土工、电工、焊工、起重工、架子工等主要专业工种操作上岗证书齐全，符合要求		
4	分包方资质与分包单位的管理制度	对分包方资质审查，满足施工要求，总包方对分包方制定的管理制度可行		

(续)

序号	项目	内容
5	施工图审核情况	施工图设计交底,施工方已确认
6	地质勘察资料	勘察设计院提供的勘察报告齐全
7	施工组织设计、施工方案及审批	施工组织设计、主要施工方案编制、审批齐全
8	施工技术标准	企业自定标准四项,其余采用国家标准、行业标准
9	工程质量检验制度	有原材料及施工检验制度;抽测项目的检测计划,分项工程质量三检制度
10	搅拌站及计量设置	有管理制度和计量设施,经计量检校准确
11	现场材料、设备存放与管理	按材料、设备性能要求制定了管理措施、制度,其存放按施工组织设计平面图布置

检查结论:
 项目部施工现场质量管理制度明确到位,质量责任制措施得力,主要专业工种操作上岗证书齐全,施工组织设计、主要施工方案逐级审批,现场工程质量检验制度制定齐全,现场材料、设备存放施工组织设计平面图布置,有材料、设备管理制度。

总监理工程师:陈××(签字)
2018 年 3 月 22 日

点评

> 这是一名总监理工程师在施工开始前对施工现场的质量管理体系进行检查的记录,内容包括检查施工现场的质量管理体系是否建立、制度制定是否齐全、责任制是否明确、施工方案是否经过审批等。
> 表中表头部分、检查项目部分和检查结论部分的填写清楚完整,在施工过程中需要检查督促的各项制度都得到了相应的落实。

例文三

墙面挂贴石材施工技术交底记录

技术交底记录表 C2-1		编号	221
工程名称	××公寓	交底日期	2019 年 5 月 12 日
施工单位	××建设有限公司	分项工程名称	墙面挂贴石材
交底提要	墙面挂贴石材的相关材料、机具准备、质量要求及施工工艺		

交底内容:
1. 施工工艺
 工地收货→清理结构表面→结构上弹出垂直线→大角挂两条竖直钢丝→石料打孔→背面刷胶粘剂→贴柔性加强材料→挂水平位置线→支底层板托架→底层板定位→调节与临时固定→灌 M20 水泥砂浆→设排水管→结构钻孔并插固定螺栓→镶不锈钢固定件→用胶粘剂灌下层墙板孔洞→插入连接钢针→将胶粘剂灌入上层墙板的孔洞内→临时固定上层墙板→钻孔插入膨胀螺栓→镶不锈钢固定件→镶顶层墙板→临时固定上层墙板。
2. 施工方法
 1) 石材准备。用比色法对石材的颜色进行挑选分类,安装在同一面的石材颜色应一致,按设计图样及分块顺序将石材编号。

（续）

2）基层准备。清理结构表面，同时进行结构套方、找规矩，弹出垂直线和水平线，并根据设计图样和实际需要弹出安装石材的位置线和分块线。

3）挂线。根据设计图样要求，石材安装前要预先用经纬仪打出大角两个面的竖向控制线，最好弹在离大角20cm的位置上，以便随时检查垂直挂线的准确性，保证顺利安装。注意在控制线的上下位置做标记。

4）支底层饰面板托架。把预先安排好的支托架按上平线支在将要安装的底层石板上面。支托要支撑牢固，相互之间要连接好。也可和架子接在一起，支架装好后，顺支托方向钉铺通长的50mm厚木板，木板上口要在同一个水平面上，以保证石材上下面处在同一水平面上。

5）安装连接件。用设计规定的不锈钢螺栓固定角钢和平钢板。调整平钢板的位置，使平钢板的小孔正好与石板的插入孔对上，然后固定平钢板，用扳手拧紧。

6）底层石板安装。把侧面的连接件装好，便可把底层面板靠角的部分就位。

7）调整固定。面板暂时固定后，调整水平度，如板面上口不平，可在板底一端下口的连接平钢板上垫一匹配的双股铜丝垫。然后调整垂直度，并调整面板上口的不锈钢连接件的距墙空隙，直至面板垂直。

8）顶部面板安装。顶部最后一层面板除了按一般石板要求安装外，安装调整好后还要在结构与石板的缝隙里吊一根通长的20mm厚木条，木条上口为石板上口以下250mm，吊点可设在连接件上。可采用铝丝吊木条，木条吊好后，即在石板与墙面之间的空隙里放填充物，要填塞严实，以防止灌浆时漏浆。

9）清理石材表面。把大理石、花岗石表面的防污条揭掉，用棉丝把石板擦净。

3. 成品保护

1）要及时擦干净残留在门窗框、玻璃和饰面板上的污物。

2）认真贯彻执行合理的施工顺序，少数工种的工作应做在前面，以防止损坏和污染外挂石材饰面板。

3）拆改架子和上料时，严禁碰撞干挂石材饰面板。

4）外饰面完工后，易破损部分的棱角要钉护角进行保护，其他工种操作时不得划伤面漆和碰坏石材。

5）完工的外挂石材应设专人看管，遇有危害成品的行为时应立即制止，并严肃处理。

4. 应注意的质量问题

1）外饰石材面层颜色不一，主要原因是石材质量较差，施工时没有进行试拼和认真地挑选；线条不直，缝格不匀、不直，主要原因是施工前没有认真按图样尺寸核对结构施工的实际尺寸，且分段分块弹线不细、拉线不直和吊线校正不勤等。

2）打胶嵌缝不细，主要原因是操作人员没有认真施工，检查人员没有细致验收。

3）墙面脏、斜视有胶痕，主要原因是没有做好成品保护，施工完成后没有清理表面。

5. 质量标准

（1）主控项目

1）石材墙面工程所用材料的品种、规格、性能和等级，应符合设计要求及国家现行产品标准和工程技术规范的规定。

2）石材墙面的造型、立面分格、颜色、光泽、花纹和图案应符合设计要求。

3）石材孔、槽的数量、深度、位置、尺寸应符合设计要求。

4）墙角的连接节点应符合设计要求和技术标准的规定。

5）石材表面和板缝的处理应符合设计要求。

（2）一般项目

1）石材墙面应平整、洁净，无污染、缺损和裂痕。颜色和花纹应协调一致，无明显色差、无明显修痕。

2）石材接缝应横平竖直、宽窄均匀；阴（阳）角处石板的压向应正确，板边合缝应顺直；凹（凸）线出墙厚度应一致，上下口应平直；石材面板上的洞口、槽边应套割匹配，边缘应整齐。

审核人	李××	交底人	赵××	接受交底人	陈××

注：1. 本表由施工单位填写，交底单位与接受交底单位各存一份。

2. 当作为分项工程施工技术交底时，应填写"分项工程名称"栏，其他技术交底可不填写。

点评

  这是一份班组级技术交底记录表，是向施工作业人员进行的交底。交底内容主要为本项目施工作业及各项技术经济指标以及实现这些指标的方案措施。例文中施工单位、工程名称、技术交底日期、技术交底内容、交底人与接受交底人签字等项目编制符合要求，内容详细，通俗易懂，具有很强的可操作性。

  技术交底记录是指在施工中，技术管理人员将手中掌握的图样、会审纪要、设计变更以及图集规范，通过技术交底的形式给具体操作者进行说明，使其理解设计意图、施工工艺、技术要求和安全事项等，并在此过程中形成的记录。建筑施工中的技术交底记录一般分三类：

1) 工程项目部级技术交底记录。
2) 工地级技术交底记录。
3) 班组级技术交底记录。

  作为一篇技术交底记录，其具体的交底内容一般要遵循以下几点：

  (1) 内容详尽 现在的工程设计已经标准化和规范化，设计图样中大量引用标准图集、大样等，而不像过去的设计图样那样将所有节点做法全部表示出来，因此可以不用再去查阅其他文件就可指导施工。设计的规范化、标准化，提高了整体的工效，却又向所有技术施工人员提出了更高的要求。交底人在施工前必须深入了解设计意图，在熟悉图样的前提下，将相应规范、标准、图集、大样等吃透，结合各专业图样之间的对照比较确定具体的施工工艺，然后开始编制施工技术交底。交底内容应是施工图样的全面反映，所以不得有遗漏和缺项，其涵盖面必须覆盖整个施工过程，包括工序的衔接、每道工序内操作工艺的配套步骤等。

  (2) 针对性强 建筑产品一般较为标准化，相对于其他工业产品而言变化较少，所以施工现场技术交底一直存在一大弊病：空泛、无针对性。洋洋洒洒好几页的交底记录，读后会感觉好像每一个操作点都讲到了，每一项要求都阐明了，可一旦对照实物，却又像什么都没说。造成这一现象的原因就是前面所说的标准化。国家为了保证生产的标准化和规范化，在设计和施工领域制定了许多通用的标准，包含了几乎所有形态的产品模式，并简单规定了操作规程，而一些施工管理人员为图方便，照抄工艺标准，造成了施工技术交底千篇一律，一份交底几乎可以在所有工地通用的现象。

  (3) 可操作性 随着我国国民经济的发展，越来越多的新工艺、新技术出现在建筑施工现场，这样一来编写施工技术交底就有了新的要求，在选择施工工艺时必须注重新工艺和新技术的运用。在编写技术交底的时候，不应仅从技术角度出发，只讲求方法和结果，还应从经济效益、资源环境等方面来综合考虑；在选择工艺标准和技术方案时，不仅仅要保证工人操作简便，易于控制，还应符合工程的现场实际和经济要求，要高效优质、经济合理。

  可操作性包括两个方面：一方面是操作工人，要充分考虑现场工人的具体能力，制定略高于其能力的标准要求，使其在经过努力后能达到要求，严禁因标准过高或过低而损伤工人的积极性，降低整个工程的质量。同时，在工人不断进步的前提下，不断改进和优化方案，激励工人的创造性。另一方面是经营，要清晰地了解本工程的经营状况和外部环境，在资金投入有保证且产出收入较佳的前提下，才能确定最佳方案。

（4）表达方式要通俗易懂　施工技术交底不论编写得多么完善，多么切实，如果无法让接受它的工人理解、明白，它就等同于一张废纸，这就要求施工技术交底要通俗易懂、图文并茂。

【实践与探究】

1. 实践

以"感恩"为主题，召开一次模拟主题班会，并写一份会议记录。

2. 探究

思考：写会议记录、施工现场质量管理记录、技术交底记录需要注意哪些问题？

注意事项

1）写会议记录时一定要项目齐全，并且将各部分内容记清，不能漏项。
2）会议中涉及工程质量和安全的内容或重要的讨论和结论一定要记，以便存档。
3）质量管理检查记录必须有总监理工程师签字，不得代签，否则无效。
4）技术交底记录要详细，特别是具体施工工艺，不能有遗漏和错误。

【课后广场】

知识巩固

1. 改错题。

下边的这份会议记录有多处缺漏，请指出并修改。

××学院第16次办公会议

时间：2019年4月12日上午9时

出席人：罗×× (院长)、吴×× (总务处长)、黄×× (院长办公室主任)、谢××
　　　　(院长办公室秘书) 及各系各部门主要负责人

缺席人：朱××、王××

主持人：罗××

（1）报告

1）吴××报告学院基本建设进展情况。

（略）

2）主持人传达省人民政府《关于压缩行政经费的通知》。

（略）

（2）讨论

我院如何按照省人民政府的《通知》精神，抓好行政费用的合理开支，切实做到既勤俭节约，又不致影响正常教学、科研等活动的开展。

（3）决议

1）利用半天时间（具体时间由各系各部门自己安排，但必须在本周内）组织有关人员集中传达学习《通知》精神，提高认识，统一思想。

2）各系各部门有关人员根据《通知》的压缩指标，重新审查和修订本年度行政经费开支预算，并于两周内报院长办公室。

3）各系各部门必须严格控制参加校外会议及外出学习的人数，财务部门更要严格把关。

4）利用学习和贯彻《通知》精神的机会，对全院师生员工普遍开展一次勤俭节约、艰苦朴素的传统教育。

11 时 30 分散会。

记录人：谢××（签名）

2. 简答题。

1）简述会议记录的写作技巧。

2）简述建筑施工前总监理工程师应该检查哪些质量管理项目。

3）建筑施工中的技术交底记录有哪几类？

4）简述技术交底记录应遵循的要点。

【强化练习】

将自己专长的一项技巧按技术交底记录的格式记录下来。

【相关链接】

会议记录与会议纪要的主要区别

1. 性质不同

会议记录是讨论发言的实录，属事务类文书；会议纪要只记要点，是法定行政公文。

2. 功能不同

会议记录一般不公开，无须传达或传阅，只作为资料存档；会议纪要通常要在一定范围内传达或传阅，要求贯彻执行。会议纪要是在会议记录的基础上，对会议的主要内容及议定的事项，经过摘要整理后需要贯彻执行或公布的具有纪实性和指导性特点的文件。

5.2 说明书

【基本知识】

1. 概念

说明书是指用来对各类产品、风景名胜、影视剧情等进行介绍说明的一种宣传类实用文体。说明书具有内容的科学性、说明的条理性、样式的多样化、语言的通俗性和文图的广告性等特点。在建筑工程中主要有设计说明书、住宅使用说明书、仪器设备使用说明书等。

2. 格式与写法

说明书的写作有的用短文形式，有的用条文形式，选择哪种形式，要根据说明对象确定。一般说来，短文式多用于介绍性内容的说明，如对风景名胜的介绍；条文式多用于程序性内容的说明，如对产品使用的说明。

在说明顺序上，对风景名胜的介绍，或先总后分，或按景点线路，或按景点主次展开；对影视剧情的介绍，可依剧情的发展过程展开；对产品的介绍，则可按产品名称、功能、作用、使用方法、保养、禁忌等展开。

写作说明书应当讲究实用性、科学性和条理性，这样才能保证使用者清楚明白，不致发生差错。

【例文点评】

例文一

×××宾馆工程设计说明书

1. 设计依据

根据×××宾馆和招标文件的要求，依据国家和地方相关规范、规程，进行×××宾馆工程设计。

（略）

2. 建筑部分

（1）基底

（略）

（2）总平面布置

（略）

（3）主楼设计　①层数和高度；②建筑面积；③主楼客房；④门厅；⑤餐厅（各餐厅面积及座位分配表）；⑥立面。

（4）辅助服务设施　①办公部分；②职工更衣、淋浴及休息室；③洗衣房；④汽车库。

（5）锅炉房

（略）

（6）设备机房

（略）

（7）污水处理（设在地下，上面作为绿化场地）

（略）

（8）环境保护　①噪声处理；②废气处理；③污水处理；④煤及灰处理。

（9）消防安全

（略）

（10）建筑用料表

（略）

(11) 其他 ①本工程旅游设施设计及厨房、洗衣房等设计均由××市旅游局负责；②本工程不包括绿化布置、邮电营业工艺、馆外电话、计算机系统软件等；③本工程机电设备和建筑材料的确定、概算编制均为假设性设计，待建设方确定以后再进行合理调整。

3. 客房室内家具布置

（略）

4. 结构部分

(1) 本工程按照下列国家现行设计规范进行设计

（略）

(2) 本工程位于×××，按抗震设防烈度6度进行设计。

(3) 荷载规定

（略）

(4) 结构造型及构件选用

（略）

(5) 材料

（略）

5. 采暖、通风及空调部分

（略）

6. 给水排水部分

（略）

7. 供电部分

（略）

8. 电气照明

（略）

9. 动力部分

（略）

10. 经济效益估算

经初步测算（详见"经济可行性分析表"），营业×年，除还清资金本息外，尚可得到利润×万元，国家可得营业税收×万元，并净得宾馆一座，可安排就业职工××人。×年后，每年（按×年计算）可得利润×万元，国家可得营业税收约×万元。另外，由于增加××张接待床位，每年约可多接待×万人，在其他方面增加的收入为数不小，但具体数字一时难以计算。整体而言，经济效益是好的。

附《经济可行性分析表》（略）。

这是一篇工程设计说明书，受篇幅所限，只将基本内容和格式进行了介绍，具体内容略去，但详细介绍了建筑部分的其他说明和经济效益估算的方法，这两部分内容需要引起注意。

例文中的工程设计说明书是工程建设中的常用文体。按基本建设程序，在建设项目的计划任务书和选址报告批准后，建设单位应指定或委托设计单位，按计划任务书规定的内容，先进行初步设计和概算，编制设计文件。设计文件由工程设计说明书、设计图样、概算书三类文件组成。严格地说，设计说明书是指初步设计的文字说明部分。在实际运用中，这三类文件常装订在一起，统称设计说明书。一篇工程设计说明书一般由以下三部分组成：

(1) 总封面和目录　总封面上要写明设计项目的名称，设计号码，设计院院长、总工程师、设计总负责人的姓名，设计单位的名称和设计日期。如一个建设项目同两个以上设计单位协作设计时，各个分工程的设计说明书需分册编排。分册封面上除写明项目名称外，还应写明分册编号（分册编号由设计总负责人会同主体设计院排定），主任工程师、组长、工程负责人的姓名，设计单位名称及设计日期。大中型项目的设计说明书内容较多，在封面后应附有目录。

(2) 设计说明　各项工程因建设目的、使用要求和工程性质、特点不同，设计说明的内容和重点也有所不同。工业项目设计说明书的主要内容应包括设计指导思想、建设规模、产品方案或纲领、总体布置、工艺流程、设备选型、主要设备清单和材料用量、劳动定量、主要技术经济指标、主要建筑物和构筑物、公用辅助设施、综合利用方案、"三废"治理方案、生活区建设方案、占地面积和征地数量、建设工期等。

(3) 附件及有关图表　初步设计的一些内容还必须用图表和数字加以说明。方案说明之后除附有关的批文外，还需附有主要设备及材料表、设计概算、设计图样等文件。

例文二

新建商品住宅使用说明书

尊敬的住户：

感谢您惠购本公司开发的位于××市（县）××区（镇）××路（街）××号××小区×幢×号室商品住宅。本住宅基本参数如下：

结构类型：砖混。

建筑面积111.6 m^2，其中共有建筑面积分摊20 m^2。

楼面均布活荷载标准值××；客厅、卧室为×× N/m^2；厨房、卫生间为×× N/m^2；阳台为×× N/m^2。

本住宅用电总容量×× kW，插座≤×× kW。

为使住宅能安全、长期地为您服务，请您务必注意以下事项：

1）用户入住后不得随意改变住宅使用功能。

2）住宅室内地面、承重墙面、顶棚可进行表面装修，但室内地面不得凿除原混凝土保护面层。

3）楼板使用荷载（含设计未考虑在其上装修增加的顶棚荷载）不得超过楼面均布活荷载标准值。

4）严禁拆除或损坏房屋的柱、梁、板、承重墙、上下水管、煤气管道、管道井、房屋防水隔热层等，进户门和外窗位置不得随意改动。

5）阳台不得随意封闭，不得集中或超负荷堆放物品。

6) 住户自行增加的木制部件和木制品，应进行白蚁预防处理。

7) 空调安装位置应统一，使用空调不得破坏建筑外立面和影响他人正常生活。

8) 防盗网安装位置不得超出外墙面，应按小区物业管理规定的统一格式安装。

9) 附图。

① 住宅建筑平面示意图。（略）

② 住宅水、电线路布置示意图。（略）

10) 其他需注意事项。（见附件）（略）

开发公司（公章）： 　　　　　公司地址：

联系人： 　　　　　　　　　　联系电话：

邮政编码： 　　　　　　　　　设计单位：

施工单位： 　　　　　　　　　监理单位：

 点评

　　这是一篇商品住宅使用说明书，对新建商品住宅的使用说明具体、详细，对业主所关心的问题进行了说明，特别是对业主的个人行为做出了严格规定，既保证了小区的物业管理，还维护了住宅的安全。

　　例文中的商品住宅使用说明书是房地产开发企业向用户交付销售新建商品住宅时，提供给用户关于住宅结构、性能和各部位（部件）的类型、材料、性能、标准等的说明文件。自1998年9月1日起在房地产开发企业的商品房销售中实行《住宅使用说明书》制度，旨在告诉业主如何正确使用新建住宅，加强商品住宅售后服务管理，促进住宅销售。房地产开发企业在向用户交付销售的新建商品住宅时，必须提供《住宅使用说明书》，它一般应该包含以下内容：

1) 开发单位、施工单位、设计单位、监理单位的名称。

2) 结构类型。

3) 装修、装饰注意事项。

4) 上水、下水、电、燃气、热力、通信、消防等设施配置的说明。

5) 有关设备、设施安装预留位置的说明和安装注意事项。

6) 门窗类型及使用注意事项。

7) 配电负荷说明。

8) 承重墙、保温墙、防水层、阳台等部位注意事项的说明。

9) 其他需说明的问题。

　　此外，住宅中配置的设备、设施，生产厂家另有说明书的，也应附于《住宅使用说明书》中。《住宅使用说明书》以购买者购买的套（幢）为单位发放。

【实践与探究】

1. 实践

　　请结合所使用的测量仪器，写一份使用说明书。

2. 探究

思考：写说明书需要注意哪些问题？

 **注意事项**

1）说明书要体现实用性、知识性和可读性。
2）说明书要实事求是，与实际功能相符。
3）说明书用词要准确通俗、言简意明、条理清楚、便于操作，不能有歧义，不能模棱两可。
4）说明书要将产品的功能和注意事项写清楚，特别要写清楚产品的正常工作状态和产生质量问题后的责任，避免发生责任事故。

【课后广场】

 知识巩固

1. 改错题。

请阅读下面一则使用说明书，指出不当之处，并作修改。

空调重新启用须知

又到了空调使用季节。空调重新开启，用户须做到以下几点：

一、清洁空调机外壳。先拔出电源插头，用柔软的干布将机壳擦拭干净。使用的洗涤剂不可以是香蕉水等。特别要将空调的出风扇擦拭干净。不然出风时净是灰尘。

二、清洁空气过滤器。取出，用水冲洗，然后把水甩干，晾干。如空气过滤器很脏，可以用温水清洗，但不要用热水。注意：无空气过滤器的情况下，不要运转空调。

三、查看室内机排水管是否通畅。如不通畅，自己不要动手处理，应与厂家售后服务部门联系。

四、看空调遥控器是否需要更换电池。一般空调遥控器的电池使用寿命在1年左右。

五、接上电源，打开窗户，试机。长时间不用的空调可能有异味，开机先走走味。

六、另外，室外机不要去动它。如有什么问题，找专业维修人员处理。如较长时间停用机器，尽量不要插电源。一则空调有变压器，要耗电的；二则也安全。

2. 简答题。
1）什么叫说明书？说明书有哪两种格式？
2）设计文件由哪三部分组成？工程设计说明书由哪三部分组成？
3）《住宅使用说明书》一般包含哪些内容？
3. 实践题。

请搜集一份建筑工程中常用的机械设备（如卷扬机）的使用说明书，看完后与同学讨论该如何正确使用该机械设备。

强化练习

同学中有人购买了一款新潮手机，请你对该手机的功能说明加以整理，写成一篇短小简明的使用和保养说明。该说明的篇幅最好在200字左右，采用条款式说明方法。

【相关链接】

"天书"说明书困扰消费者

　　字号小到需要用放大镜来看,各种术语让人一猜再猜……时下一些药品的说明书竟成了"天书",成为困扰消费者正确用药的难题。对此有专业人士呼吁,应该从完善立法上对药品说明书和药品标签等加以规范整治。

　　"说明书的字太小,我眼睛又有点花,看不清楚啊……"辽宁省沈阳市70岁的老爷子张××这样向记者讲述他的苦恼。他血压高,常年服用降压药,可最近老朋友送来的几盒降压药让他犯了难。他说,药盒上面写的服用剂量不是"几片",而是"几毫克"。再想仔细看看药品说明书,结果一张小纸片上密密麻麻全是小字,根本看不清楚。

　　记者在沈阳走访发现,被药品说明书整迷糊的事例并不鲜见。该市××区××街的一家药店的销售人员表示,现在有的药品说明书确实有点让人看不懂,药店为此特意准备了老花镜和放大镜,专门给顾客看药品说明书用。但即使把字看清楚了,有时内容也不好理解。"有的药写着'顿服',不少顾客问啥叫'顿服'。"这位销售人员称,自己本以为是每顿饭服一次药,结果一咨询医生,才知道"顿服"其实是一天服一次,把店里的销售人员都吓了一跳。

5.3 合同

【基本知识】

1. 概念

　　合同(协议书)是指平等民事主体的法人、其他经济组织、个体工商户、农村承包经营户相互之间,为实现一定经济目的,按照法律规定,明确相互权利义务关系而订立的文书。合同按业务性质可分为购销合同、借贷合同、财产租赁合同、承包合同、财产保险合同等。在建筑工程中主要有商品房销售合同、工程承包合同、物业管理委托合同、工程施工合同、建筑工程委托监理合同等。

2. 特点

　　(1) 合法性　合同是设立、变更、终止非身份性民事权利义务关系的民事法律行为,是当事人受到法律保护和监督的合法行为。

　　(2) 合意性　合同的成立必须要有两个或两个以上的当事人,只有各方当事人意愿一致才能达成协议。

　　(3) 公平性　合同当事人无论是自然人还是法人都是平等的民事主体,都有权平等地签订合同。

　　(4) 诚信性　当事人在履行合同时要讲究信用,诚实不欺,在不损害他人利益和社会利益的前提下追求自己的利益。

　　(5) 规范性　为了保障双方和多方当事人的利益,撰写合同应当符合规范化的要求,以保证合同的严肃性、合法性、公平性,利于履行管理和监督。

3. 格式与写法

不同种类的合同有各自不同的比较固定的样式，但基本由标题、双方当事人的名称、正文、落款四部分组成。

(1) 标题　合同的标题即合同的名称，需要写明合同的性质，如"借款合同""财产租赁合同"。有的标题中还需写明标的物，如"××产品购销合同"。

(2) 双方当事人的名称　在标题下方左起空两格写签订合同单位的名称。书写签订合同双方当事人的名称时应当按营业执照上核准的名称写，要写全称，不能写简称，更不能写别人不明白的代称、代号，应统一按照合同文本规定的格式来书写。为了说明的方便，一方可简称"甲方"，另一方可简称"乙方"，如有第三方可简称"丙方"；也可更明确地写成"需方""供方""出租方""承租方"。但不可写成"我方""你方"。当事人名称或姓名既可以左右并列写，也可以上下分列写。

(3) 正文　合同的正文一般包括以下几方面的内容：

1) 双方签订合同的依据和目的。首先交代合同签订的目的，说明合同签订的原则。行文要简明扼要，一目了然。

2) 双方协商一致的内容。这是正文最主要的部分，应写明根据法律规定的或按合同性质必须具备的条款以及当事人的一方要求必须规定的条款。这些条款既是合同成立不可缺少的内容，也是当事人双方履行合同的依据。

合同应该具备以下主要条款：

① 标的。标的是合同当事人双方权利义务共同指向的对象。

② 数量。数量是标的的计量，是以数字和计量单位来衡量标的的尺度。

③ 质量。质量是指合同标的的内在素质和外观形态优劣程度的标志。

④ 价款或酬金。价款是指对提供财产的当事人支付的与所提供的财产相当的货币。酬金是指对提供劳务或完成一定工作的当事人所给付的报酬金额。

⑤ 履行的期限、地点和方式。履行期限是指合同双方当事人实现权利、履行义务的时间界限，应根据各类合同的不同特征确定。如购销合同供方的履行期限是指交货日期，建筑安装工程承包合同承包方的履行期限是指工程开工到工程竣工交付使用的起止日期等。履行地点是指当事人一方按照合同约定履行义务，另一方接受履行的地方。

⑥ 违约责任。违约责任是指当事人一方或双方，由于自己的过错造成合同不能履行或者是不能完全履行，应按照合同约定而承担的责任。

⑦ 解决争议的方法。解决争议的方法是指签订合同后发生纠纷，自行协商不成时，在合同中约定的解决纠纷的形式（是到仲裁机构仲裁，还是去法院诉讼），选择其一写于合同条款中。

⑧ 附则。附则是正文的结尾，一般写明这份合同的有效期、一式几份、有什么附件、由谁保管、须报送哪些主管机关等。

(4) 落款　落款一般有四个方面的内容：

1) 具名。一般在正文的下方并列写上签订合同双方（或几方）的单位全称和签约代表姓名，分别盖上公（私）章。

2) 具名下面并列写上双方（或几方）单位的地址、电话、开户银行、账号、邮编等，以便于联系。

3) 经公证或鉴证机关鉴证的合同，一般在签约单位具名的右方写上公证或鉴证机关的名称、审批意见，并加盖公章。

4）签约日期。签约日期一般写在全文的右下方，写明年、月、日，也有写在标题下面的。公证或鉴证日期应写在公证或鉴证机关名称的下面。如有附件图样、表格、实物等，则要在全文左下方，签约日期以下位置空两格注明附件的名称与件数。

【例文点评】

例文一

商品房购销合同

甲方：
乙方：
甲乙双方为购销_____商品房事宜，经洽商签订合同条款如下，以便共同遵守。

第一条：乙方向甲方购买_____楼房_____栋。
建筑面积为_____平方米。其面积以_____省《建筑面积计算规则》为准。

第二条：商品房售价为人民币_____元。其中包括配套的配电室、临时锅炉房、道路、绿化等工程设施的费用，但不包括建筑税和公证费。

第三条：付款方法
预购房屋按房屋暂定价先付购房款40%，计人民币_____元（其中10%为定金）。待房屋建设工作量完成一半时再预付30%，房屋竣工交付乙方时按实际售价结清尾款。房屋建筑税款由甲方代收代缴。

第四条：交房时间
甲方应于_____年_____月将验收合格的房屋交付乙方。

第五条：乙方在接到甲方接房通知后的10天内将购房款结清。届时乙方若不能验收接管时，须委托甲方代管，并付甲方代管费（按房价的万分之一/日计取）。

第六条：乙方从接管所购房屋之日起，甲方按照《建设工程质量管理条例》对房屋质量问题实行保修。

第七条：违约责任
（1）本合同生效后，如乙方违约，乙方已缴定金不退；如甲方违约，则应双倍退还定金。
（2）甲方如不能按期交付乙方所购房屋时，每逾期一天，甲方向乙方承担应交房屋售价万分之一的罚金。甲方通过努力交付房屋，乙方又同意提前接管时，以同等条件由乙方付给甲方作为奖励。

第八条：乙方需要安装电话，由甲方解决，费用由乙方承担。

第九条：乙方对所购房屋享有所有权，但必须遵守国家有关房屋管理的规定。

第十条：甲乙双方如在执行本合同过程中发生争执，应首先通过友好协商解决，如双方不能达成一致意见时，应提交有关仲裁机关进行仲裁。

第十一条：本合同一式八份，正本两份，双方各执一份；副本六份，双方各执三份。

第十二条：本合同双方签字盖章经公证后生效。本合同未尽事宜另行协商。

第十三条：本合同附件"房屋平面位置及占用土地范围图"（略）。

甲方：（盖章）　　　　　　　　乙方：（盖章）

代表人：　　　　　　　　　　代表人：
地址及电话：　　　　　　　　地址及电话：
开户银行：　　　　　　　　　开户银行：
账号：　　　　　　　　　　　账号：

年　月　日

 点评

> 这是一篇商品房购销合同，格式准确规范，结构完整，语言简练、严密，表述严谨，责任明确。
>
> 例文中的商品房购销合同是房地产开发商与业主签订的，因此在合同中应注意以下几个关键环节：商品房的建筑面积、销售价格（币种）、付款方式、交房时间、房屋质量保修年限。
>
> 在商品房购销合同执行过程中，甲乙双方产生争议应首先通过友好协商解决，但如果分歧较大或一方存在恶意的情况下，就必须通过法定途径来解决。根据有关法律规定，解决房产争议的途径有以下三种：
>
> （1）调解　调解是指争议双方在一个中间人（或组织）的主持下解决纠纷的活动。根据有关法律规定，房产纠纷的调解主要包括人民调解、行政调解和消费者协会调解。
>
> （2）仲裁　房产争议的仲裁是指当事人发生房产争议时，将该争议自愿提交给特定的仲裁机构，由仲裁机构依照仲裁规则做出具有约束力的裁决纠纷的解决方式。
>
> （3）诉讼　房产争议的诉讼是指当事人发生房产争议时，向人民法院提起诉讼，由人民法院依照民事诉讼程序，在双方当事人及其他参与人的共同参加下，对该争议进行审理判决的纠纷解决方式。

例文二

《建设工程施工合同》（示范文本）

发包人（全称）：_____

承包人（全称）：_____

根据《中华人民共和国合同法》《中华人民共和国建筑法》及有关法律规定，遵循平等、自愿、公平和诚实信用的原则，双方就_____工程施工及有关事项协商一致，共同达成如下协议：

一、工程概况（包括工程名称、工程地点、工程立项批准文号、资金来源、工程内容、工程承包范围等内容。略）。

二、合同工期（包括计划开工日期、计划竣工日期、工期总日历天数等内容。略）。

三、质量标准（略）。

四、签约合同价与合同价格形式（包括签约合同价、合同价格形式等内容。略）。

五、项目经理（略）。

六、合同文件构成（包括中标通知书、投标函及其附录、专用合同条款及其附件、通用合同条款、技术标准和要求、图纸、已标价工程量清单或预算书、其他合同文件等内容。略）。

七、承诺（略）。

八、词语含义（略）。

九、签订时间（略）。

十、签订地点（略）。

十一、补充协议（略）。

十二、合同生效（略）。

十三、合同份数（略）。

发包人：　（公章）　　　　　　　承包人：　（公章）

法定代表人或其委托代理人：　　　法定代表人或其委托代理人：
（签字）　　　　　　　　　　　　（签字）

组织机构代码：_____　　　组织机构代码：_____
地　　址：_____　　　地　　址：_____
邮政编码：_____　　　邮政编码：_____
法定代表人：_____　　　法定代表人：_____
委托代理人：_____　　　委托代理人：_____
电　　话：_____　　　电　　话：_____
传　　真：_____　　　传　　真：_____
电子信箱：_____　　　电子信箱：_____
开户银行：_____　　　开户银行：_____
账　　号：_____　　　账　　号：_____

　　这是一篇建设工程施工合同的示范文本，基本格式准确规范、结构完整，只是限于篇幅而没有详细介绍。

　　建设工程施工合同是指发包方（建设单位）和承包方（施工单位）为完成商定的施工工程，明确相互权利、义务的协议。依照施工合同，施工单位应完成建设单位交给的施工任务，建设单位应按照规定提供必要条件并支付工程价款。建设工程施工合同是承包方进行工程建设施工，发包方支付价款的合同，是建设工程的主要合同，同时也是工程建设质量控制、进度控制、投资控制的主要依据。施工合同的当事人是发包方和承包方，双方是平等的民事主体。一般来说，下列三个方面的问题在双方签订合同的时候应当注意：

　　1）作为承包方，首先要了解工程基本情况，包括发包方提供的图样情况、工程量、工程的难易程度、工期要求、需要的施工力量等。如果承包方的施工力量与工程不适应，则应当讲明；否则，应当承担相应的责任。

　　2）作为发包方，应当审查承包方的资质等级，检查其是否有力量承包此项工程。对于是否允许承包方转包，应当事先在合同中讲明。

　　3）发包方应当加强对工程质量的监督检查，在合同中应当明确监督的方式、时间、工程内容；对需要进行中间验收的部分要做出适当的安排。

例文三

物业管理委托合同（示范文本）

第一章　总　　则

第一条：本合同当事人

委托方（以下简称甲方）：_____

受托方（以下简称乙方）：_____

根据有关法律法规，在自愿、平等、协商一致的基础上，甲方将_____（物业名称）委托于乙方实行物业管理，订立本合同。

第二条：物业基本情况

物业类型：_____。坐落位置：_____市_____区_____路（街道）_____号。四至：东_____南_____西_____北_____。占地面积：_____平方米。建筑面积：_____平方米。

第三条：乙方提供服务的受益人为本物业的全体业主和物业使用人，本物业的全体业主和物业使用人均应对履行本合同承担相应的责任。

第二章　委托管理事项

第四条：房屋建筑共用部位的维修、养护和管理。包括：楼盖、屋顶、外墙面、承重结构、楼梯间、走廊通道、门厅、_____。

第五条：共用设施、设备的维修、养护、运行和管理。包括：共用的上下水管道、雨水管、垃圾道、烟囱、共用照明、天线、中央空调、暖气干线、供暖锅炉房、高压水泵房、楼内消防设施设备、电梯、_____。

第六条：市政公用设施和附属建筑物、构筑物的维修、养护和管理。包括：道路、室外上下水管道、化粪池、沟渠、池、井、自行车棚、停车场、_____。

第七条：公用绿地、花木、建筑小品等的养护与管理。

第八条：附属配套建筑和设施的维修、养护和管理。包括：商业网点、文化体育、娱乐场所、_____。

第九条：公用环境卫生。包括：公共场所、房屋共用部位的清洁卫生，垃圾的收集、清运，_____。

第十条：交通与车辆停放秩序的管理。

第十一条：维持公共秩序。包括：安全监控、巡视、门岗执勤、_____。

第十二条：管理与物业相关的工程图样、住（用）户档案与竣工验收资料。

第十三条：组织开展社区文化娱乐活动。

第十四条：负责向业主和物业使用人收取下列费用。

1. 物业管理服务费。

2. _____。

第十五条：业主和物业使用人房屋自用部位、自用设施及设备的维修、养护，在当事人提出委托时，乙方应接受委托并合理收费。

第十六条：对业主和物业使用人违反业主公约的行为，针对具体行为并根据情节轻重，采取批评、规劝、警告、制止、_____等措施。

第十七条：其他委托事项_____。

第三章　委托管理期限

第十八条：委托管理期限为_____年。自_____年____月____日时起至_____年____月____日时止。

第四章　双方权利义务
（略）

第五章　物业管理服务质量
（略）

第六章　物业管理服务费用

第二十二条：物业管理服务费

1. 本物业的管理服务费，住宅房屋由乙方按建筑面积每月每平方米_____元向业主或物业使用人收取；非住宅房屋由乙方按建筑面积每月每平方米_____元向业主或物业使用人收取。

2. 管理服务费标准的调整，按_____调整。

3. 空置房屋的管理服务费，由乙方按建筑面积每月每平方米_____元向_____收取。

4. 业主和物业使用人逾期交纳物业管理费的，按以下第_____项处理：

（1）从逾期之日起按每天_____元交纳滞纳金。

（2）从逾期之日起按每天应交管理费的万分之_____交纳滞纳金。

（3）_____。

第二十三条：车位使用费由乙方按下列标准向车位使用人收取：

1. 露天车位：_____。

2. 车库：_____。

3. _____。

第二十四条：乙方对业主和物业使用人的房屋自用部位、自用设备、毗连部位的维修、养护及其他特约服务，由当事人按实发生的费用计付，收费标准须经甲方同意。

第二十五条：其他乙方向业主和物业使用人提供的服务项目和收费标准如下：

1. 高屋楼房电梯运行费按实结算，由乙方向业主或物业使用人收取。

2. _____。

第二十六条：房屋的共用部位、共用设施、共用设备、公共场地的维修、养护费用：

1. 房屋共用部位的小修、养护费用，由_____承担；大中修费用，由_____承担。

2. 房屋共用设施、共用设备小修、养护费用，由_____承担；大中修费用，由_____承担；更新费用，由_____承担。

3. 市政公用设施和附属建筑物、构筑物的小修、养护费用，由_____承担；大中修费用，由_____承担；更新费用，由_____承担。

4. 公用绿地的养护费用，由_____承担；改造、更新费用，由_____承担。

5. 附属配套建筑和设施的小修、养护费用，由_____承担；大中修费用，由_____承担；更新费用，由_____承担。

第七章　违约责任

第二十七条：甲方违反合同第十九条的约定，使乙方未完成规定管理目标，乙方有权要求甲方在一定期限内解决，逾期未解决的，乙方有权终止合同；造成乙方经济损失的，甲方应给予乙方经济赔偿。第五章的约定，未能达到约定的管理目标，甲方有权要求乙方限期整改，逾期未整改的，甲方有权终止合同；造成甲方经济损失的，乙方应给予甲方经济赔偿。

第二十八条：乙方违反本合同第五章的约定，未能达到约定的管理目标，甲方有权要求乙方限期整改；逾期未整改的，甲方有权终止合同；造成甲方经济损失的，乙方应给予甲方经济赔偿。

第二十九条：乙方违反本合同第六章的约定，擅自提高收费标准的，甲方有权要求乙方清退；造成甲方经济损失的，乙方应给予经济赔偿。

第三十条：甲乙任一方无正当理由提前终止合同的，应向对方支付_____元的违约金；给对方造成的经济损失超过违约金的，还应给予赔偿。

第八章　附　　则

第三十一条：自本合同生效之日起_____天内，根据甲方委托管理事项，办理完交接验收手续。

第三十二条：合同期满后，乙方全部完成合同并且管理成绩优秀，大多数业主和物业使用人反映良好，可续订合同。

第三十三条：双方可对本合同的条款进行补充，以书面形式签订补充协议，补充协议与本合同具有同等效力。

第三十四条：本合同之附件均为合同有效组成部分。本合同及其附件内，空格部分填写的文字与印刷文字具有同等效力。本合同及其附件和补充协议中未规定的事宜，均遵照中华人民共和国有关法律法规和规章执行。

第三十五条：本合同正本连同附件共_____页，一式三份，甲乙双方及物业管理行政主管部门（备案）各执一份，具有同等法律效力。

第三十六条：因房屋建筑质量、设备设施质量或安装技术等原因，达不到使用功能，造成重大事故的，由甲方承担责任并做善后处理。产生质量事故的直接原因，以政府主管部门的鉴定为准。

第三十七条：本合同执行期间，如遇不可抗力，致使合同无法履行时，双方应按有关法律规定及时协商处理。

第三十八条：本合同在履行中发生争议，双方应协商解决或报请物业管理行政主管部门进行调解，协商或调解不成的，双方同意由_____仲裁委员会仲裁（当事人双方不在合同中约定仲裁机构，事后又未达成书面仲裁协议的，可以向人民法院起诉）。

第三十九条：合同期满本合同自然终止，双方如续订合同，应在该合同期满_____天前向对方提出书面意见。

第四十条：本合同自签字之日起生效。

甲方签章：_____　　　乙方签章：_____

代表人：_____　　　　代表人：_____

年　月　日_____　　　年　月　日_____

附件：1. 物业构成细目（略）

　　　2. 物业管理质量目标（略）

点评

　　这是一篇物业管理委托合同的示范文本，基本格式准确规范，结构完整。由于篇幅所限，只介绍了部分内容。物业管理委托合同是业主与物业管理机构签订的，可以结合实际情况有所变化，但是必须在国家法律和法规的基础上签订。

　　例文中的物业管理委托合同是一个示范文本，其具体业务内容跨度较大，而且比较琐碎繁杂。同时，不同类型、不同档次的物业管理的具体内容又会有所差异，因此要想非常全面地总结物业管理的内容并非易事。下面，根据国内外物业管理的常见内容，对一般的物业管理简单地进行归纳。

　(1) 管理方面的内容
　1) 物业开发建设的协调与管理。
　2) 公共设施及设备的运行管理。
　3) 物业产权、产籍及业主、使用者管理。
　4) 绿化环卫管理。
　5) 车辆、道路、停车等方面的管理。
　6) 房屋租赁管理。
　7) 物业装修管理。
　(2) 服务方面的管理
　1) 房屋及附属设备的维修养护。
　2) 治安保卫及消防。
　3) 清扫保洁。
　4) 委托性服务。
　(3) 经营方面的内容
　1) 物业租赁、销售及购置。
　2) 场区停车场、空地广告及招牌的经营。
　3) 场区康乐设施的经营。
　4) 其他经营活动。

例文四

建设工程委托监理合同

　　<u>辽宁×××房地产开发有限公司</u>（以下简称业主）与<u>北京×××监理工程有限公司</u>（以下简称监理单位）经过双方协商一致，签订本合同。

　　第一条：业主委托监理单位监理的工程（以下简称"本工程"）概况

　　工程名称：新城花园1号楼、2号楼、3号楼、5号楼

　　工程地点：沈阳市×××区×××街×××号

　　工程规模：占地4万 m^2，总建筑面积8万 m^2。

　　总投资：4.7亿元人民币

　　监理范围：土建、水暖、电气、设备安装、装饰。

第二条：本合同中的措辞和用语及所属的监理合同条件及有关附件
（略）
第三条：下列文件均为本合同的组成部分
（1）监理委托函或中标函
（略）
（2）工程建设监理合同标准条件
（略）
（3）工程建设监理合同专用条件
（略）
（4）在实施过程中共同签署的补充与修正文件以及双方确认的往来信函、传真、电子邮件等
（略）
第四条：监理单位同意，按照本合同的规定，承担本工程合同专用条件中议定范围内的监理业务。
第五条：业主同意按照本合同注明的期限、方式、币种，向监理单位支付酬金。支付方式见建设工程委托监理合同的专用条件。

本合同的监理业务自_____年____月____日开始实施，至_____年____月____日完成。
本合同正本一式两份，具有同等法律效力，双方各执一份。副本____份，各执____份。
业主：（签章）_____   监理单位：（签章）_____
法定代表人：（签章）_____   法定代表人：（签章）_____
地址：_____   地址：_____
开户银行：_____   开户银行：_____
账号：_____   账号：_____
邮编：_____   邮编：_____
电话：_____   电话：_____
_____年____月____日签于____   _____年____月____日签于____

点评

这是一篇建设工程委托监理合同，基本格式准确、规范，由于篇幅所限，不能将合同中的标准条件和专用条件逐一介绍，但是对于合同中的重要内容进行了简述。如业主如何向监理单位支付酬金，监理业务的期限等，这也是在签订建设工程委托监理合同时应着重注意的条款。

例文中的建设工程委托监理合同没有详细介绍措辞和用语以及标准条件和专用条件，这些内容在合同中占有重要地位。下面详细介绍一下这些条款中的具体内容。

（1）合同措辞和用语
1）委托人，是指承担直接投资责任和委托监理业务的一方以及其合法继承人。
2）监理人，是指承担监理业务和监理责任的一方以及其合法继承人。
3）监理机构，是指监理人派驻本工程现场实施监理业务的组织。

4) 承包人,是指除监理人以外,委托人就工程建设有关事宜签订合同的当事人。

5) 工程监理的正常工作,是指双方在专用条件中约定,委托人委托的监理工作的范围和内容。

6) 工程监理的附加工作,是指委托人委托监理范围以外,通过双方书面协议另外增加的工作内容,或是由于委托人或承包人原因,使监理工作受到阻碍或延误,因增加工作量或持续时间而增加的工作。

7) 工程监理的额外工作,是指正常工作和附加工作以外,根据规定监理人必须完成的工作,或非监理人自己的原因而暂停或终止监理业务,其善后工作及恢复监理业务的工作。

(2) 合同双方当事人的义务

1) 委托人的义务:

① 委托人在监理人开展监理业务之前应向监理人支付预付款。

② 委托人应当负责工程建设的所有外部关系的协调,为监理工作提供外部条件。

③ 委托人应当在双方约定的时间内免费向监理人提供与工程有关的为监理工作所需要的工程资料。

④ 委托人应当授权一名熟悉工程情况、能在规定时间内做出决定的常驻代表,负责与监理人联系。

⑤ 委托人应免费向监理人提供办公用房、通信设施、监理人员工地住房及合同专用条件约定的设施。

⑥ 根据情况需要,如果双方约定,由委托人免费向监理人提供其他人员,应在监理合同专用条件中予以明确。

2) 监理人的义务:

① 监理人按合同约定派出监理工作需要的监理机构及监理人员,向委托人报送委派的总监理工程师及其监理机构主要成员名单、监理规划,完成监理合同专用条件中约定的监理工程范围内的监理业务。

② 监理人在履行本合同的义务期间,应认真、勤奋地工作,为委托人提供与其水平相适应的咨询意见,公正维护各方面的合法权益。

③ 监理人使用委托人提供的设施和物品属委托人的财产,在监理工作完成或中止时,应将其设施和剩余的物品按合同约定的时间和方式移交给委托人。

④ 在合同期内或合同终止后,未征得有关方面同意,不得泄露与本工程、本合同业务有关的保密资料。

(3) 合同双方当事人的权利

1) 委托人的权利:

① 委托人有选定工程总承包人以及与其订立合同的权利。

② 委托人有对工程规模、设计标准、规划设计、生产工艺设计和设计使用功能要求的认定权以及对工程设计变更的审批权。

③ 监理人调换总监理工程师须预先经委托人同意。

④ 委托人有权要求监理人提交监理工作月报及监理业务范围内的专项报告。

⑤ 当委托人发现监理人员不按监理合同履行监理职责，或与承包人串通给委托人或工程造成损失的，委托人有权要求监理人更换监理人员，直到终止合同并要求监理人承担相应的赔偿责任或连带赔偿责任。

2）监理人的权利：

① 监理人在委托人委托的工程范围内，有选择工程总承包人的建议权。

② 监理人在委托人委托的工程范围内，有选择工程分包人的认可权。

③ 对工程建设有关项目，有向委托人建议的权利。

④ 主持工程建设有关协作单位的组织协调，重要协调事项应当预先向委托人报告。

⑤ 征得委托人同意，监理人有权发布开工令、停工令、复工令，但应当预先向委托人报告。如在紧急情况下未能预先报告时，则应在 24 小时内向委托人做出书面报告。

⑥ 工程施工进度的检查、监督权，以及工程实际竣工日期提前或超过工程施工合同规定的竣工期限的签认权。

【实践与探究】

1. 实践

起草一份房屋租赁合同。

2. 探究

思考：起草合同需要注意哪些问题？

  注意事项

1）要遵守有关法律规定。合同签订的当事人要严格遵守我国法律法规的有关规定，贯彻平等互利、协商一致、等价有偿的原则。合同内容要符合国家法律的规定，不能签损害国家利益和社会公共利益的合同。

2）条款完整，格式规范。条款是合同的主要内容，是当事人的权利义务和法律责任的表述，不能遗漏，要明确具体，以免发生争议。合同有较固定的结构，不能随意更改，写作时要符合规范要求。

3）语言要准确、严密。合同中的语言表达不能产生歧义，不能模糊不清，不能写错别字；标点要运用正确，数字的使用要规范准确，计量单位要采用法定单位，否则将影响当事人的合法权益，使合同无法正常执行。

【课后广场】

  知识巩固

1. 什么叫合同？合同有哪些特点？
2. 合同的正文包括哪些内容？
3. 合同的落款包括哪些内容？
4. 法定解决房产争议的途径有哪几种？
5. 签订建筑工程承包合同应当注意哪些问题？

6. 物业管理的内容有哪些？
7. 建设工程委托监理合同中合同双方当事人的义务有哪些？
8. 建设工程委托监理合同中合同双方当事人的权利有哪些？

强化练习

合同在我们的生活中占有重要地位，通过学习并结合自己的实际情况，模拟一份合同，合同双方为家长与学生本人。如学习成绩提高多少，双方在某些方面达成一致等。

【相关链接】

逾期交房被判支付违约金

2015年2月2日，朱××与××房地产开发有限公司（下称"房产公司"）签订了一份《商品房买卖合同》，购买商铺一套，建筑面积为751.56平方米，房款总金额为375万元，房屋交付期限为2015年5月1日前。

合同约定，最后交付期限的第二天起至实际交付之日止，出卖人按日向买受人支付已交付房款万分之三的违约金。同年4月8日，朱××与他人签订了《房屋租赁合同》，出租案涉房屋。但是房产公司到2017年4月28日才通知朱××交房。朱××因此诉至法院，请求判令房产公司支付违约金及延迟交房造成的损失。

法院审理认为，双方应当按约履行各自义务。朱××已按约支付了全部购房款，房产公司逾期交房，应当承担违约责任，朱××要求对方按合同约定承担逾期交房违约金的理由正当。法院判决，房产公司支付朱××逾期交房违约金81万元。

5.4　招（投）标书

【基本知识】

1. 概念

招标是指企事业单位为了进行大型项目建设、购买大宗商品或合作经营某项业务、向外承包或租赁等，预先对外公布标准、条件、要求，以期从投标者中择优选择承建、承揽合作或承包单位的行为。与招标相对应，按照招标人的要求，具体地向招标人提出与之订立合同的建议、提供给招标人备选方案的行为，就是投标。

2. 格式与写法

（1）招标书的格式与写法　招标书一般由标题、正文和结尾三部分组成。

1）标题。招标书的标题一般有四种形式。

①完全性标题，由招标单位、招标项目或内容、招标形式及文书名称四部分组成，如《×××高速公路建设公开招标书》。

②不完全性标题，一般由招标单位和文书名称两部分构成，如《××招标公司招标书》。

③简明性标题，只写"招标书"字样。

④广告性标题，除写明招标项目、招标形式等内容外，还加入一些广告性内容，如

《请您来做×××厂的经理——招标书》。

2）正文。正文一般由前言和主体两部分构成。

前言部分用简练的语言写明招标目的、依据及招标项目名称等内容。主体部分是招标书的中心，详细写明招标内容、条件、要求、投标截止日期及有关事项。

3）结尾。结尾主要写明招标单位的名称、地址、电话号码、传真号、邮政编码、联系人、投标开始与截止时间等内容。

（2）投标书的格式与写法　投标书一般由标题、称谓、正文和结尾四部分构成。

1）标题。投标书的标题一般有三种形式：

①完全性标题，由投标方名称、投标项目及文书种类三部分内容构成，如《×××公司承包×××大学新教学楼建设工程投标书》。

②不完全性标题，由投标方名称或投标项目与文书名称两部分构成，如《承建×××大学新办公大楼工程投标书》《×××建筑工程公司投标书》。

③简易标题，即只写文书名称，如《投标书》。

2）称谓。在标题下隔行顶格写招标单位的全称，然后另起一行写明招标单位的地址，最后在地址的下一行顶格写称呼，后面用冒号提示下文。称呼一般要用敬称，如"诸位先生"，而不能直呼其名，在国际性招标活动中更应该注意这一点。

3）正文。正文是投标书的中心部分，可分为前言和主体两部分。前言一般用简练的语言说明投标单位名称，投标的方针、目标以及对中标后的承诺等内容，前言起开宗明义、提纲挈领的作用。主体部分包括以下内容：

① 投标的具体指标，这是标书的关键性内容，是招标单位评标、定标的重要依据。

② 对中标后的承诺。若为大宗货物贸易投标，应写明投标方对应履行责任义务做出的承诺；若为建筑工程项目投标，则写明项目开工、竣工日期。

③ 说明此投标书的有效期限。

④ 说明投标方将按招标文件约束交纳银行担保书和履约保证金。

⑤ 最后说明对招标单位不一定接受最低价和可能接受任何投标书表示理解。

4）结尾。结尾应写明投标单位的名称、地址、电话、传真、法定代表人姓名、授权代表人姓名等内容，便于双方联系。

【例文点评】

例文一

招 标 公 告

招标人：沈阳市××区管委会

辽宁××招标公司受招标人的委托，对某大道某段绿化景观设计方案征集进行公开招标。现将有关事项公告如下：

1. 招标范围：××大道某段，东西长约12km，宽度80m；××街—××街段长约7.4km，宽度120m；××街—××街段长约2.2km，宽度80m。道路中间已建的37.5m宽机动车道按现状保留，未建的非机动车道和人行道要在本次设计中重新考虑。本次设计面积约77公顷。

2. 招标人要求：有相关经验的单位或个人。

3. 方案设计奖项设置：一等奖一名，奖金13万元；二等奖一名，奖金9万元；三等奖二名，奖金6万元。

4. 请拟投标人于2019年9月1日至2019年9月15日到辽宁××招标公司（沈阳市××区××路××号××楼×××室）购买招标文件，每套招标文件人民币100元，售后不退。

5. 方案设计文件递交的截止时间为2019年10月15日上午9时30分，方案设计文件必须在上述时间前递交至辽宁××招标公司。

电话/传真：024-××××××××

联系人：谭女士
辽宁××招标公司
2019年9月1日

 点评

　　这是一篇刊登在当地报纸上的招标公告。公告中对工程项目的内容介绍得比较详细，招标人的要求、方案设计奖项及招标时间等事宜表述准确、严密，联系方式和地点表达清楚，格式严谨。

　　例文中的招标公告是面向全社会公布的，所以内容要准确，不能产生歧义。如果招标人不具有编制招标文件和组织评标的能力，可以委托招标代理机构办理招标事宜。本例文就是招标人（沈阳市××区管委会）委托辽宁××招标公司发布的招标公告。

　　招标代理机构是依法设立、从事招标代理业务并提供相关服务的社会中介组织。作为招标代理机构来说应具备下列条件：

1）有从事招标代理业务的营业场所和相应资金。
2）有能够编制招标文件和组织评标的相应专业力量。
3）有技术、经济等方面的可以作为评标委员会成员人选的专家库。

例文二

招　标　书

××机电设备招标中心公告

第（98）号

××机电设备招标公司受××市地铁公司委托，对下列设备联合招标，欢迎具有本招标项目生产供应能力和法人资格的国内外厂家对下列设备进行密封投标，国外投标者须联合中国国内企业共同设计、制造。

标书编号：SMEYC-88021

招标设备名称：土压平稳式盾构掘进机

主要技术参数：（略）

机型：土压平稳式

数量：7台

标书售价：270 美元（外国企业和中外合资企业），1782 元人民币（中国企业）
发售标书时间：2019 年 8 月 16 日
发售标书地点：××机电设备招标公司，××中山东一路 18 号 114 室
投标地点：××机电设备招标公司，××中山东一路 18 号 114 室
电话：024-8186××××　　　　手机：138×××××××
传真：024-8186××××　　　　联系人：×××
开户银行：×××市建行二支行　账号：××××××××××××
投标截止日期：2019 年 10 月 22 日 15 时
开标时间、地点：另行通知

 点评

  这是一篇招标书，标题是不完全性标题。正文前言用简练的语言写明了招标的单位、目的和招标项目名称及对投标者的要求。正文主体具体写招标内容，简洁明了。正文结尾具体写发售标书的时间、地点，投标地点，招标单位联系方式和联系人，招标单位的开户银行和账号，投标截止日期等内容，便于投标者进行投标。投标截止时间精确到小时，虽然投标地点与发售标书地点相同，但并不省略，体现出招标书严谨认真的特点。
  例文中的招标书是招标人委托××机电设备招标公司完成的，它只是招标工作的一部分。根据《中华人民共和国招标投标法》和《工程建设项目施工招标投标办法》的规定，招标应该按照如下程序进行：
1）成立招标组织，由招标人自行招标或委托招标。
2）编制招标文件和标底（如果有）。
3）发布招标公告或发出投标邀请书。
4）对潜在投标人进行资质审查，并将审查结果通知各潜在投标人。
5）发售招标文件。
6）组织投标人踏勘现场，并对招标文件进行答疑。
7）确定投标人编制投标文件所需要的合理时间。
8）接受投标书。
9）开标。
10）评标。
11）定标、签发中标通知书。
12）签订合同。

例文三
  ×××铁路总公司为××铁路项目所需货物向社会发出招标书。×××市×××公司在研究有关招标文件后，认为本公司具备投标实力，决定参加投标。在通过招标单位的资格审查与认可后，拟投标书一份参加投标活动。

投　标　书

  ×××铁路总公司

地址：×××

诸位先生：

研究了 IMLRC－LcB9001 号招标文件，对××铁路项目所需要的货物我们愿意投标，并授权下述签名人×××、×××代表我公司提交下列投标文件正本一份，副本四份。

1）投标报价表。

2）货物清单。

3）技术规格。

4）技术差异修订表。

5）投标资格审查文件。

6）×××银行开具的金额为×××万元的投标保函。

7）×××银行开具的金额为×××万元的履约保证金保函。

8）开标一览表。

授权代表人兹宣布同意下列各点：

1）所附投标报价单所列拟供货物的总报价为×××万元。

2）投标人将根据文件的规定履行合同的责任和义务。

3）投标人已详细审查了全部招标文件的内容，包括修改条款和所有供参阅的资料及附件，投标人放弃要求对招标文件作进一步解释的权利。

4）本投标书自开标之日起 90 天内有效。

5）如果在开标之后的投标有效期内撤标，贵公司可以没收投标人的投标保证金。

6）如果中标后，我方未能忠实地履行所有的合同文件或随意对合同文件做出修改、变动，贵公司可以没收我方所交的履约保证金。

7）我们理解贵方并不限于只接受最低价，同时也理解你们可以接受任何标书。

投标单位：×××市×××公司（公章）

地址：×××市×××区×××街×××号

电话：××××××××

传真：××××××××

投标单位法定代表人姓名：×××（签章）

授权代表人姓名：×××（签章）

2019 年 11 月 17 日

附件（包括投标报价单、货物清单、技术规格、技术差异修订表、资格审查文件、投标保证金保函、履约保证金保函、开标一览表，附于投标书后面）（略）。

这是一篇投标书，标题简易，只写文书名称。顶格写招标单位的全称，下面一行是招标单位地址。另起一行写称呼。正文首先写出前言，简明写出投标意向、投标代表人、投标函的份数等内容，开宗明义、言简意赅；其次写主体，列出投标文件清单，用序号标明。报价表是投标书的关键，是招标单位评标、定标的重要依据，故放在首位。其余各项都是根据招标单位要求和招标内容而列的。正文结尾写投标单位及其地址、电话、法定代表人、授权代表人，并加盖公章和个人签章。附件则是在正文的前言和主体部分所提的"投标文件"。附件中的表格或文书必须按招标文件规定的要求和格式认真编制、填写。因为内容较多，例文将附件从略。

例文中的投标书是投标人编制的，《中华人民共和国招标投标法》第26条规定："投标人应当具备承担招标项目的能力；国家有关规定对投标人资格条件或者招标文件对投标人资格条件有规定的，投标人应当具备规定的资格条件。"

1）投标人应当具备承担招标项目的能力。建设工程施工企业资质分为施工总承包、专业承包和劳务分包；工程勘察资质分为工程勘察综合资质、工程勘察专业资质、工程勘察劳务资质；工程设计资质分为工程设计综合资质、工程设计行业资质、工程设计专业资质、工程设计专项资质。投标人资质应符合招标文件对资质条件的要求。

2）承包建筑工程的单位应当持有依法取得的资质证书，并在其资质等级许可的范围内承揽工程。禁止建筑施工企业超越本企业资质登记许可的业务范围或以任何形式用其他施工企业的名义承揽工程。

此外，根据《中华人民共和国招标投标法》和《工程建设项目施工招标投标办法》的规定，建筑工程投标程序为：组织投标机构→编制投标文件→投标文件的送达。

【实践与探究】

1. 实践

参考下面材料，写一份投标书。

××招标公司受××公司委托，对尚需装修的×××婚纱影楼进行招标。×××婚纱影楼拟定装修款不超过50万元，工期从2019年1月至2019年12月，有同类项目建筑经验并且口碑良好的国内建筑公司参加竞标。××××装修公司是某市装饰装修行业的成熟企业，想以45万元竞标，保证按时完成。根据所学知识，替××××装修公司的张总写一份投标书。

2. 探究

思考：写招（投）标书需要注意哪些问题？

注意事项

1）有法制观念和慎重严肃的态度。
2）做好调查研究，掌握市场信息。
3）要实事求是地表述有关标的要求。
4）语言、数据表述准确，避免歧义。

【课后广场】

知识巩固

1. 填空题。

1）招标书的格式由_____、_____和_____三部分组成。
2）常见的招标书的标题写法有_____、_____、_____和

_____四种形式。
3）招标书的正文包括_____和_____两个部分。
4）投标书的格式由_____、_____、_____和_____四部分组成。
5）常见的投标书的标题写法有_____、_____和_____三种形式。

2. 简答题。
1）招标代理机构应具备哪些条件？
2）招标程序是怎样的？
3）投标人应当具备哪些资格条件？

强化练习

1. 试以本节例文二为蓝图，相应以某公司的名义进行招标，拟定一份翔实的招标书。
2. 试以本节例文三为蓝图，相应以某公司的名义进行投标，拟定一份翔实的投标书。

【相关链接】

必须进行招标的建设工程项目

1）全部或者部分使用国有资金投资或者国家融资的项目包括：
①使用预算资金200万元人民币以上，并且该资金占投资额10%以上的项目。
②使用国有企业事业单位资金，并且该资金占控股或者主导地位的项目。
2）使用国际组织或者外国政府贷款、援助资金的项目包括：
①使用世界银行、亚洲开发银行等国际组织贷款、援助资金的项目。
②使用外国政府及其机构贷款、援助资金的项目。
3）不属于上述规定情形的大型基础设施、公用事业等关系社会公共利益、公众安全的项目，必须招标的具体范围由国务院发展改革部门会同国务院有关部门按照确有必要、严格限定的原则制订，报国务院批准。
4）上述规定范围内的项目，其勘察、设计、施工、监理以及与工程建设有关的重要设备、材料等的采购达到下列标准之一的，必须招标：
①施工单项合同估算价在400万元人民币以上。
②重要设备、材料等货物的采购，单项合同估算价在200万元人民币以上。
③勘察、设计、监理等服务的采购，单项合同估算价在100万元人民币以上。
同一项目中可以合并进行的勘察、设计、施工、监理以及与工程建设有关的重要设备、材料等的采购，合同估算价合计达到前款规定标准的，必须招标。

5.5 联系单

【基本知识】

1. 概念

联系单是指在工作中有关各方之间传递意见、决定、通知、要求等信息所采用的一种文书。在建筑工程中常见的联系单有工作联系单、工程变更单等。

2. 格式与写法

联系单通常以表格形式存在，一般由标题、事由、内容和落款四部分组成。

（1）标题　标题填写联系单的种类、工程名称和日期。

（2）事由　事由填写联系单发出的主要原因，要求简练叙述。

（3）内容　内容填写需要联系的详细内容或注意事项，要求表达清楚。

（4）落款　落款填写发出单位名称和单位负责人（签字）。如果需要多方联系，各方单位名称及单位代表全部需要填写。

【例文点评】

例文一

工作联系单表B4-1		编　号	
工程名称	北京×××工程	日期	2019年5月22日
致　　北京××监理公司　　　（单位）： 事由： 　　地上四层①~⑤/Ⓐ~Ⓙ轴框架柱，C35混凝土试配。 内容： 　　C35混凝土配合比申请单、通知单（编号：×××）已由×××实验室签发（附混凝土配合比申请单、通知单）。请予以审查和批准使用。 发出单位名称：北京×××建设集团　　　　　　　　　　　　　单位负责人（签字）：×××			

重要工作联系单应加盖单位公章，相关单位各存一份。

 点评

　　这是一篇工作联系单，标题明确，语言简练，内容简单明了。"事由"栏将联系事项的主题表述出来；"内容"栏将联系的详细内容写出；落款将发出单位和单位负责人（签字）填写出来，符合工程资料表格的填写要求。

　　例文中的工作联系单在实际应用时由于内容不同，要求也不尽相同，具体要求如下：

　　1）评审某些复杂或持续时间较长的延期申请时，总监理工程师可根据初步评审，先用工作联系单给予施工单位一个暂定的延期时间；经过详细分析评审后，再签发工程延期审批表。

　　2）在需要实施旁站监理的关键工序或关键部位施工前24小时，施工单位应填写工作联系单通知项目监理部，项目监理部应派监理人员按照旁站监理方案实施旁站监理。

　　3）施工单位在浇筑混凝土前，应将混凝土浇筑申请书转交监理单位一份用于备案，当监理单位对此有异议时，应签发工作联系单提出意见。

例文二

工程变更单表 B4-2		编号	
工程名称	北京××工程	日期	2019年6月17日
致　　北京×××监理公司　　　（监理单位）： 　　　由于　为增强基础底板防水功能，保证不渗漏　　的原则，兹提出　在原SBS卷材防水层基础上增加一道卷材防水　工程变更（内容详见附件），请予以审批。 附件： 　　工程洽商记录（编号：×××）			
提出单位名称：北京×××建设集团		提出单位负责人（签字）：×××	
一致意见： 　　　　　　　　　　　　　　　　　　同意			
建设单位代表 （签字）： ××× 2019年6月16日	设计单位代表 （签字）： ××× 2019年6月16日	监理单位代表 （签字）： ××× 2019年6月16日	施工单位代表 （签字）： ××× 2019年6月16日

本表由提出单位填报，有关单位会签，并各存一份。

 点评

　　这是一篇工程变更单，标题明确，格式准确。不仅写明了工程变更的原因，还将受工程变更单表格篇幅所限不能说清楚的内容在附件中详细说明。落款将提出单位和单位负责人（签字）填写出来，内容符合工程资料表格的填写要求。

　　例文中工程变更的提出单位是承包单位（施工单位），对于这类工程变更，应填写工程变更单报送项目监理部。项目监理部审查同意后转呈建设单位，必要时由建设单位委托设计单位编制设计变更文件，并由项目监理部签转。对于项目监理机构来说，处理工程变更应符合下列要求：

　　1）项目监理机构在工程变更的质量、费用和工期方面取得建设单位授权后，应按施工合同规定与承包单位进行协商。经协商达成一致后，总监理工程师应将协商结果向建设单位通报，并由建设单位与承包单位在变更文件上签字。

　　2）在项目监理机构未能就工程变更的质量、费用和工期取得建设单位授权时，总监理工程师应协助建设单位和承包单位进行协商，并达成一致。

　　3）在建设单位和承包单位未能就工程变更的费用等方面达成协议时，项目监理机构应提出一个暂定的价格，作为临时支付工程进度款的依据。该工程款在最终结算时，应以建设单位和承包单位达成的协议为依据。

【实践与探究】

1. 实践

某房地产开发公司的某工程项目计划于 6 月 10 日开始进行外墙装饰工程施工,该公司工程项目部需就此向预算合约部发出工作联系单,请预算合约部就此工程项目的施工进行招标,并于 4 月 10 日前完成定标工作及合同签订工作。请就此拟定一份合同联系单。

2. 探究

思考:写联系单需要注意哪些问题?

注意事项

1)工作联系单的"单位负责人(签字)"栏中,建设单位为驻项目代表,监理单位为项目总监理工程师,承包单位为项目经理。

2)重要的工作联系单要加盖单位公章。

3)承包单位只有收到项目监理部签署的工程变更单后,方可实施工程变更。

4)分包工程的工程变更应通过承包单位办理。

【课后广场】

知识巩固

1. 什么叫联系单?联系单一般由哪几部分组成?
2. 工作联系单有哪些具体要求?
3. 项目监理机构处理工程变更时应符合哪些要求?

强化练习

以例文一为蓝本,自拟标题和内容,写一篇工作联系单。

【相关链接】

什么叫工程变更?设计变更和变更设计有什么区别?

工程变更是指合同实施过程中由于各种原因所引起的设计变更、合同变更。工程变更包括工程量变更、工程项目变更、进度计划变更、施工条件变更以及原招标文件和工程量清单中未包括的新增工程等。工程变更的变更范围为:增加或减少合同中约定的工程量;省略工程(被省略的工作不得转由业主或其他承包人实施);更改工程的性质、质量或类型;更改一部分工程的基线、标高、位置或尺寸;实现工程完工需要的附加工作;改动部分工程的施工顺序或施工时间;增加或减少合同的工程项目。

设计变更是指设计单位提出并确定认可的变更。

变更设计是指设计单位以外的其他单位(建设单位、监理单位、施工单位等)提出并由设计单位确定认可的变更。

5.6 可行性研究报告

【基本知识】

1. 概念

可行性研究报告，也称为可行性报告，是从事一种经济活动之前，有关方对经济、技术、生产、供销、社会各种环境、法律等各种因素进行具体调查、研究、分析，确定有利和不利的因素，估算成功率、经济效益和社会效果，为决策者和主管机关审批提供依据的上报文件，具有预见性、公正性、可靠性、科学性等特点。可行性研究报告主要处理两方面的问题：一是确定项目在技术上能否实施，二是如何才能取得最佳效益。

2. 格式与写法

可行性研究报告的格式，一般由标题、目录、正文和附件四部分组成。

（1）标题　标题一般是由"项目主办单位+项目名称+文种"组成。例如：《××学院实践教学基地扩建可行性研究报告》。

（2）目录　目录一般在正文前编写。

（3）正文　正文部分由前言、论证、结论和建议三部分组成。

1）前言。前言部分介绍立项的原因、目的、依据、范围、实施单位、承担者及报告人的简况以及研究工作的依据和范围等。

2）论证。论证一般包括总结、市场分析与产品定位、初步规划与方案优化、投资估算与资金筹措、财务经济分析与评价等部分内容。编制文本时，要以全面、系统的分析方法，以经济效益为核心，围绕影响项目的各种因素，运用大量的数据资料全面论证项目是否可行，对整个项目提出综合分析评价（包括风险评价），提出意见和建议。

3）结论和建议。在前面所作的分析论证的基础上，对项目在技术、经济方面进行全面的综合性评价，指出项目的优缺点，提出结论性意见和建议。

（4）附件　大中型的可行性研究报告一般有必要的附件。根据分析论证的需要，把必要的或不宜写入正文的有关材料以及属于项目可行性研究范围，但在研究报告以外单独成册的文件，列为科研报告的"附件"。所列附件应注明名称、日期、编号。

【例文点评】

例文

××地区30万吨合成氨厂可行性研究报告

一、总说明

随着改革开放的不断深入，××地区的农牧业有了很大的发展，原有的几个小型化肥企业的产品已不能满足当地的需求，近年来，每年都要进口部分化肥。为了适应××地区农牧业生产发展的需求，减少化肥进口，节省外汇，建设一个大型化肥厂实属当务之急。

该项目拟由当地一个中型化肥厂——××化肥厂主办。该厂现有职工1200人，2010年定为国家二级企业。该厂主要产品合成氨为省优产品，年产量为5万吨。

新厂址选在该厂东侧，濒临××河，交通方便。新厂以天然气为原料，占地为贫瘠的荒地。

该项目拟从国外引进必要的技术软件、关键设备及部分特殊材料，总投资为××万元；设计年生产能力为30万吨合成氨，全部加工成尿素，年产量为52.88万吨。

二、市场分析

1）该地区于20世纪90年代末建成了3个小型氮肥厂，当时总产量为年产7.5万吨合成氨。主要加工成硝酸铵、碳酸氢钠等产品，基本上能满足当地农民对化肥的需求。改革开放以来，农民的生产积极性不断提高，陆续开垦了一批荒地，农业生产的规模有了较大的发展，对化肥的需求量逐年增加。目前，该地区合成氨年总产量为18万吨，不能满足生产需求。

2）根据当地农业生产资料公司统计，近两年来农民对化肥的需求仍在不断增加，每年都需要从内地调进20万～30万吨，通过外贸进口10万～20万吨。尽管如此，有一些农民仍需外出自行购买高价化肥。

3）根据当地政府和主管农业部门的调查，当地治理荒山、改造沙漠已初见成效。随着三北防护林的建设和发展，兴修水利投资的增加，可耕地还在不断扩大，对化肥的需求呈上升趋势。

三、原料和能源供应

新厂的主要原料和燃料均采用天然气，由××油田通过管线直接送到厂区。经沟通、测算，该项目所需天然气基本上能保证供应。

四、厂址选择

该厂建在××省××市××区××化肥厂东侧，交通方便，占地面积45公顷，厂区与地理环境适合建造化肥厂。

五、设备与技术

该项目拟引进×国××厂的技术软件和×国××公司的设备、仪器，部分配套设备由国内企业供应（专利技术与设备清单见附表）（略）。

六、建设周期

该项目建设周期为三年，预计2019年正式投产。试生产后，正式投产第一年，负荷为生产能力的75%，第二年为90%，第三年可按满负荷生产。

七、财务测算

1）该项目总投资××万元，其中形成固定资产××万元，流动资金××万元。固定资产所需外汇由国内贷款解决，银行利率为×%。

2）正式投产后，2019年生产尿素为××万吨，按每吨单价××元计算，年销售收入为××万元；前三年每年按10%递增，到第四年全年销售收入可达××万元。

3）生产成本估计

①原材料、燃料、动力消耗额估算（略）。

②原材料、燃料、动力按市场现行价格计算。

③职工工资及福利基金估算（略）。

④生产车间副产品估算（略）。

⑤车间经费、企业管理经费估算（略）。

4）销售税金按出厂价的5%计算。

5）销售利润：

销售收入－成本－税金＝销售利润

销售利润＋营业外收支净额＝利润总额

该项目投产后年利润可达×××万元。

八、偿还贷款估算

（略）

九、评价

（略）

 点评

> 本文正文部分从市场、原料和能源供应、设备与技术、建设周期、财务测算、偿还贷款估算等几个方面对该项目的可行性进行分析。市场是项目的前提，没有市场，经济效益、社会效益都无从说起。原料和能源供应、设备与技术是客观基础；建设周期、财务测算、偿还贷款估算则是从经济角度分析其可行性。

【实践与探究】

1. 实践

请结合专业学习，策划一个与专业有关的创业项目，分小组制订创业方案后，模仿例文起草一份创业项目可行性研究报告，题目自拟，要求符合可行性研究报告的规范要求。

2. 探究

怎样理解可行性研究报告的预测性、科学性、综合性？

 注意事项

1）要坚持实事求是的工作原则。坚持实事求是，具体要注意四个方面：

①要将调查研究贯穿始终，要尽可能多地占有数据资料，使用的材料要真实可靠，不能粗制滥造。

②紧紧围绕可行性论证这一中心来组织材料，有主有次，有详有略。不宜写入正文的有关材料用附件附上。

③论证要实事求是，基本内容要完整而又有深度，其内容深度必须达到国家规定的标准。

④要客观分析风险因素和不确定性，避免分析出现盲点或遗漏。

2）在分析论证方法上要把握好细节问题：

①按照逻辑关系，先论证，后决策。

②处理好项目建议书、可行性研究、评估这三个阶段的关系，哪一个阶段发现不可行都应当停止研究。

③多方案比较，择优选取。对于涉外项目，或者必须有国外接轨的项目，内容及深度应与国际接轨。

④语言准确、简明、富有逻辑性。

⑤为保证可行性研究的工作质量，应保证咨询设计单位有足够的工作周期，防止草率行事。

【课后广场】

知识巩固

以下案例为江苏省×××集团赴非洲××国开展境外加工贸易的可行性研究报告提纲，其内容包括下述十个方面，请尝试运用所学知识分析结构、内容、论证等方面是否合理，并说明原因。

第一章 项目概况，包括企业的名称、性质、总投资规模、注册资本，资金来源，项目负责人，项目背景，可行性研究报告的内容简介。

第二章 合资经营各方的情况。

第三章 市政预测和生产经营计划，包括市场销售预测（近期和远期）、生产规模（一期、二期、三期）、经营规模（销售计划、销售方式）。

第四章 物料供应计划，包括原材料供应，电、水等基础设施的保障。

第五章 合营地点确认，包括厂房的地理位置（平面图）、各种有力的生产经营条件（各种优惠条件）、费用核算。

第六章 项目的设计，包括生产设计、设备选择、环境保护、土建工程要求、消防设施。

第七章 管理机构和职工，包括公司的法律形式、公司领导机构的设置、管理机构的形式、职工人数、工资水平、福利、待遇等的确定（社会保险、医疗费的确定）。

第八章 项目的实施计划，从项目启动到竣工的具体布置。

第九章 投资总额和资本的筹备（总投资、投资比例、出资形式、流动资金）。

第十章 项目的财务与经济评价，包括投资收益率、投资回收期、产品的销售计划表、总成本费用表、利润分析表、盈亏平衡分析表和外汇平衡表。在此基础上得出相应的结论。

强化练习

通过对大学生家教市场活动的观察，某同学意识到家教市场有着较大的利润空间，目前家教行业处于自然发展状态，缺少有实力的、较规范的、有知名度的中介公司，该同学决定筹措资金成立一家家教中介服务公司，请代为拟一份可行性研究报告。

【相关链接】

可行性研究报告的分类

1. 用于企业融资、对外合作项目的可行性研究报告

此类研究报告通常要求市场分析十分准确、投资方案十分合理，并提供竞争分析、营销计划、管理方案、技术研发等实际运作方案。

2. 用于需批准立项经济项目的可行性研究报告

此类研究报告是一些重要项目立项的基础性文件，一般报上级主管部门审批，如各级政府的发展和改革委员会等部门。上级主管部门可根据可行性研究报告进行核准、备案或批复，决定项目是否实施。另外，医药企业在申请相关证书时也需要编写可行性研究报告。

3. 用于银行项目贷款的可行性研究报告

商业银行在放贷前必须进行风险评估，需要项目贷款方出具详细的可行性研究报告。对于国家开发银行等国内银行，该报告由甲级资格单位出具，通常不需要再组织专家评审。

4. 用于申请进口设备免税项目的可行性研究报告

此类研究报告主要用于进口设备免税。

5. 用于境外投资项目核准的可行性研究报告

中国企业对国外矿场资源和其他产业投资时，需要编写可行性研究报告给国家发展和改革委员会或省级发展和改革委员会；需要申请中国进出口银行境外投资重点项目信贷支持时，也需要可行性研究报告。

第3篇 实用口才训练

　　口才，在当今社会已经成为决定一个人生活及事业优劣成败的一个极为重要的因素。在人的各种能力中，口才是一个人学识、才干和智慧的重要标志。一流的口才，可以使你的表达更清晰，可以使你的话语更动听，可以使你的说理更有力，可以使你的人际关系更融洽——所谓"良言一句三冬暖""三寸不烂之舌，胜于雄兵百万"说的就是这个道理。当然，好的口才还需要说好普通话，拥有严密的逻辑思维，积累丰富的词汇和渊博的知识，具有良好的心理素质和自信心，对人诚恳等。只有这样，说出的话才有分量，才能产生强于百万雄师的威力。

　　口才训练既是个人生存发展的需要，也是社会发展与职业能力培养的需要。口才训练包括口语表达内容的训练和口语表达技能、技巧的训练，二者相互依存，缺一不可。亲爱的同学们，只要你们愿意去学，坚持去学，拥有高超的口才是完全可能的。希望同学们能够按照本篇介绍的技巧和方法坚持训练，同学们的口才必定会有明显的进步。言谈间，你的师长、你的家人、你的同学、你的朋友就会对你产生"士别三日，当刮目相看"的感觉。

第6章　基础口才训练

6.1 说好普通话

【知识坊】

1. 普通话的概念与特点

普通话是以北京语音为标准音，以北方话为基础方言，以典范的现代白话文著作为语法规范的我国国家通用语言。它是不同方言区及国内不同民族之间的通用语言，是以汉语拼音方案为拼读和书写规范的语音系统。

普通话有鲜明的特点：声调变化高低分明，音节响亮，节律感强，语汇丰富精密，句式灵活多样，能适应交际和社会发展的需要。

2. 说好普通话的意义

我国地域辽阔，民族众多，在长期的历史发展过程中，各地区因为政治、经济、文化发展的不平衡，形成许多不同的方言，给人们的交流、交际带来一定的障碍。例如下面一段对话（发音）：

甲："他收里拿追张杀呢？"

乙："骂湾儿，我不日到。"

丙："并吻俩，我搞你锁，那四一张请华侨搞通报的顶瓢。"

对话的三个人，分别是河北唐山、天津和山东胶东地区人士。他们三人在用各自的方言与他人交谈，使得不懂这些地区方言的人很难听得懂他们谈话的内容。他们三人对话的内容其实是：

甲："他手里拿着一张啥呢？"

乙："什么玩艺儿？我不知道。"

丙："不用问了，我告诉你说，那是一张请华侨、港澳同胞的电影票。"

可见，说好普通话是非常重要的。不能说好普通话，会给人与人之间的交流带来很多麻烦甚至误会。2001年1月1日实施的《中华人民共和国国家通用语言文字法》明确规定："凡以普通话作为工作语言的岗位，其工作人员应当具备说普通话的能力。""国家推广普通话，推行规范汉字。"这在法律层面上保证了普通话的推广和普及。养成说普通话的习惯，说好普通话是职业学校学生必备的基本功，是提高学生口语表达能力的前提，是更好地与他人进行交流、交际的保障，能够更好地促进学生的学习和就业，更好地推动社会的大融通、大交流、大发展。

3. 普通话的语音

语音是语言的表现形式，是语意的依托。普通话语音系统主要包括声母、韵母、声调、音节以及变调、轻声、儿化等。学好一种语言，首先要学好语音；学好语音，关键在于发音练习。要记住汉字的正确读音，多读多练，才能不断提高自己说好普通话的水平。

一般来说，一个汉字就是一个音节，普通话的音节一般由声母、韵母、声调三部分构成。

1）普通话的声母。普通话的声母是指音节开头的辅音，共有 22 个，包括 21 个辅音声母和 1 个零声母。辅音声母包括 b p m f d t n l g k h j q x zh ch sh r z c s。零声母是指不以辅音声母开头，韵母独立成音节，例如"奥"（ào）、"一"（yī）、"五"（wǔ）。

普通话的声母按发音部位的不同，分为以下三类：

唇　音：双唇音　b p m　　　　　　　唇齿音　f
舌尖音：舌尖前音（平舌音）　z c s　　舌尖中音　d t n l
　　　　舌尖后音（翘舌音）　zh ch sh r
舌面音：舌面前音　j q x　　　　　　　舌面后音　g k h

声母中容易混淆的有：舌尖前音（平舌音）z、c、s 和舌尖后音（翘舌音）zh、ch、sh。区别二者的方法有以下两种：

① 利用形声字声旁类推。例如"章"（zhāng）是翘舌音，由此可类推"樟""彰""障""蟑"都是翘舌音；"曾"（zēng）是平舌音，由此可类推"蹭""增""憎""赠"都是平舌音，以一个记一批。

② 利用声母和韵母的配合规律来区别。普通话中 ua、uai、uang 三个韵母只跟 zh、ch、sh 相拼，不跟 z、c、s 相拼，遇到这些韵母的字，声母肯定是翘舌音。例如：

装（zhuāng）　　窗（chuāng）　　霜（shuāng）
拽（zhuài）　　　揣（chuāi）　　　衰（shuāi）
抓（zhuā）　　　刷（shuā）

普通话中前鼻韵母 en 与 z、c、s 相拼的字极少，常见的字只有"怎""森""岑""涔"等几个；其他都与 zh、ch、sh 相拼，如真、沉、神、生……都是翘舌音。

2）普通话的韵母。普通话的韵母是指字音中除声母和声调以外的部分，共有 39 个。

① 根据结构，韵母可分为单韵母、复韵母、鼻韵母。

单韵母（10 个）：a o e ê i u ü -i（前）-i（后）er
复韵母（13 个）：ai ei ao ou ia ie ua uo üe iao iou uai uei
鼻韵母（16 个）：前鼻韵母 an en in ün ian uan üan uen
　　　　　　　　 后鼻韵母 ang eng ing ong iang uang ueng iong

② 根据韵母开头的发音口形，把韵母分为"四呼"：

开口呼（15 个）：a o e ai ei ao ou an en ang eng ê -i（前）-i（后）er
齐齿呼（9 个）：i ia ie iao iou ian in iang ing
合口呼（10 个）：u ua uo uai uei uan uen uang ueng ong
撮口呼（5 个）：ü üe üan ün iong

韵母中容易混淆的有前鼻音 an、en、in 与后鼻音 ang、eng、ing。区别前、后鼻音韵母的方法有两种：

① 利用汉字声旁类推的方法。例如"正"（zhèng）是后鼻音，由此可类推"政""整""证""征""症"等都是后鼻音；"真"（zhēn）是前鼻音，由此可类推"镇""缜""慎"

等都是前鼻音。

② 借助声母和韵母的配合规律来区别。普通话中 d、t 只跟后鼻音 eng、ing 相拼，不跟前鼻音 en、in 相拼。

3）普通话的声调。普通话的声调是指音节的音高变化的不同类型，是汉语音节中不可缺少的部分，具有区别词义的作用。例如"主人"（zhǔ rén）和"主任"（zhǔ rèn）就是由于声调的不同来区别意义的。

普通话有四个调类（四声）：

阴平调：（一声）起音高高一路平　　阳平调：（二声）由中到高往上升
上声调：（三声）先降后升曲折起　　去声调：（四声）高起猛降到底层

标调口诀：a 母出现莫放过，没有 a 母找 o、e，iu、ui 两韵标在后，i 上标调把点抹，单个元音头上画，轻声音节不标调。

4. 普通话的语流音变

在说话过程中，由于相连音节的相互影响或表情达意的需要，有些音节的结构发生不同程度的变化，这种现象叫作语流音变。语流音变是有一定规律的，掌握这些规律可以使普通话说得自然和谐，不生硬别扭。普通话中语流音变的规律主要体现在四个方面：

（1）变调　在语流音变中，由于相连音节的相互影响，使某个音节本来的调值发生了变化，这种变化叫作变调。普通话的变调有两类——上声变调和"一""不"变调。

1）上声变调的规律。在阴平、阳平、去声、轻声前（非上声前）念半上，即只降不升。如：

上声＋阴平　　火车　　老师　　百般　　警钟　　省心
上声＋阳平　　祖国　　考察　　朗读　　导游　　揣摩
上声＋去声　　广大　　讨论　　考试　　土地　　感谢
上声＋轻声　　脑袋　　嘴巴　　尾巴　　老婆　　伙计

两个上声相连，前一个念直上。如：

上声＋上声　　老马　　领导　　可以　　演讲　　懒散

2）"一""不"变调的规律。"一"的单字调值是阴平声（yī），在非去声前念去声（yì）；在去声前念阳平（yí）。如：

一般　　一边　　一头　　一行　　一举　　一早　　一帆一桨一渔舟
一半　　一旦　　一会儿　一切　　一再　　一度　　一个渔翁一钓钩

"不"的单音调值是去声（bù），在去声前念阳平（bú）。如：

"不"＋去声：不正之风　　不负责　　不必　　不要　　不但　　不错

"一""不"夹在词语中间念轻声。如：

试一试　　瞧一瞧　　尝一尝　　穿不穿　　好不好　　看不清

（2）轻声　语流音变中的有些音节失去了原有的声调，念得又短又轻，这种音节就是轻声。轻声作为一种变调的语音现象，一定体现在词语和句子中，不能独立存在。轻声的规律大致有以下几种：

1）方位名词的第二个音节读轻声。如：

北边　　上面　　里头　　地下　　前头　　中间

2）叠音词的第二个音节读轻声。如：

妈妈　　姥姥　　跳跳　　尝尝　　马马虎虎　　淅淅沥沥

3）助词和语气词一般读轻声。如：

的　　地　　得　　着　　了　　过　　呢　　吗　　啊

4）子、儿、头、么作词缀及表示多数的"们"一般读轻声。如：

儿子　　椅子　　鸟儿　　花儿　　木头　　看头　　什么　　那么　　他们

5）动词的某些结果补语读轻声。如：

站住　　打开　　关上　　看见　　吃下　　进来

6）部分词语的衬字读轻声。如：

糊里糊涂　　黑不溜秋　　啰里啰唆　　邋里邋遢

7）口语中历史悠久的双音节词语，第二个音节读轻声。如：

玻璃　　时候　　告诉　　行李　　凉快　　窗户　　朋友　　粮食　　头发
先生　　脑袋　　拾掇　　商量　　明白　　萝卜　　唠叨　　胳膊　　吩咐
亮堂　　风筝

轻声在语言里不只是语音问题，有些词的轻声也有区别词义和确定词性的作用，如：

1）东西 dōng xi 指一般抽象或具体的事物；东西 dōng xī 指东方和西方。

2）精神 jīng shen 指一个人表现出来的活力；精神 jīng shén 指人的意识、思维活动和一般的心理状态。

（3）儿化韵　在语流音变中，后缀"儿"字不另成音节，而和前面的音节合读，使前面音节的韵母成为卷舌韵母，这种音变现象叫"儿化韵"。儿化韵的发音有两条基本规律：

1）便于卷舌的直接加"r"。"便于卷舌"指的是韵母的发音开口度较大，与卷舌不冲突。如：

鲜花儿 xiānhuar　　大伙儿 dàhuǒr　　唱歌儿 chànggēr　　白兔儿 báitùr

2）不便于卷舌的就加"er"。"不便于卷舌"指的是韵母的开口度较小，或是鼻韵母的韵尾、发音动作和卷舌发生冲突，就在主要元音后加"er"。如：

小鸡儿 xiǎojier　　金鱼儿 jīnyuer　　电影儿 diànyǐnger　　手绢儿 shǒujuàner

儿化韵常常带有某种特殊的感情色彩。例如：

红红的小脸蛋儿（喜爱的感情）　　他是一个慈祥的老头儿（亲切的语气）

（4）"啊"的音变　"啊"在句末，往往与前一音节连读时产生音变。音变的规律有以下四种：

1）在 a、o、e、i、ü 等元音后念 ya。如：

多么迷人的秋色啊（ya）！　　你到哪去啊（ya）？　　原来是他啊（ya）！
好大的雨啊（ya）！　　这个小孩儿真可爱啊（ya）！

2）在 u、ao、iao 后念 ua。如：

大厅里在展销新书啊（ua）！　　这葡萄长得多好啊（ua）！

3）在 zh、ch、sh 和 er 后念 ra，在 zi、ci、si 后念 za。如：

这是一首多好听的诗啊！（ra）　　你倒是快点吃啊（ra）！
你来过几次啊（za）？　　多帅的字啊（za）！　　不要自私啊（za）！

4）在前鼻韵母 n 后念 na，在后鼻韵母 ng 后念 nga。如：

真是风调雨顺啊（na）！　　好大的烟啊（na）！　　这事情办得真冤啊（na）！

这有什么用啊（nga）！　　真漂亮啊（nga）！　　这木头真硬啊（nga）！

以上是语流音变的一些规律，了解这些规律，并在口头交流中经常运用，能有助于说好普通话。

【训练场】

1. 什么是普通话？联系实际，谈谈说好普通话的重要性。
2. 平舌、翘舌声母发音训练，读准每一个词，注意克服平舌、翘舌的混淆。

1）双音节平舌音发音训练：

| 存在 | 早餐 | 才子 | 赠送 | 操作 | 字词 | 琐碎 | 自尊 |
| 色彩 | 遵从 | 色泽 | 沧桑 | 粗俗 | 草丛 | 思索 | 罪责 |

2）双音节翘舌音发音训练：

| 住宅 | 山水 | 追溯 | 出差 | 首长 | 闪烁 | 征收 | 充实 |
| 郑重 | 长城 | 始终 | 忍让 | 书生 | 商场 | 照射 | 侦查 |

3）平舌、翘舌发音综合训练：

z——zh　自治　尊重　增长　做主　杂志
zh——z　制造　准则　种族　转载　职责
c——ch　促成　操场　财产　此处　存储
ch——c　纯粹　储藏　差错　尺寸　吃醋
s——sh　松树　算术　损失　三十　森山
sh——s　收缩　山色　十四　申诉　上司

称赞	沉思	场所	春蚕	贮藏	沼泽	疏散	师资	至少
采摘	四周	伤势	随时	丝绸	数字	市长	辞职	震慑
称颂	早晨	珍藏	措施	沉醉	素质	纯粹	参差	遭受

3. j、q、x声母发音训练，读准每一个词，注意克服舌尖音。

1）j声母发音训练：

焦急　究竟　即将　聚集　寂静　经济　借机　讲解　坚决

2）q声母发音训练：

亲戚　齐全　情趣　秋千　蹊跷　亲情　确切　前去　祈求

3）x声母发音训练：

消息　新鲜　纤细　兴修　小徐　现象　新禧　信箱　新型

4）j、q、x声母发音综合训练：

精细	情绪	尽心	急切	谢绝	减轻	期间	迁徙	强劲
全新	吸取	休憩	计息	积雪	闲居	袭击	切忌	激情
俊俏	即席	选集	情景	新区	清晰	健全	权限

4. r、y声母发音训练，读准每一个词，注意克服r、y的混用。

1）r声母发音训练：

仍然　惹人　容忍　柔软　溶入　忍让　荣辱　荣任

2）y声母发音训练：

永远　语言　耀眼　营养　引用　阴影　拥有　游泳

3）r、y 声母发音综合训练：

容易　任意　荣誉　燃油　日益　乳液　软硬　容颜
要让　诱人　圆润　悠然　萦绕　艺人

5．n、l 声母发音训练，读准每一个词，注意克服 n、l 的混淆。

1）n 声母发音训练：

奶牛　男女　南宁　泥泞　恼怒　能耐　难能　忸怩

2）l 声母发音训练：

流利　嘹亮　玲珑　劳力　流浪　理论　绿柳　联络

3）n、l 声母发音综合训练：

努力　你来　留念　李宁　奶酪　连年　能力　理念
烂泥　耐劳　尼龙　冷凝　牛郎　老农　奴隶　年龄

6．韵母训练，读准每一个词，注意克服前鼻韵母、后鼻韵母的混淆。

1）an（ian uan üan）、ang（iang uang）鼻韵母发音训练：

邯郸　安源　南山　班禅　繁难　艰险　连绵　眼前
元件　捐献　演员　干练　商量　刚强　莽撞　上当
堂皇　将相　帮忙　乡长　上访　慌张　香港　湘江
勉强　反抗　典当　擅长　涵养　健康　项链　强健
莽原　航天　方便　常年　年长　防线　闲逛　向前
天亮　想念　上天　现场　商店　坚强　长篇　繁忙

2）en、eng 鼻韵母发音训练：

粉尘　身份　沉沦　本人　深圳　瘟神　升腾　更正
逞能　风筝　生成　耿耿　奔腾　春耕　本能　纷争
人生　成本　胜任　冷门　承认　彭真　锋刃　诚恳

3）in（un）、ing 鼻韵母发音训练：

薪金　濒临　金银　亲信　进军　阴云　行星　兵丁
清静　秉性　命令　精灵　引擎　进行　心灵　银屏
金星　巡警　迎新　命运　陵寝　灵敏　青筋　经营

7．语音变调"啊"训练。

嗬！好大的雪啊！

小心啊，别把手指割掉。

为什么白白走这一遭啊？

可真是一方水土养一方人啊！

满桥豪笑满桥歌啊！

雪大路滑，当心啊！

是啊，我们有自己的祖国，小鸟也有它的归宿，人和动物都是一样啊！

人生会有多少个第一次啊！

8．朗读诗词，读准每一个字的韵母。

清平乐·六盘山
毛泽东

天高云淡，望断南飞雁。不到长城非好汉，屈指行程二万。
六盘山上高峰，红旗漫卷西风。今日长缨在手，何时缚住苍龙？

登　高
杜甫

风急天高猿啸哀，渚清沙白鸟飞回。
无边落木萧萧下，不尽长江滚滚来。
万里悲秋常作客，百年多病独登台。
艰难苦恨繁霜鬓，潦倒新停浊酒杯。

无　题
李商隐

相见时难别亦难，东风无力百花残。
春蚕到死丝方尽，蜡炬成灰泪始干。
晓镜但愁云鬓改，夜吟应觉月光寒。
蓬山此去无多路，青鸟殷勤为探看。

9. 绕口令训练。说绕口令既可以使人口齿清楚、发音准确，也可以使人产生愉悦的感受。反复读下面的绕口令，由慢到快，直到背熟为止，听听哪位同学说得既清晰又准确。

1）四是四，十是十，十四是十四，四十是四十。要想念对四和十，得靠舌头和牙齿。谁说四十是"戏习"，谁的舌头没用力；谁说四十是"事实"，谁的舌头没伸直。要想念对四和十，常练十四、四十、四十四。

2）宿舍前栽了四十四棵杉树，宿舍后栽了三十三棵桑树。户主老胡是糊涂，分不清杉树和桑树，他把杉树当桑树，又把桑树当杉树。三叔拿来植树书，看着树书去认树。户主老胡不糊涂，终于分清了哪是桑树和杉树。

3）知之为知之，不知为不知，不以不知为知之，不以知之为不知，唯此才能求真知。

4）粉红墙上画红粉凤凰，红粉墙上画粉红凤凰。红粉凤凰画红粉墙上，粉红凤凰画红粉墙上。红粉凤凰放粉红光，粉红凤凰放红粉光。

5）黑化肥发灰，灰化肥发黑。黑化肥发灰会挥发，灰化肥挥发会发黑。黑化肥挥发发灰会花飞，灰化肥挥发发黑会飞花。

6）七巷一个漆匠，西巷一个锡匠，七巷漆匠偷了西巷锡匠的锡，西巷锡匠偷了七巷漆匠的漆。

7）六十六岁刘老六，修了六十六座走马楼，楼上摆了六十六瓶苏合油，门前栽了六十六棵垂杨柳，柳上拴了六十六个大马猴。忽然一阵狂风起，吹倒了六十六座走马楼，打翻了六十六瓶苏合油，压倒了六十六棵垂杨柳，吓跑了六十六个大马猴，气死了六十六岁刘老六。

8）姓吕的女同志，是女吕同志还是吕女同志，应该是女吕同志不是吕女同志，以区别于男吕同志。

9）班干部管班干部，班干部让班干部管班干部，班干部就管班干部；班干部不让班干部管班干部，班干部就管不了班干部。

10）长扁担捆上短板凳，短扁担捆上长板凳。短板凳凳短，长扁担绑不上短板凳；长板凳凳长，短扁担绑上了长板凳。

10. 组织召开一次班级故事会，每个同学都用普通话讲一则故事，比一比谁的普通话说得好。

6.2 诵读

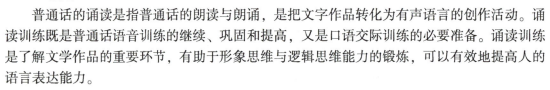

诵读

【知识坊】

1. 概述

普通话的诵读是指普通话的朗读与朗诵，是把文字作品转化为有声语言的创作活动。诵读训练既是普通话语音训练的继续、巩固和提高，又是口语交际训练的必要准备。诵读训练是了解文学作品的重要环节，有助于形象思维与逻辑思维能力的锻炼，可以有效地提高人的语言表达能力。

2. 朗读与朗诵的区别

朗读就是朗声读书，即运用普通话把书面语言用有声语言清晰、响亮、富有感情地读出来，变文字这个视觉形象为听觉形象的一种语言活动。朗读是一种口头语言表达艺术，文学作品是朗读的依据。

朗诵就是用清晰、响亮的声音，结合各种语言手段来表达作品思想感情的一种语言艺术。它具有艺术直观性、再现表演性、身份二重性的特点。朗诵者借助语速、语顿、语气、轻重等方面富于变化的个性化表现手段，将朗诵材料转化为一种艺术表演。

朗读和朗诵都是口语交际的重要形式。朗读是朗诵的基础，有感情的朗读就接近于朗诵。成功的朗读和朗诵，都可以克服文字语言的局限性，使作品富有更强的感染力，但朗诵又不同于朗读，二者的不同主要体现在以下几个方面：

1）朗读是一种原文再现，强调的是忠于原文；朗诵是一种再创造，属于艺术表演范畴，在忠于原文的基础上进行适当的艺术加工。

2）朗读的材料是各类文章；朗诵一般是以情感人、以理服人的文学艺术作品。

3）朗读是一种教学手段或一般交际工具；朗诵是一种口语艺术形式，比朗读更注重情感的表达与抒发。

4）朗诵在音域、音质及技巧等方面比朗读有更高的要求。

5）朗诵比朗读更多地运用各种态势语来加强表达的效果，朗诵更具艺术感染力。

3. 诵读的基本要求

（1）正确把握作品内容　首先要明确作品的思想内涵、感情基调，力求对作品有全面的了解。不同的作品，有着不同的感情基调。或庄重或诙谐、或欢快或悲伤、或沉郁或从容，这些感情基调，多是由作品的主题决定的。理解了作品的主题和作者的创作意图，诵读时就可以正确地把握好作品的感情基调。

（2）披情入理　诵读者要把握住作品的真情实感，确定诵读时的感情基调，并用有声语言传达出来，以引起听众的感情共鸣。一个优秀的诵读者，总是在诵读之前努力使自己进入作品的情境中去，使自己的感情为作品中的喜、怒、哀、乐所牵动。诵读者只有受到了感染和教育才能准确领会、把握作品的思想内容，才能做到声情并茂，从而感动听众。

（3）语音标准　诵读者要做到每个字的声、韵、调读音标准。语流音变要准确，要忠于原作品，做到不丢字、不添字、不换字，多音字、异读词的读音要准确规范。

（4）吐字清晰响亮　诵读者要想取得好的诵读效果，吐字必须清晰、圆润、有力，不能含混不清、滑音吃字。

（5）语调自然流畅　诵读者要用普通话语调自然地诵读短文，不读"破词""破句"，既不能重复读，也不能按词读。要做到连贯顺畅、语速得当，停顿、断句要符合语意表达的需要。

（6）感情自然贴切　诵读者应以情带声，恰当运用各种诵读技巧，最好能根据不同内容、不同风格，尝试用不同的语气、语调诵读，或慷慨激昂、或轻松愉快、或深沉含蓄、或缠绵悱恻，以引起听众想象，激发听众情感，获得听众共鸣。

（7）态势恰当、注意交流　诵读者的态势要恰当、优雅、自然，这是诵读成功不可缺少的条件。手势运用要少而精、自然而果断，形体姿态要端庄大方、彬彬有礼，以给人留下良好的印象。

【经典吧】

话谱说明："＿＿"表示重音，"↗"表示升调，"↘"表示降调，"｜"表示停顿，"∨"表示吸气，"ˉ"表示延音。

《海燕》朗诵：海燕在暴风雨来临之前，常在海面上飞翔。因此，在俄文里，"海燕"一词含有"暴风雨的预言者"之意。在高尔基充满激情的描绘中，海燕的勇敢形象更给人一种鼓舞人心的力量。

海　燕
高尔基

（A. 写大海上风暴初起，海燕渴望着暴风雨的来临）

在<u>苍茫</u>的大海上，狂风<u>卷集</u>着乌云。在乌云和大海之间，<u>海燕像黑色的闪电</u>，在高傲地飞翔。

（这是暴风雨的前奏，"像黑色的闪电"，朗诵时要表现出海燕矫健勇猛的雄姿，因此要有力度，中速，感情兴奋、激动。"高傲"，朗诵时要表现出蔑视乌云的大无畏的革命精神）

一会儿｜翅膀碰着波浪，一会儿｜箭一般地直冲向乌云，它叫喊着，——就在这鸟儿勇敢的叫喊声里，乌云｜<u>听出了欢乐</u>。

（朗诵重读这几个动词时，要表现出海燕朝气蓬勃、斗志旺盛和英勇无畏的气概。"乌云听出了欢乐"，朗诵时要反衬海燕高昂的斗志）

在这叫喊声里——充满着对暴风雨的渴望！在这叫喊声里，乌云听出了愤怒的力量、热情的火焰和胜利的信心。

（这一段说明暴风雨具有荡涤一切污泥浊水、彻底摧毁旧世界的巨大威力，同时也暗示乌云必将失败）

（下面三段，揭露了资产阶级和形形色色的机会主义者在革命风暴到来前的丑态）

海鸥∨在暴风雨来临之前呻吟着，——呻吟着，它们在大海上飞窜，想把自己对暴风雨的恐惧，掩藏到大海深处。

（朗诵第一句时，用中速，讽刺语气，用拖腔，即采用延长音节的方法突出本段重音）

海鸭∨也在呻吟着，——它们这些海鸭啊，享受不了生活的战斗的欢乐：轰隆隆的雷声就把它们︱吓坏了。

（朗诵这一段时，中速，用讽刺、蔑视的语气。"海鸭"与"呻吟着"用延长音节的方法突出重音；破折号后面的内容要有鄙夷不满的语气，"生活的战斗的"用高昂的语气。"吓坏"强调性重音，读出对海鸭的不屑一顾的语气）

蠢笨的企鹅，胆怯地把肥胖的身体躲藏到悬崖底下……只有那高傲的海燕，勇敢地，自由自在地，在泛起白沫的大海上飞翔！

（朗诵这一段时，中速，用讽刺、蔑视的语气。通过重读"企鹅"与"躲藏"表现企鹅的形象。后面一句，指英勇雄健的海燕，即革命先驱者的形象更突出更高大。朗诵时，要有一定的力度，渐快、兴奋、骄傲）

（B.写暴风雨越来越逼近，海燕勇敢地迎接暴风雨）

乌云越来越暗，越来越低，向海面直压下来，而波浪一边歌唱，一边冲向高空，去迎接那雷声。

（这一段说明乌云猖獗，海浪充满乐观主义精神，主动向乌云进攻。朗诵时，速度由慢到快，语气深沉，感情愤怒）

雷声轰响。波浪在愤怒的飞沫中呼叫，跟狂风争鸣。看吧，狂风紧紧抱起一层层巨浪，恶狠狠地把它们甩到悬崖上，把这些大块的翡翠摔成尘雾和碎末。

（这一段写风的猖狂气焰。即反动统治的残暴和对人民革命运动的疯狂镇压。朗诵时，速度快，语气急促，感情愤怒）

海燕叫喊着，飞翔着，像黑色的闪电，箭一般地穿过乌云，翅膀掠起波浪的飞沫。

（这一段表现出高傲的海燕英姿焕发、斗志昂扬、喊得更欢、飞得更疾。朗诵时速度渐慢，表达出勇敢、沉着、从容的感情）

看吧，它飞舞着，像个精灵，——高傲的、黑色的暴风雨的精灵，——它在大笑，它又在号叫……它笑那些乌云，它因欢乐而号叫！

（朗诵前面一句时，语气要坚定有力，要表现出海燕的勇猛和智慧；朗诵后面一句时，声音洪亮、雄壮、毫不畏惧，要表现出海燕蔑视反动势力、敢于斗争的浓烈的革命乐观主义精神和更旺盛的战斗意志）

这个敏感的精灵，——它从雷声的震怒里，早就听出了困乏，它深信乌云︱遮不住太阳，——是的，遮不住的！

（朗诵时用延长音节的方式突出重音"早就"，要表现出无产阶级革命者的预见性和深刻的洞察力；后一句语气要坚定有力）

（C. 写暴风雨即将来临，海燕热情地呼唤暴风雨）

狂风∨吼叫……雷声∨轰响……

一堆堆乌云，像青色的火焰，在无底的大海上燃烧。大海抓住闪电的箭光，把它们熄灭在自己的深渊里。这些闪电的影子，活像一条条火蛇，在大海里蜿蜒游动，一晃∨就消失了。

（愤怒的大海吞没了乌云、闪电。大海的胜利象征着人民的力量战胜反动势力，显示人民的力量定能战胜反动势力。朗诵时速度渐快，情绪振奋、激昂）

——暴风雨！暴风雨就要来了！

这是勇敢的海燕，在怒吼的大海上，在闪电中间，高傲地飞翔；这是胜利的预言家在叫喊：

（这是渴望和勇敢迎接暴风雨到来的无产阶级革命先驱者的形象。朗诵时速度要快，要表现出朝气蓬勃、斗志昂扬的情绪）

——让暴风雨｜来得更猛烈些吧！

（这是无产阶级革命战士向人民群众发出的震撼人心的战斗号召；它体现了苦难深重的被压迫人民对革命的渴望；它表现了无产阶级革命战士高瞻远瞩、敢于斗争、勇于胜利的大无畏的彻底革命精神。朗诵时声音浑厚洪亮、速度更快，有极强的力度，语调高昂，语气有暴发的气势，感情振奋而激越）

【启迪厅】

1. 诵读的基本技巧

（1）停顿　停顿时间的长短与段落、句子、标点符号都有关联。段落与段落之间的停顿时间最长，句子与句子之间的停顿略短，而标点停顿的时间最短。就标点符号来说，又因符号不同而停顿的时间也各不相同：句号、问号、感叹号与删节号的时间较长，分号、破折号、冒号次之，逗号较短，顿号最短。有时没有标点符号的地方，由于语气的需要也要暂时停顿，这种停顿虽也有断句的作用，但是气不可以中断。

（2）速度　文章的内容影响着诵读的速度，通常表现高兴、紧张、害怕、激动、愤怒等内容时速度较快，表现悲伤、失望、生病、哭泣等内容时速度较慢。

（3）轻重　因为重读的字词不同，所强调的重点就不一样，重音用得适当，可以使语句的意思更加鲜明，从而表达不同的意义。

（4）升降　升降指的是语句里的声音高、低、升、降的变化。语句里有了这些变化，才会有动听的语调。声音的高、低、升、降是指抑、扬、顿、挫的搭配，搭配得当，节奏感好，词句就富有音乐的美感。句调的升降变化，虽是对整句说的，但是一句话的句调发生特别显著的变化，却是表现在最末的一个音节上。句调一般有如下四种变化：

1）高升调。前低后高，语气上扬，表示鼓励、号召、反问、申诉等感情。

2）降抑调。前高后低，语气降低，表示果敢、坚决、自信、赞扬等感情。

3）平直调。整个语句平直舒缓，没有明显的高低变化，表示悲痛、冷淡、庄严等感情，一般的叙述或说明也用平直调。

4）曲折调。句调有曲折变化，一般开始和结尾的声音比较低，中间的声音升高，表示惊讶、怀疑、讽刺、双关等复杂的感情。

（5）气音　表示感叹、惊讶等感情或者模仿某种声音时，往往用到一种气大于声的声音，这就是气音（也叫虚声）。发气音时声门要收缩，类似耳语。例如"轻轻的我走了，正如我轻轻的来"（《再别康桥》）。诵读这两句诗时，多数字音尤其是"轻轻的"三个字都要用气音。

（6）颤音　表示某种特殊的激动情绪和特定的声音时，让声门开放和阻塞急速交替变化，使声音稍带颤抖，这种声音称为颤音。例如：

东郭先生拉住老农，把事情的经过告诉了他，然后问道："我应该让狼吃吗？"《东郭先生和狼》

诵读这句话时，为了表现东郭先生当时战战兢兢害怕的神情，他的问话可用稍带颤抖的声音来读。

（7）拖腔　表示领悟、回忆、迟疑支吾、气力不足、声音微弱或者惊呼、断续等特殊情况时，有意地将某些声音拖长，这类声音叫作拖腔。例如：

我扑到指导员身上大声地喊："指导员……指导员……"好半天，他才微微睁开眼，嘴里叨念着："书……书……"。（《珍贵的教科书》）

这段话中省略号前的音节都要用适当拖长的声音。前者表示惊呼，后者表示声音微弱断续。

（8）泣诉　表示悲痛、哀伤等情态时，往往使声音带上一定的呜咽哭泣的色彩，这种声音就是泣诉。例如：

敬爱的周总理，我无法到医院去瞻仰你，只好攥一张冰冷的报纸，静静地伫立在长安街的暮色里。（《一月的哀思》）

为了表达对周总理逝世的哀痛心情，诵读时前两句宜适当地带些哭诉的色彩。

（9）笑语　表示欢快或者嘲讽而发笑的情态时，使声音带些笑的色彩，这种声音就是笑语。例如：

冒出火焰来了！……多么温暖多么明亮的火焰啊！简直像一支小小的蜡烛。（《卖火柴的小女孩》）

诵读这几句话时，要轻快略带笑语，以表现卖火柴的小女孩看见火焰时那欢快喜悦的心情。

（10）拟声　用口语模仿某种声响叫作拟声。拟声多用象声词，虽然做不到惟妙惟肖，但也要避免呆板，力争接近模仿的声响。例如：

船从漩涡中冲过，只听得一片哗啦啦的水声。（《长江三峡》）

忽然听见轰隆隆的爆炸声，把屋子震得摇晃起来，窗户纸哗啦哗啦响。

这两段话中的象声词"哗啦啦""轰隆隆""哗啦哗啦"，诵读时都应用拟声来读，从而表现出较真实的声响效果。

2. 不同文体的诵读技巧

（1）诗歌的诵读　诵读诗歌要注意突出诗歌语言的节奏感和韵律美，节奏要读得鲜明，韵脚要读得清晰而响亮，力求把听众引入诗的境界中。由于诗歌的语言较为凝炼，内容跳跃性大，因此要注意读得稳些，以便使听众有联想的余地。如诵读《有的人》一诗：

有的人｜<u>活</u>着，
他已经<u>死</u>了；
有的人<u>死</u>了，
他还<u>活</u>着。
有的人｜
<u>骑</u>在<u>人民头</u>上："啊，我<u>多伟大</u>！"
有的人｜
<u>俯</u>下身子给人民当<u>牛马</u>。
有的人｜
把名字刻入石头，想"<u>不朽</u>"；
有的人
情愿作<u>野草</u>，等着地下的火｜<u>烧</u>。
有的人
<u>他活着</u>｜<u>别人</u>｜就<u>不能活</u>；
有的人｜
<u>他活着</u>｜为了多数人｜<u>更好地活</u>。
骑在人民头上的
<u>人民把他</u>｜<u>摔垮</u>；
给人民作牛马的
<u>人民永远记住他</u>！
把名字｜刻入石头的
名字｜<u>比尸首烂得更早</u>；
只要春风吹到的地方
<u>到处</u>V是<u>青青的野草</u>。
他活着别人｜就不能活的人，
他的下场｜<u>可以看到</u>；
他活着为了多数人更好地活的人，
<u>群众</u>V把他抬举得｜<u>很高</u>，｜<u>很高</u>。

（2）小说的诵读　诵读小说首先要注意把握作品的思想内容和感情脉络，揣摩作品中人物的性格特征，拟定他们的语调、语气，可以适当运用模拟发音法。如诵读《祝福》中的一段：

她张着口怔怔的站着，直着眼睛看他们，接着也就走了，似乎自己也觉得没趣。但她还妄想，希图从别的事，如小篮，豆，别人的孩子上，引出她的阿毛的故事来。倘一看见两三岁的小孩子，她就说：

"唉唉，我们的阿毛如果还在，也就有这么大了……"

孩子看见她的眼光就吃惊,牵着母亲的衣襟催她走。于是又只剩下她一个,终于没趣的也走了,后来大家又都知道了她的脾气,只要有孩子在眼前,便似笑非笑的先问她,道:

"祥林嫂,你们的阿毛如果还在,不是也就有这么大了么?"

她未必知道她的悲哀经大家咀嚼赏鉴了许多天,早已成为渣滓,只值得烦厌和唾弃;但从人们的笑影上,也仿佛觉得这又冷又尖,自己再没有开口的必要了。她单是一瞥他们,并不回答一句话。

鲁镇永远是过新年,腊月二十以后就火起来了。四叔家里这回须雇男短工,还是忙不过来,另叫柳妈做帮手,杀鸡,宰鹅;然而柳妈是善女人,吃素,不杀生的,只肯洗器皿。祥林嫂除烧火之外,没有别的事,却闲着了,坐着只看柳妈洗器皿。微雪点点的下来了。

"唉唉,我真傻,"祥林嫂看了天空,叹息着,独语似的说。

"祥林嫂,你又来了。"柳妈不耐烦的看着她的脸,说。"我问你:你额角上的伤痕,不就是那时撞坏的么?"

"唔唔。"她含胡的回答。

"我问你:你那时怎么后来竟依了呢?"

"我么?……"

"你呀。我想:这总是你自己愿意了,不然……。"

"阿阿,你不知道他力气多么大呀。"

"我不信。我不信你这么大的力气,真会拗他不过。你后来一定是自己肯了,倒推说他力气大。"

"阿阿,你……你倒自己试试着。"她笑了。

柳妈的打皱的脸也笑起来,使她蹙缩得像一个核桃,干枯的小眼睛一看祥林嫂的额角,又钉住她的眼。祥林嫂似很局促了,立刻敛了笑容,旋转眼光,自去看雪花。

"祥林嫂,你实在不合算。"柳妈诡秘的说。"再一强,或者索性撞一个死,就好了。现在呢,你和你的第二个男人过活不到两年,倒落了一件大罪名。你想,你将来到阴司去,那两个死鬼的男人还要争,你给了谁好呢?阎罗大王只好把你锯开来,分给他们。我想,这真是……"

(3)抒情散文的朗读 朗读抒情散文要注意捕捉文章的抒情线索,确定抒情的基调,从而依据抒情基调来确定朗读声调的高低、语势的强弱、语速的快慢等。如诵读《小鸟的天堂》:

我们吃过晚饭,热气已经退了。太阳落下了山坡,只留下一段灿烂的红霞在天边。

我们走过一条石子路,很快就到了河边。在河边大树下,我们发现了几只小船。

我们陆续跳上一只船。一个朋友解开了绳,拿起竹竿一拨,船缓缓地动了,向河中心移去。

河面很宽,白茫茫的水上没有一点波浪。船平静地在水面移动。三支桨有规律地在水里划,那声音就像一支乐曲。

在一个地方,河面变窄了。一簇簇树叶伸到水面上。树叶真绿得可爱。那是许多株茂盛的榕树，看不出主干在什么地方。

当我说许多株榕树的时候，朋友们马上纠正我的错误。一个朋友说那里只有一株榕树，另一个朋友说是两株。我见过不少榕树，这样大的还是第一次看见。

我们的船渐渐逼近榕树了。我有机会看清它的真面目，真是一株大树，枝干的数目不可计数。枝上又生根，有许多根直垂到地上，伸进泥土里。一部分树枝垂到水面，从远处看，就像一株大树卧在水面上。

榕树正在茂盛的时期，好像把它的全部生命力展示给我们看。那么多的绿叶，一簇堆在另一簇上面，不留一点儿缝隙。那翠绿的颜色，明亮地照耀着我们的眼睛，似乎每一片绿叶上都有一个新的生命在颤动。这美丽的南国的树！

船在树下泊了片刻。岸上很湿，我们没有上去。朋友说这里是"鸟的天堂"，有许多鸟在这树上做巢，农民不许人去捉它们。我仿佛听见几只鸟扑翅的声音，等我注意去看，却不见一只鸟的影儿。只有无数的树根立在地上，像许多根木桩。土地是湿的，大概涨潮的时候河水会冲上岸去。"鸟的天堂"里没有一只鸟，我不禁这样想。于是船开了，一个朋友拨着桨，船缓缓地移向河中心。

第二天，我们划着船到一个朋友的家乡去。那是个有山有塔的地方。从学校出发，我们又经过那"鸟的天堂"。

这一次是在早晨。阳光照耀在水面，在树梢，一切都显得更加光明了。我们又把船在树下泊了片刻。

起初周围是静寂的。后来忽然起了一声鸟叫。我们把手一拍，便看见一只大鸟飞了起来。接着又看见第二只，第三只。我们继续拍掌，树上就变得热闹了，到处都是鸟声，到处都是鸟影。大的，小的，花的，黑的，有的站在树枝上叫，有的飞起来，有的在扑翅膀。

我注意地看着，眼睛应接不暇，看清楚了这只，又错过了那只，看见了那只，另一只又飞起来了。一只画眉鸟飞了出来，被我们的掌声一吓，又飞进了叶丛，站在一根小枝上兴奋地叫着，那歌声真好听。

当小船向着高塔下面的乡村划去的时候，我回头看那被抛在后面的茂盛的榕树。我感到一点儿留恋。昨天是我的眼睛骗了我，那"鸟的天堂"的确是鸟的天堂啊！

《小鸟的天堂》记述了作者一次南国之行的经历和感受，展现了大自然的美景和生命的意趣。语言流畅、笔调清新，宜用平稳、自然而兼带抒情色彩的基调来朗读。未见小鸟时有对树的赞美，要读得舒缓、饱满；见到小鸟后的欣喜，需用稍快的语速来表现。

建议按符号诵读，其中标有下画线的词建议采用轻音重读的方式诵读。

（4）剧本的诵读　诵读剧本不管是分角色朗读还是一个人朗读，都应预先把握好角色的年龄、身世、心理和个性特点。角色与角色间的对话要衔接好，快慢要适宜。例如诵读戏剧《雷雨》。

大海　　凤儿！
四凤　　哥哥！
鲁贵　　（向四凤）你说呀，装什么哑巴。
四凤　　（看大海，有意义地开话头）哥哥！

鲁贵　（不顾地）你哥哥来也得说呀。
大海　怎么回事？
鲁贵　（看一看大海，又回头）你先别管。
四凤　哥哥，没什么要紧的事。（向鲁贵）好吧，爸，我们回头商量，好吧？
鲁贵　（了解地）回头商量？（肯定一下，再盯四凤一眼）那么，就这样办。（回头看大海，傲慢地）咦，你怎么随便跑进来啦？
大海　（简单地）在门房等了半天，一个人也不理我，我就进来啦。
鲁贵　大海，你究竟是矿上大粗的工人，连一点大公馆的规矩也不懂。
四凤　人家不是周家的底下人。
鲁贵　（很有理由地）他在矿上吃的也是周家的饭哪。
大海　（冷冷地）他在哪儿？
鲁贵　（故意地）他，谁是他？
大海　董事长。
鲁贵　（教训的样子）老爷就是老爷，什么董事长，上我们这儿就得叫老爷。
大海　好，你跟我问他一声，说矿上有个工人代表要见见他。
鲁贵　我看，你先回家去。（有把握地）矿上的事有你爸爸在这儿替你张罗。回头跟你妈、妹妹聚两天，等你妈去，你回到矿上，事情还是有的。
大海　你说我们一块儿在矿上罢完工，我一个人要你说情，自己再回去？
鲁贵　那也没有什么难看啊。
大海　（没他办法）好，你先给我问他一声。我有点旁的事，要先跟他谈谈。
四凤　（希望他走）爸，你看老爷的客走了没有，你再领着哥哥见老爷。
鲁贵　（摇头）哼，我怕他不会见你吧。
大海　（理直气壮）他应当见我，我也是矿上工人的代表。前天，我们一块在这儿的公司见过他一次。

（5）政论文章的诵读　诵读政论文章要注意读出文章的气势和逻辑推理的力量，对感叹、设问、反问等处要读得有感情、有力量；立论部分的语气要果断、鲜明；驳论部分中论敌的话，宜读成平直调，呆板些，有时也可稍带些"阴阳怪气"，表达出嘲讽的语气；在立论与驳论之间，要有相应的停顿，以示区别。如诵读《改造我们的学习》：

依据上述意见，我有下列提议：
（一）向全党提出系统地周密地研究周围环境的任务。依据马克思列宁主义的理论和方法，对敌友我三方的经济、财政、政治、军事、文化、党务各方面的动态进行详细的调查和研究的工作，然后引出应有的和必要的结论。为此目的，就要引导同志们的眼光向着这种实际事物的调查和研究。就要使同志们懂得，共产党领导机关的基本任务，就在于了解情况和掌握政策两件大事，前一件事就是所谓认识世界，后一件事就是所谓改造世界。就要使同志们懂得，没有调查就没有发言权，夸夸其谈地乱说一顿和一二三四的现象罗列，都是无用的。例如关于宣传工作，如果不了解敌友我三方的宣传状况，我们就无法正确地决定我们的宣传政策。任何一个部门的工作，都必须先有情况的了解，然后才会有好的处理。在全党推行调查研究的计划，是转变党的作风的基础一环。

……

我们走过了许多弯路。但是错误常常是正确的先导。在如此生动丰富的中国革命环境和世界革命环境中，我们在学习问题上的这一改造，我相信一定会有好的结果。

【训练场】

请按照话谱进行诵读训练（"＿＿"表示重音，"↗"表示升调，"↘"表示降调，"｜"表示停顿，"V"表示吸气，"ˉ"表示延音）。

训练一　记叙文朗读

放　风　筝

星期天的早晨，天气特别晴朗。我和哥哥拿着叔叔帮我们做的风筝，高高兴兴地｜来到体育场。到体育场来放风筝的人↘可真不少。他们两个一伙，三个一群，有的已经把风筝放上了天空，有的举着风筝正要放。风筝ˉ花花绿绿，各式各样，有"鹞鹰"，有"鹦鹉"，有"仙鹤"，有"蜈蚣"……可没有"大蜻蜓"。我跟哥哥说："快，咱们快点让'大蜻蜓'飞上天吧。"↗

哥哥让我｜端端正正地举着"大蜻蜓"，他拿线轴，飞快地｜向前跑，边跑边放线。等到他喊一声V"放"，我赶紧松开手。哥哥拽着风筝又跑了一阵才收住脚，我们的"大蜻蜓"已经稳稳当当地｜飞上了天空。它那两对大翅膀ˉ微微地呼扇着，两只眼睛｜骨碌碌直转。这时，有架飞机从西边飞过来。啊，我们的"大蜻蜓"仿佛比飞机↗飞得还高呢。我高兴得一边拍手一边嚷："蜻蜓赛过飞机啦！蜻蜓赛过飞机啦！"

一会儿，飞来几只小鸟，它们围着"大蜻蜓"｜叽叽喳喳地叫，好像在奇怪地说：↗你是从哪儿飞来的呀？↘好漂亮啊！↘我正看得入神，西边｜又飞起一只美丽的"大蝴蝶"，桔红的身子｜布满墨绿的斑纹，呼扇着翅膀徐徐上升。

天空中的风筝越来越多，热闹极了。那金黄色的"小蜜蜂"，翘着两只绿色的翅膀，好像在百花丛中飞ˉ来飞ˉ去。那鲜红色的"大金鱼"，尾巴一摆一摆的，好像在水里游。还有那精致的"小卫星"，闪着金光，仿佛在宇宙中飞行。

五颜六色的风筝｜随风ˉ飘荡，衬着瓦蓝瓦蓝的天空，是那么鲜艳，那么美丽。

训练二　诗歌朗诵

致　橡　树
舒　婷

我ˉ如果爱你——↘
绝不像｜攀援的｜凌霄花，↗
借你的高枝｜炫耀自己；↘
我ˉ如果爱你——↘
绝不学｜痴情的鸟儿，↗

为绿荫重复单调的歌曲；
也不止像泉源，
常年送来清凉的慰藉；
也不止像险峰，
增加你的高度，衬托你的威仪。
甚至日光，
甚至春雨。
不，这些都还不够！
我必须是你近旁的一株木棉，
作为树的形象和你站在一起。
根，紧握在地下，
叶，相触在云里。
每一阵风过，
我们都互相致意，
但没有人，
听懂我们的言语。
你有你的铜枝铁干，
像刀，像剑，
也像戟；
我有我的红硕花朵，
像沉重的叹息，
又像英勇的火炬。
我们分担寒潮、风雷、霹雳；
我们共享雾霭、流岚、虹霓。
仿佛永远分离，
却又终身相依。
这才是伟大的爱情，
坚贞就在这里：
爱——
不仅爱你伟岸的身躯，
也爱你坚持的位置，足下的∨土地。

第7章　演讲口才训练

7.1 演讲

【知识坊】

1. 演讲的概念

演讲又称为讲演或演说，是指在特定的场合中，演讲者凭借自己的口才，运用有声语言和态势语言，针对某些特定问题，当众发表自己的主张和看法，抒发情感，从而达到感召听众并促使其行动的一种信息交流活动。

演讲包含了"讲"和"演"两个基本要素，它的主要形式是"讲"，即运用有声语言传递信息、抒发情感；同时还要辅之以"演"，即运用面部表情、手势动作、身体姿态等态势语言。演讲是"讲"和"演"密切结合的高级口语表达形式。

2. 演讲的特性

（1）工具性　演讲是一门科学，更是一个工具。各行各业、各种身份的人，都可以运用演讲这一工具进行信息交流。

（2）公开性　演讲是一种在特定的场合进行的当众讲话的活动形式，它面向社会、面向公众，具有很强的社会公开性。

（3）现实性　演讲的话题大都是社会现实问题，选用的材料大都是真实的，演讲者是以真实姓名出现的现实生活中的人。演讲者演讲时所流露的情感、所凭借的手段也应是真实的、可信的。

（4）直观性　任何演讲都是在一定场合进行的，在这个场合里，演讲者面对听众，彼此互为直观。演讲所讲的一切都是听众能直接感知到的，听众的反应（诸如鼓掌、欢呼等）也都是面对面的、近距离的、直接的反应。

（5）艺术性　演讲是一门艺术，它的语言、形象、声音都会给人以艺术的美感，体现出语言艺术的魅力所在。

（6）鼓舞性　演讲的目的就是感召听众并促使其行动，这就要求演讲必须具有鼓舞性，以引起听众与演讲者的心灵共鸣。

3. 演讲前的准备

演讲是一种比较正式的社会沟通活动，它要求演讲者能够面对听众侃侃而谈，表情达意，以打动听众、鼓舞听众，起到宣传教育的作用。演讲前准备得越充分，演讲获得成功的可能性越大。

（1）演讲稿的准备

1）话题。演讲者在选择话题时一定要抓住社会现实中的热点、焦点问题，要考虑不同类型听众的需要。只有听众听得懂、喜欢听才能有助于演讲目的的实现。要选择自己熟悉、感兴趣的话题，只有自己熟悉、感兴趣才有话可说，才能展开深入分析；要选择适合演讲场合的话题，只有话题与现场气氛协调一致，演讲才能获得最终的成功。

2）主题。一篇演讲稿只能有一个主题，演讲者必须围绕这个主题展开论述。演讲的主题必须积极向上，给人力量，催人奋进。

3）诵记。演讲者只有经过反复的诵记，才能将演讲内容烂熟于心，才能产生自信。诵记时可以采用提纲要点记忆法，将演讲提纲作为揭示记忆的依据。

（2）心理的准备　公共场合中，自己的言辞能像清泉潺潺流出，激人奋进，启人心智，这是大多数人的愿望。但对于多数人来说，胆怯、缺乏自信是最大的心理障碍。为消除恐惧，建立自信，可以在演讲前进行多次试讲，并从中体味演讲效果，完善演讲内容，对可能影响演讲效果的外界因素制定出相应的解决措施。

4. 演讲的语言要求

演讲以语言为载体，包括有声语言和态势语言。

（1）有声语言　对有声语言的要求主要有：

1）语音标准，声音洪亮。语音标准具体表现为使用普通话，发音准确，吐字清楚。

2）语速适中，富于变化。演讲时，要根据演讲的内容合理安排语速。一般来说，讲到愤怒、紧张、激动等内容时用快速；进行一般的叙述、说明时用中速；讲到庄重、沉静、悲伤时用慢速。

3）音量和语调适中，有起伏。演讲者应根据听众听觉的承受能力，适度地调节自己的音量，既要使后排的听众听起来不吃力，又要使前排的听众听起来不刺耳，而且要根据内容适时调整音量和语调。例如，表达呼吁、号召时，要加大音量，加重语气；表达激动的情绪时，要用高亢的语调，如赞美、愤怒、质问等；一般情况下以从容、有力作为主基调，可适当加入高潮式的高音量和语调。

4）重音使用准确、得体。演讲中总会有一些关键词语，起着强调语义、突出重点、强化情感的作用。准确恰当地掌握好重音，有助于演讲者情感的抒发，给听众留下深刻印象。一般可在演讲前先梳理一下演讲内容，看哪些词需要在演讲时重音突出，讲到这些词时可适当放慢节奏，让听众听得更清楚，从而加深印象。

5）合理的停顿。在演讲中进行合理的停顿，可以形成具有韵律美的演讲节奏，有时候还能表达出更深层次的意义。

6）用词通俗生动。演讲时的听众具有广泛性，演讲者要尽量使用通俗晓畅的口语进行表达，少用专业术语和华丽的辞藻。

（2）态势语言　态势语言是有声语言的必要补充，演讲者在运用态势语言时要使人感到真实、自然，没有人工雕琢的痕迹，这样才能使演讲充满活力，增强演讲效果。言辞接于耳，姿态动作接于目，当耳朵听到的与眼睛看到的和谐统一时，演讲才能给听众以美的享受。

1）手势。演讲的手势有多种复杂的含义，以自然为佳，最好就是日常的习惯性手势，在此基础上进行适当的设计。常用手势表达意义见表7-1。

表 7-1 常用手势表达意义

图　　示	动　　作	表 达 意 义
	手心向上，胳膊微曲，手掌前伸	表示奉献、请求、欢迎
	手心向下，胳膊微曲，手掌前伸	表示制止、否认
	两手由合到分	表示空虚、失望
	伸出拇指	表示赞赏、钦佩
	两手由分到合	表示团结、紧密联合
	伸出食指指点	表示命令、斥责
	举拳头	表示决心、愤怒、警告

（续）

图　　示	动　　作	表 达 意 义
	挥拳头	表示打击、破坏
	扳指头	表示数数
	摆 V 字造型	表达胜利的信心或快乐
	轻摆手指	表示否定或轻蔑
	用手指轻敲太阳穴	表示思考

2）站姿。站在台前应挺胸抬头，给人以端庄大方、朝气蓬勃的感觉。既可以两脚平行于肩宽，给人以稳重自信之感；也可以用丁字步，给人以挺直向上之感。

3）目光。目光要自然亲切，扫视听众。既不要低头只顾看演讲稿，也不要在一个地方停留过久，或者刻意地去盯看某一个人，更不要目光游离、跳跃太频繁。

4）表情。演讲者整体给人的感觉应该是自信和从容。要配合演讲内容，使用一些表情变化以达到演讲的效果。要尽量避免表情呆滞，或过于活泼。

5. 演讲稿的基本结构

不同类型、不同内容的演讲稿，其结构不尽相同，但一般都是由开头、主体、结尾三部分构成。

（1）开头　演讲的开头也叫开场白，它犹如戏剧开头的"镇场"，在全篇中占有重要的地位。好的开场白会像"凤头"那样精美，像磁铁那样吸引人。常见的开头方式有如下几种：

1）开门见山式。这种开头不绕圈子，直截了当地揭示演讲主题，迅速地将听众带入既定情境和思路中去，干脆利索、中心突出。

2）提问式。以提问方式开头，可以吸引听众的注意力，引导听众积极思考问题。

3）悬念式。悬念式开头用扣人心弦的故事、触目惊心的事实等制造悬念，调动听众的好奇心，激发听众兴趣，引起听众对答案的期盼。

4）故事式。故事本身具有形象性、生动性和趣味性，以讲故事的方式作为演讲的开头能有效地吸引听众的注意力，引发其兴趣。

5）幽默式。以幽默的语言开始演讲，可以让听众在心领神会的笑声中缩短与演讲者的距离。同时，演讲者也可以从中摆脱暂时性的怯场，强化自信。

6）名言警句式。这种开头引用内涵深刻、发人深省的名言警句作为演讲的开头。

（2）主体 演讲稿的主体部分是演讲中最精彩、最激动人心的段落，它既要紧承开场白，又要合乎逻辑地逐层展开论述，以使听众产生心灵共鸣。

1）主题鲜明突出。演讲稿要以一个中心贯穿始终，使主题鲜明突出。

2）内容充实，有说服力。演讲中空谈大道理是毫无说服力的，必须让演讲的内容丰富精彩，以此来吸引、打动听众，获得演讲的成功。

3）层次清晰。演讲稿是讲给听众听的，因此结构不能太复杂，要主次分明、详略得当、互相照应、过渡自然，给人以明朗感。

4）高潮迭起。随着演讲内容的层层递进，演讲者的思想感情也越来越强烈，一个个高潮的出现也会让听众留下难以忘怀的印象。

（3）结尾 俗话说："编筐编篓，贵在收口"——演讲的结尾在相当程度上决定了演讲的成败。一个出人意料、耐人寻味的好结尾会给听众带来精神上的愉快和满足。常见的结尾方式有如下几种：

1）总结式。用极其精练的语言，对演讲内容作高度概括性的总结，起到突出中心、强化主题的作用。

2）号召式。用慷慨激昂、扣人心弦的语言，向听众提出希望、发出号召，使听众产生蓬勃向上的力量。

3）哲理名言式。用名言警句作为结尾，使演讲的内容丰富充实，发人深省、耐人寻味。

无论是演讲的开头还是结尾，方式都是灵活多样的，演讲者可根据演讲的对象和场合等因素选择恰当的方式。

【经典吧】

1.1883年3月17日，伟大的革命导师马克思安葬在英国伦敦郊区的海格特公墓。在葬礼上，他的挚友恩格斯发表了一篇演说，开场白是这样的：

"3月14日下午两点三刻，当代最伟大的思想家停止思想了。让他一个人留在房间里不过两分钟，等我们再进去的时候，便发现他在安乐椅上安静地睡着了——但已经是永远地睡着了。这个人的逝世，对于欧美战斗着的无产阶级，对于历史科学，都是不可估量的损失。这位巨人逝世以后所形成的空白，在不久的将来就会使人感觉到。"

恩格斯的《在马克思墓前的讲话》，起初草稿是从马克思夫人的逝世说起，然后才进入自己的题目。在客观和冷静的叙述中，很难将听众迅速地引入情境。于是，恩格斯进行了修改，采用单刀直入的方法，直接讲马克思"停止思想了""永远地睡着了"，这样就迅速地将听众引入到沉痛和肃然的既定情境中，取得了比原稿那种缓慢的节奏更好的效果。

2. 在一次教师节庆祝大会上，天空飘着蒙蒙细雨，演讲者巧妙地借景开头：

"今天天气不太好，阴沉昏暗，细雨蒙蒙，但我们却在这里看到了一片光明，这光明就是——人民教师。"

接着转入正题，讴歌教师的伟大和贡献：

"他们好像蜡烛，燃烧了自己，却给人类的未来带来光明。"

这位演讲者的借景开头，显然要比那种照本宣科的开场白更具有吸引力。如果一上台就开始正正经经地演讲，会给人生硬突兀的感觉，让听众难以接受。如果以眼前的人、事、景为话题，引申开去，就会把听众不知不觉地引入演讲之中。

3. 毕业欢送会上班主任的演说，一开口就制造了一个悬念，让学生们疑窦丛生：

"我原来是想祝福大家一帆风顺的，但仔细一想，这样说不恰当。"

这句话把同学们弄得丈二和尚摸不着头脑，屏声静气地听下去：

"说人生是一帆风顺就如同祝某人万寿无疆一样，是一个美丽而又空洞的谎言。人生漫漫，必然会遇到许多艰难困苦，比如……"

最后得出结论：

"一帆风不顺的人生才是真实的人生，在逆风险浪中拼搏的人生才是最辉煌的人生。希望大家奋力拼搏，在坎坷的征途中，用坚实有力的步伐走向美好的未来！"

"一帆风顺"本是常见的吉祥祝语，而这位老师偏偏反弹琵琶，从另一个角度道出了人生哲理。第一句话无异于平地惊雷，又宛若异峰突起，怎能不震撼人心？这个悬念式的开场白很好地吸引了大家的注意力，并且给同学们留下了深刻的印象。

4. 约翰·罗克是美国著名的黑人律师，1862年初在马萨诸塞州的反奴隶制协会年会上，发表了《要求解放黑人奴隶的演说》。他的开头简洁而又幽默：

"女士们，先生们，我到这里来，与其说是发表讲话，还不如说是给会场增添一点'颜色'。"

约翰·罗克所说的"颜色"是双关语，而演讲的目的是要解放黑人奴隶。寓庄于谐的幽默语言，赢得了听众的掌声和会心的笑声。

5. 一位同学在竞选班干部时所作的演讲是这样开头的：

"大家好！先自我介绍一下：我叫梁丽叶，与梁山伯同姓，和朱丽叶同名。大家可能会莞尔一笑：哟，好一个中外合资的名字！我爸爸对我说，叶子很平凡，但美丽的叶子却不多，起这个名字是希望我能够在平凡的人生中，活出不平凡的精彩。这名字就代表我的志向、我的作风、我的追求。"

这位同学在演讲的开头，借助自己的名字生发新意，用诙谐的语言进行自我介绍，使听众倍感亲切，在无形中缩短了与听众之间的距离，并且让人感觉耳目一新。

同样，著名学者胡适在一次演讲时这样开头：

"我今天不是来向诸君作报告的，我是来'胡说'的，因为我姓胡。"

胡适幽默的开场白既巧妙地介绍了自己，又体现了演讲者谦逊的修养，而且活跃了场上气氛，拉近了演讲者与听众的距离，达到了"一石三鸟"的效果，堪称一绝。

6. 一位同学在呼吁不要沉迷网络的演讲中是这样开头的：

"你上网冲浪时，是否一次就几个小时不下来？是否花很多时间在网上看短视频，而不是在教室里看书？你是否跟聊天室里的人谈得更起劲，而不愿跟朋友或家人一起？如果不能上网，你是否感到压抑或失去目标？登录上网是不是你一天的兴奋点？如果是这样，你也许患上了心理学家们所说的网瘾"

这段开场白提出一连串的问题，每个问题都会引起读者的思考，演讲者自然而然地将听众引入自己的轨迹，听众会随着演讲者的思路思考并探索下去。

7. 一位学者在演讲时，开场白是这样的：

"去年5月24日的《×××报》披露了这样一个事实：一个四年级的小学生，每天要带父母亲手剥光了壳的鸡蛋到学校吃。有一次，父母忘了给鸡蛋剥壳，差点憋坏了孩子，他对着鸡蛋左瞅右看，不知如何下口。结果只好原蛋带回。母亲问他怎么不吃蛋，回答很简单，'没有缝，我怎么吃！'"

故事式开场白很容易调动听众的注意力，该学者通过小学生不会剥鸡蛋这样一则新闻报道开头，把听众带入了她的演讲主题：全社会都要重视培养孩子们独立生活的能力和战胜困难的勇气。

8. 芝加哥一位交通经理是这样结束他的演讲的：

"各位，简而言之，根据我们在自己后院操作这套信号系统的经验，根据我们在东部、西部、北部使用这套机器的经验，它操作简单，效果很好，再加上在一年之内它阻止撞车事件发生而节省下的金钱，使我以最急切及最坦荡的心情建议：立即在我们的南方分公司采用这套机器。"

在演讲结束之际，对自己的演讲内容进行概括性发言，可以帮助听众迅速理清思路，加深印象。这位交通经理的演讲结尾就是一个成功的案例，人们可以不必听到他演说的其余部分，就可以了解那些内容。同时，这个结尾也是"请求采取行动"结尾的典型例子。演讲者希望有所行动：在他所服务的公司的南部支线设置一套信号管制系统。他请求公司决策人员采取这项行动，主要原因在于：这套设备既能够替公司省钱，也能防止撞车事件的发生。

9. 史兹韦伯在结束某次演说时是这样说的：

"伟大的宾夕法尼亚州应该领先迎接新时代的来临。宾夕法尼亚州是钢铁的大生产者，是世界上最大铁路公司之母，是美国第三大农业州，是美国商业的中心。她的前途无限，她身为领导者，机会光明无比。"

史兹韦伯在结束演讲时对宾夕法尼亚州进行了简洁而真诚的赞美，使听众感到愉快、高兴，并对前途充满了乐观。这种收束方式亲切自然，易于被听众接受。

10. 乔治在聚会上向教徒们所作的有关传教士韦斯里的墓园维护问题的演说，结束得漂亮且精彩：

"我很高兴各位已经开始整修他的墓园。这个墓园应当受到尊重，他特别讨厌任何不整洁及不干净的事物。我想，他说过这句话，'不可让人看到一名衣衫褴褛的教徒。'由于他，所以你们永不会看到这样的一名教徒。如果任由他的墓园脏乱，那便是极端不敬。各位都记得，有一次他经过德比夏郡某处时，一名女郎奔到门口，向他叫道：'上帝祝福你，韦斯里先生。'他回答说：'小姐，如果你的脸孔和围裙更为干净一点，你的祝福将更有价值。'这就是他对不干净的感觉，因此，不要让他的墓园脏乱。万一他偶尔经过，这比任何事情都令他伤心。你们一定要好好照顾这个墓园，这是一个值得纪念的神圣墓园。它是你们的信仰寄托之所在。"

墓园的维护问题，这个题目本来极为严肃，大家都想不出有什么好笑的。但是乔治做到了这一点，而且做得十分成功。用幽默来结束自己的演讲，会使听众产生亲切感，加深听众对于演讲的印象，从而增强演讲的说服力。

11. 哈里·劳德先生以下面这种方式结束他的演说：

"各位回国之后，你们之中某些人会寄给我一张明信片。如果你不寄给我，我也会寄一张给你。你们一眼就可看出那是我寄去的，因为那上面没有贴邮票。但我会在上面写些东西：春去夏来，秋去冬来，万物枯荣都有它的道理。但有一件东西永远如朝露般清新，那就是我对你们永远不变的爱意与感情。"

如果能找到合适的哲理性语言或诗句作为演讲的结尾，它将营造出十分合适的氛围，表现出独特的风格，产生美的感觉。这首短诗很能配合哈里·劳德演说时的气势，为整篇演讲画上了一个完美的句号。

12. 有一位演讲者在参加演讲比赛时，由于口误，把"中国人民生活一天比一天好"说成"一天比一天差"，这可是关键性的大错误，满场的人都惊愕地看着他，他灵机一动，不紧不慢地补上一句："难道真是这样吗？不，大量事实驳倒了这个谬论！"

演讲者由于精神紧张、准备不够充分等原因，可能会在演讲的过程中出现一些失误，如果演讲者控制能力不强，演讲就会全盘崩溃。这位演讲者沉着镇定，应变能力强，在紧要关头做到了"化腐朽为神奇"。

【启迪厅】

演讲的控制技巧

演讲的目的在于影响听众的主观意识，引发听众思考，促使某种行为的出现或改变。要达到这一目的，演讲者必须对演讲过程实施有效的控制。

（1）对怯场的控制　很多人在演讲时会出现羞怯和紧张的情绪，怎样才能控制这种怯场心态呢？

1）充分准备，烂熟于心。充分的准备是克服怯场心理的基础。认真准备演讲稿，熟记演讲内容，设计好演讲中的各个环节，充分估计演讲现场可能发生的各种情况，使稿件内容烂熟于心，做到成竹在胸，会显著减少怯场的概率。

2）充满自信。演讲者必须充分相信自己，对自己充满信心。当然，这份信心是建立在充分准备的基础上的。

3）转移注意力。把注意力集中到演讲的内容上去，想着怎样去吸引听众、鼓舞听众。如有必要，还可以有意回避听众的视线和表情，忽视场上的一切，只当什么也没看见。

（2）对情感的控制　演讲需要情感，这是古今中外演讲者的共识。但是情感是需要控制的，情感应该服从理智，服从动机和目标，服从演讲的表达；要懂得尊重听众、礼貌待人，不要恶语伤人；有时还要有适当的处变能力和技巧，用沉默、停顿等方法来控制情感、调节气氛。

（3）对失误的控制　在演讲过程中，演讲者可能会因为紧张、准备不够充分等原因，自身发生失误，比如"卡壳"、口误等。遇到这种情况，首先要处变不惊，解除思想负担和心理包袱；其次要保持镇定，灵活应变，迅速寻求补救措施。

（4）对冷场的控制　冷场是指在演讲过程中，听众对演讲者所讲内容毫无兴趣，反应冷淡，注意力分散，听众仅仅是出于纪律的约束或处世的礼貌而扮演一个"听众"的角色，冷场是演讲失败的表现。对冷场的控制有三种策略：

1）变换话题。将原来准备的演讲内容弃置，针对现场听众的需要作即兴演讲。如果没有即兴演讲的能力，也要在原来准备的演讲内容中揉进现场听众感兴趣的内容，以调动听众的情绪。

2）加入幽默成分。可临时加入一些幽默或者让听众觉得有趣的神态、动作，等听众的注意力被吸引住、产生活跃的气氛后，再接着原有思路讲下去。

3）缩短内容。只拣要害、关键之处讲，那些客套、应景话或人人皆知的大道理尽量不讲。

【训练场】

1. 有人说："我不想当政治家，不需要学演讲。"你同意这种观点吗？说说你的理由。
2. 请就下面的话，设计你觉得演讲中合适的手势动作。

1）我想，既然是竞选，就该谈点儿任职后的工作设想。我打算组织一些活动来丰富大家的业余生活，如演讲比赛、辩论赛、联欢会、各种球赛等。

2）一百年，一个世纪。千里探索，万里寻觅。踏破世界风云，穿越宇宙轨迹，书写世界历史，改变中国命运的，只有你——伟大、光荣、正确的中国共产党！南湖小船微弱、明亮的灯光下，一个婴儿的哭声，响彻在100年前。

3）无情的病魔夺走了妈妈的生命。任凭我喊破了喉咙，哭干了眼泪；任凭我扑在她的身上，摇着她瘦小的身躯，妈妈的眼睛还是永远地闭上了。哦，亲爱的妈妈，您睁开眼睛，再看一看您心爱的女儿啊……

3. 根据提示读下面的文字，注意运用面部表情和语气语调来配合表达。

1）"长途！我是中共山西平陆县委，我们这里有六十一名民工食物中毒，急需一千支'二巯基丙醇'，越快越好，越快越好！"（焦急）

2）这几天，大家晓得，在昆明出现了历史上最卑劣最无耻的事情！李先生究竟犯了什么罪，竟遭此毒手？他只不过用笔写写文章，用嘴说说话，而他所写的，所说的，都无非是一个没有失掉良心的中国人的话！大家都有一支笔，有一张嘴，有什么理由拿出来讲啊！有事实拿出来说啊！（激动）

3）我放弃了竞选。我偃旗息鼓，甘拜下风。我够不上纽约州州长竞选所需要的条件，于是我提出了退出竞选的声明。（懊恼）

4）"井冈山的竹子，是革命的竹子！"井冈山人爱这么自豪地说。（自豪）

4. 分别以直入式、情景式、名言式三种方式拟写演讲稿《青春》的开头。
5. 请给下面的演讲内容加上恰当的结尾：

1）……王羲之练字入了迷，拿馍馍蘸了墨汁往嘴里塞，还对夫人说好吃；爱迪生刚举行完婚礼，就一头扎进实验室，把新娘、喝喜酒全忘了，一直忙到半夜12点；天才莫扎特喜欢边走路边构思音乐，回家时经常走错门……

2）……一天，别说在历史的长河中像闪电似的一瞬，就是在一年当中，甚至在一月之中也是很短暂的。可是，就在这短短的一天之中就有巨大的财富被创造出来。如在1988年，我国平均每天可产煤274万吨、原油40万吨、钢16.4万吨、水泥55万吨、发电量近15亿千瓦·时。如果是战争年代，在抢渡大渡河、飞夺泸定桥时，就是一分一秒也关系到千百人的生命，关系到战争的胜败。

6. 阅读下面几篇演讲的开头，体会各自用的是什么开头方法？这么用的好处是什么？

1）一位大学生在作题为《当我走进大学校门的时候》的演讲时这样开头：

"大家一定记得这样的一个故事吧：有一个神奇的山洞，里面收藏了40个大盗偷来的金银财富和珍珠玛瑙。只要掌握了一句咒语，洞门就会自动打开。有一天，一个叫阿里巴巴的人无意中知道了这句咒语，他打开了财富之门，成为巨富。"

2）一位老先生在演讲开始时首先向听众提问："人从哪里老起？"（听众纷纷作答，有的人说从脚老起，有的说从脑子老起，会场气氛十分活跃）老先生后来自我作答："我看有的人从屁股老起。"（全场哄堂大笑）老先生继而解释道："某些干部不深入实际，整天泡在'会海'里，坐而论道，那屁股可造孽了，又要负担上身的重压，又要与板凳摩擦，够劳累了。如此一来，岂不是屁股先老么？"

7. 阅读下面几篇演讲的结尾，体会各自用的是什么结尾方法？这么用的好处是什么？

1）郭沫若在题为《科学的春天》的演讲中这样结尾：

"春分刚刚过去，清明即将到来。'日出江花红胜火，春来江水绿如蓝。'这是革命的春天，这是科学的春天，让我们张开双臂，热烈地拥抱这个春天吧！"

2）美国一位学者退休前在哈佛大学礼堂的最后一次演讲中这样结尾：

"对不起，诸位，失陪了，我与春天有个约会。"

3）威廉·福克纳在一次演讲中这样结尾：

"如果他能先认清那些真理，才能俨然以万古不朽之躯来创作。我是不以为人类会灭亡的，因为你只要想想人可以世世代代不停地繁衍下去，就这点我们即可说人类是不朽的。但是我觉得这样还不够，人不仅要生存下去，而且更要出众，人类之不朽并非只因他在万物之中有着无穷尽的声音，主要的是因为他具有心灵和同情心，有牺牲和忍耐的精神，而诗人、作家的责任就在于写这些事情，他们有权利帮助人类升华精神世界，提醒人们过去曾有过的荣光，如勇气、荣誉、希望、自尊、同情及牺牲精神，诗人的作品不只是人类的记录，也可以说是帮助人类生存及超越一切的支柱。"

8. 以下是几种演讲过程中可能会发生的意外情况，假若你遇到了会怎么办？请说出处理方法。

1）演讲者自身失误，如忘词、讲错、摔倒等。

2）听众反应冷漠，或交头接耳，或东张西望，或打瞌睡，甚至溜号。

9. 请任选下面的演讲题目在班级里作一次演讲。

1）《我是未来的城市建设者》。

2）《莫让年华付水流》。

3）《竞争——人类前进的动力》。

4）《诚信就是一轮明月》。

5）《朋友，请伸出你温暖的双手》。

10. 举行一次竞选班干部的演讲。要求通过演讲来展示个人才华，表达个人意愿，谋求实现个人理想与抱负的机会，向听众推销自我，以获得听众的赞赏和认同。

7.2 即席发言

【知识坊】

1. 即席发言的概念

即席发言又称为即兴讲话,是指讲话人在特定的场合中,在事先无准备的情况下,就某个问题发表见解、提出主张,或表达某种情感、愿望的一种发言。

即席发言,既然是无准备的,当然就不可能有发言稿了,但是这并不等于说即席发言是不作任何准备的。美国现代成人教育之父戴尔·卡耐基认为,没有准备的讲话是"信口漫话,或叫信口开河"。

在生活中,每一个人都有可能被邀请作即席发言。在很短的时间内,讲些什么?怎么讲?怎样才能展示自己的才华与水平?这不但反映一个人的讲话能力,同时也反映一个人的思想素养。所以,一个想获得成功的人应当在各种场合或状态下,随时做好上台讲话的全面准备。

2. 即席发言的特点

(1) 临场性　即席发言具有很强的临场性。也就是说,发言者不能预先拟写讲稿,必须靠临场准备、临场发挥,就听众最感兴趣的、最关心的问题就地取材,或展开联想或借题发挥,发表自己的讲话。

(2) 敏捷性　即席发言要求必须在很短的时间内,迅速地选择话题、进行构思、组织材料,针对具体的对象和情景发表适当的讲话。

(3) 简练性　即席发言强调口语化,句式要短小、灵活、简练,不用难以理解的句子。简练,既能节省时间,避免与会者的反感;又能藏拙,避免话多失言暴露出自己的弱点。

(4) 针对性　即席发言一般是在有限的时间内对现实话题所做的迅速反应,这就使话题的内容限制在一定的范围内,具有针对性。发言者要直截了当地表明自己的看法,褒贬分明,力求以内容的准确精当使听者信服。

3. 即席发言的基本要求

(1) 一定的知识广度　即席发言的内容包罗万象,涉及经济、政治、教育、文化、人生等诸多问题,只有学识丰富,才能在短暂的准备时间内从脑海中找到生动的例证和恰当的词汇,为即席发言增添魅力。

(2) 一定的思想深度　发言者对现场情境应有宏观把握,要从事物的表层迅速地深入到事物的本质中去认识,形成一条有深度的主线,要围绕这条主线丰富资料、连贯成文,以免事例繁杂、游离主题。

(3) 较强的综合材料的能力　即席发言要求发言者在很短的时间里把符合主题的材料组合在一起,这就要求发言者应具备较强的综合能力,以有效地展示其知识的广度和思想的深度。

(4) 较高的临场表达技巧　即席发言没有预先精心写就的讲稿,临场发挥是特别重要的。发言者在构思初具轮廓后,应注意观察场所和听众,摄取那些与演讲主题有关的人物或景物,因地设喻,即景生情。

（5）较强的应变能力　即席发言由于演讲前无充分准备，在临场时就容易出现一些意外情况，只有沉着冷静，巧妙应变，才能扭转被动局面，反败为胜。

【经典吧】

1. 1924年5月7日，是印度诗人泰戈尔的64岁寿辰，北京学术界的朋友齐聚一堂为其祝寿，梁启超作即席发言。因之前泰戈尔想让梁启超为他起一个中国名字，所以，梁启超这样发言：

"今天是我们所敬爱的天竺诗人在他所爱的震旦过他64岁生日。我用极诚恳、极喜悦的心情，将两个国名联起来，赠给他一个新名叫'竺震旦'！"

泰戈尔庄重而喜悦地接受了这个中国名字。

在参加各种集会和活动时，应该时刻做好临场发言的准备。由于梁启超预先有所准备，能够想到从前印度称中国为"震旦"，古代印度的称呼是"天竺"，才能将两者联起来，赠给泰戈尔一个新名叫"竺震旦"。选取好的切入点可使发言显得生动活泼、情趣盎然、寓意深刻。

2. 印度前总理英迪拉·甘地夫人早年在英国学习时，曾应邀参加一次群众聚会。当时，主持人突然宣布让她讲几句话，甘地夫人非常惊讶，因为她根本没有想到会让她发言。走上讲台，她只能颤抖地发出一些音节，不知所云。后来有人这样评论她的这次即席发言："她不是在说话，她是在尖叫。"

心理上的随时准备，会让你不断思考，随时准备着在紧急情况下做出冷静而准确的反应。一旦上台演讲，可以尽快抓住题目，争取主动。甘地夫人的这次失败的发言，充分说明了有所准备的重要性。

3. 在一次纪念大会上，闻一多先生作了一次鼓动性的演讲。当云中的月亮露出来时，他即景生情，用手一指，说道："朋友们，你们看，月亮升起来了，黑暗过去了，光明在望了，但是乌云还等在旁边，随时会把月亮盖住！"

闻一多先生所说的月亮和乌云，其实是借题发挥的媒介，巧借"月"和"云"，形象生动地揭示了这样一个哲理：虽然黑暗最终是挡不住光明的，但是在光明到来之前，又不能掉以轻心，还必须提高警惕，防止"乌云"重来。闻一多先生的这种现场比喻深刻而形象地表达了革命者对前途的坚定信念和对形势的清醒认识。

4. 一位师范毕业生被分配到一所学校任教，在"欢迎新教师座谈会"上，主持人请他稍等一会儿作即席发言。这时，他脑子里的许多观点、情景如"录像带"般呈现出来，他把自己想到的一些东西快速地写了下来：①万事开头难；②做老师责任大，担子重；③实习时家访中的感人镜头；④希望老教师"传、帮、带"；⑤今天的学生是未来的建设者，教育好他们是时代赋予的使命；⑥陶行知说："做中学、学中做"；⑦有志者不怕事不成；⑧毕业离校时的决心；⑨做教师是我无怨无悔的选择；⑩我会在以后的日子里虚心向各位老教师学习和请教。然后，他根据材料与发言主题的关系进行了取舍，将材料按③→②→①→⑥→④→⑩→⑦的顺序进行排列组合，主持人请他发言，他站起来侃侃而谈，赢得了一片掌声，顺利完成了自己的发言。

这位新老师在确定了发言的中心和主题后，快速地对头脑中库存的相关知识、材料进行梳理，合理选材，快速组合，按照一定的顺序和结构将这些材料连缀起来，形成了完整、合理的发言网络。最终，他的即兴发言获得了大家的一致好评。

【启迪厅】

即席发言的方法与技巧有如下几点：

（1）有所准备，不断思考　即席发言虽然具有突然性、即时性，来不及写稿、练习、做充分的准备，但并不是绝对的不可预测、无法准备的。一般来说，无论是有明确题目的即兴式演讲比赛，还是生活中常见的突然"请你说几句"，自己是否可能发言，总还是有一些预兆的。因此，当我们参加集会或社交活动时，要随时做好即席发言的心理准备。

（2）确定主题，选好角度　讲话者可根据彼时彼地、彼人彼事、彼景彼物、彼言彼行等方面选取议题，从自己感受最深的方面出发，充分调动起头脑中贮存的信息，确定一个新颖独特的议论角度，以此为中心组织材料。

（3）抓住中心，借题发挥　即席发言的所有内容都必须围绕中心进行，必须把自己的思想按照逻辑联系组织在一个中心点上。即席发言讲究"即时性""即事性"，很多时候需要寻找一个"媒介"，借题发挥。借题发挥要紧扣主题，自然流畅，可以由听众所关心的问题引发，可以按天气、会议场地的布置来引发，可以因某个听众熟悉的人来引发，还可以根据前面发言者的内容自然地延伸出来。

（4）合理选材，快速组合　在确定发言的中心和主题后，必须快速地对头脑中库存的相关知识、材料进行选择。凡是与主题联系密切、能很好地说明主题的，要作为第一候选。然后再将材料进行排列组合，用一条主线贯穿材料，使每个选用的内容都能从不同侧面说明和丰富主题，共同组成完整的讲话内容。

（5）理清线索，巧妙构思　以最快的速度在心中"打腹稿"、列提纲。提纲要简洁，线索要清晰，要注重条理性。即席发言成败的关键因素是快速构思的方法：

1）"三么"构思法。在即席发言前短暂的准备时间里，要快速思考三个最基本的问题，即"是什么""为什么""怎么办"。例如，有关注意交通安全的即席发言：

① "是什么"：今天，我要讲的问题是交通安全问题。我们要保障交通安全，减少交通事故……

② "为什么"：交通安全很重要，它关系到人民生命财产的安全，这不是一个可讲可不讲的问题……造成交通事故的原因有……（从几个角度举几个典型事例）

③ "怎么办"：我们要这样……

2）"三点"构思法。这种方法的特点是在参加各类活动时要养成边听边想的习惯，随时注意用"三点（要点、特点、闪光点）归纳"的方式进行思考，随时做好即席发言的准备：

① 归纳前面所有讲话人的要点。
② 提取前面某个或某些讲话人的特点。
③ 捕捉前面某些讲话人的闪光点，或抛出自己的观点。

例如，某位教师在教师节的即席发言中有这样一段话：

说到师德，许多人都引用了一个传统的比喻：教师像蜡烛一样，照亮了别人，燃烧了自己。这种崇尚奉献的"蜡烛精神"固然可贵，但如果我们当老师的都把自己烧尽了，毁灭了，何以继续照亮别人呢？新世纪的教育不仅需要"蜡烛精神"，更是呼唤"路灯精神"：

像路灯一样不断"充电",给每一个黑夜带来光明;像路灯一样忠于职守,见多识广;像路灯一样默默无闻,不图名利……

3)链条构思法。先确定发言的主旨,通常为开篇首句;然后句句紧扣首句,单线纵向发展,形成一条环环相扣的链条。例如即席发言"当你遇到挫折的时候"的构思主线:

挫折是一种宝贵的经历——小时候很想将来成为一名巴金式的大作家——高考失误,没有考上心仪的大学,为此而哭过,感到失望、痛苦——去年暑假到山区,发现那里环境很美,人也可爱,但落后现状令人痛心——在现实生活的启迪下觉悟,摆脱理想受挫的痛苦,决定振作起来,用在学校学到的知识去建设新农村。

【训练场】

1. 有人说,即席发言是不需要做任何准备的。你认为这种说法对不对?说说你的理由。
2. 阅读下列几则即席发言,谈谈它们各自的特点。

1)1941年,英国首相丘吉尔在美国度圣诞节时发表了即席发言:

"我的朋友、伟大而卓越的罗斯福总统,刚才已经发表过圣诞前夕的演说,已经向全美国的家庭致以友爱的献词。我现在能追随骥尾讲几句话,内心感到无限的荣幸。

我今天虽然远离家庭和祖国,在这里过节,但我一点也没有异乡的感觉。我不知道,这是由于本人的母系血统和你们相同,抑或是由于本人多年来在此地所得的友谊,抑或是由于这两个文字相同、信仰相同、理想相同的国家,在共同奋斗中所产生出来的同志感情,抑或是由于上述三种关系的综合。

总之,我在美国的政治中心地——华盛顿过节,完全不感到自己是一个异乡之客。我和各位之间,本来就有手足之情,再加上各位欢迎的盛意,我觉得很应该和各位共坐炉边,同享这圣诞之乐。"

2)上海市新闻工作者协会的王维同志有一次出席上海市企业报新闻工作者协会成立大会,大会是在上海第三钢铁厂新建的宽敞的俱乐部会议大厅召开的。他发表了如下的即席发言:

"我来参加会议,没有想到有这么好的会场,这个会场不要说是上海市企业报新闻工作者协会成立大会,就是上海市新闻工作者协会成立大会也可以在这里召开。没有想到会有这么多的企业记者、编辑参加这个大会,它说明企业报的同仁们是热爱自己的组织,支持这个组织的。没有想到今天摆在主席台上的杜鹃花这么美丽,鲜花盛开标志着企业报新闻工作者协会也像杜鹃花一样兴旺发达……"

3)下面是一位领导同志在一个会议上讲话记录的部分节录:

"今天嘛,开这个会喽!这个,啊——本来么,没什么可讲的,可是这个,总要讲几句嘛!(嗒——打火机声,咝——长长的吸烟声),没什么准备,这个,啊——昨天上午才确定要来讲,晚上,看了个戏。这个这个,今天在车上,翻了简报。厚厚的一大摞哩,只看了几篇的标题。我在这个方面是个外行,既没有调查,也没有研究。今天,啊——我的卷子怕不及格,弄不好,也许要交白卷"。(哗——水倒进杯里)

"好在百家争鸣嘛!有了这一条,我的胆子壮了。说错了,我可以收回,你们要揪我,我可以不认账,哈哈。"

"这个会开了一个半月了。(耳语声)唔,是半个月,不算长,啊——会开长了是不好的。开短会,我赞成,这个好。说话也一样嘛!"

"啊,我在车上看了几眼简报,这个会是四月一日开始的。(听众笑声,耳语声)唔,是五月二日!可是简报上写的?(沙沙沙——翻简报的声音)啊——这简报,是另外一个会的。怎么搞的?这个,在车上我看的就是这个,啊——就随便讲一点感想吧!我想说十个问题……"(呼噜呼噜——会场上响起鼾声)

3. 如果你被选为班长,在班会上,请你用3~5分钟的时间作一次就职即席发言,你将讲些什么?试在短时间内理清思路,拟出发言提纲。

4. 以班级或小组为单位,以"职业学校学生应该具备的基本素质"为主题召开一次班会,每人作一次两分钟的即席发言,体会自己是否会感到紧张,并尝试着去控制它。

第8章 日常口才训练

8.1 介绍

介绍

【知识坊】

介绍是一种用途广泛、实用性很强的口头交流形式，也是人们沟通与获取信息的重要途径。在日常工作、学习、生活中，每个人都离不开"介绍"。一般来说，介绍可分为人物介绍和事物介绍两大类。

1. 人物介绍

人们从不认识到相知，从不熟悉到熟悉，往往都是从人物介绍开始的。介绍恰当与否，直接关系到交际活动是否成功。人物介绍一般可分为两种：自我介绍和居中介绍。这两种介绍都要抓住人物的主要特征。

（1）自我介绍 自我介绍是指人们在社交场合中向他人介绍自己的过程。恰当得体、别具一格的自我介绍能把自己美好、独特的形象推入对方的视线，给对方留下深刻、美好的印象，从而为双方进一步沟通与了解铺平道路，为自己社交目的的实现创造机会。

自我介绍的内容一般包括本人的姓名、年龄、籍贯、性格、特长、兴趣爱好、价值观、就读学校（或工作单位）、所学专业、工作能力、工作经验、主要成绩等。这些内容可根据交际的目的、场合、时限和对方的需求做出恰当的取舍，以尽量满足对方的期待。

在作自我介绍时，要注意自己的仪态，如抬头、挺胸、收腹、两腿稍微分开；要面带微笑，带有自信；要目光亲切，扫视听众；举止要端庄得体。在自我介绍完后不要忘了道声谢谢。

（2）居中介绍 居中介绍是指介绍者站在第三者的立场上，使被介绍的双方相互认识并建立关系的一种交际活动。善于介绍他人，一方面是展示自己在社交场合中左右逢源的表现力；另一方面体现着自己为人处世的能力和素养，能够提高自己在朋友和同事中的威信和影响力。

居中介绍需要熟悉、了解介绍对象的情况，突出介绍对象的特点。在介绍他人的过程中，应该做到大方得体、正确无误，要把其姓名、职务、特长等情况介绍清楚。居中介绍时要注意介绍的顺序、礼仪，把握介绍的内容和表达方式。居中介绍一般要遵循下列原则和方法：

1) 先把男士介绍给女士。在介绍中，先提女士的名字，然后再提男士的名字。如"王小姐，我来介绍一下，这位是张先生。"这是"女士优先"的具体体现，反映了对女性的尊重。唯有女士面对尊贵人物之际，才允许破例。

2) 先把职位低的人介绍给职位高的人。如"王校长，请允许我介绍一下，这位是李主任。"

3) 先把晚辈介绍给长辈。如"黄伯伯，这是我弟弟小强。"

4）先把未婚者介绍给已婚者。该原则仅适用于介绍者对被介绍者非常了解的情况。如果把握不准，可以从其他角度进行选择。

5）先把个人介绍给团体。一般应先介绍个人的姓名等情况，然后再按顺序依次介绍团体中的每个人。

6）先把客人介绍给主人。该原则适用于来宾众多的场合，尤其是主人未必与客人个个相识的时候。若要把客人介绍给父母，则应该先介绍给母亲。如果在客人之间进行介绍，一般把晚到的客人介绍给早到的客人。

此外，通常是后被介绍者趋前主动伸出手来，与对方握手、问好。如果被介绍的双方是异性，那么男性即使作为后被介绍者，也要等到女士主动伸手时才能与其握手，这是对女性的礼貌和尊重。

2. 事物介绍

事物介绍是为了让人们对被介绍的事物有所了解，知道事物的来龙去脉、特征意义，而对事物进行的解说、说明。必要时，还要对某一事物的形成原因作解释。事物介绍一般可分为两种：事物类介绍和事理类介绍。

（1）事物类介绍　事物类介绍应抓住事物的形状、方位、性质、成因、发生与发展的过程、制作方法以及效能功用等特征进行介绍。如介绍粉笔：

"普通的粉笔约二寸长，一头粗、一头细的圆柱形，很匀称，硬且脆。常用白色粉笔，还有黄色、红色等彩色粉笔。

现在，国内使用的粉笔主要有普通粉笔和无尘粉笔两种，其主要成分均为碳酸钙（石灰石）和硫酸钙（石膏），或含少量的氧化钙。

无尘粉笔属普通粉笔的改进产品，旨在消灭教室粉笔尘污染。它是在普通粉笔中加入油脂类或聚醇类物质作为胶粘剂，再加入密度较大的填料，如黏土、泥灰岩、水泥等。这样可使粉笔尘的密度和体积都增大，不易飞散，但在实际应用中，它对粉笔尘污染的降低效果并不十分明显。"

（2）事理类介绍　事理类介绍是指着重抓住事物的概念、种类、本质属性、内部规律以及科学原理等特征进行的介绍。如介绍经济危机：

"经济危机是指经济系统没有产生足够的消费价值，也就是生产能力过剩的危机。具体表现为：大量商品卖不出去，大量生产资料被闲置，大批生产企业、商店、银行破产，大批工人失业，生产迅速下降，信用关系遭破坏，整个社会生活陷入混乱。"

无论是事物类介绍还是事理类介绍均要按照一定的顺序展开：

（1）时间顺序　即按事物的发生、发展的先后顺序进行介绍。

（2）空间顺序　即按事物空间位置的顺序进行介绍，如由上至下，由近及远或由里至外等。

（3）逻辑顺序　即按人们认识事物的规律进行介绍，如由概括到具体、由整体到部分、由现象到本质、由表及里、由原因到结果、由主要到次要、由特点到用途等。

【经典吧】

1. 有一位老师在给新生上第一堂课的时候自我介绍说：

"我叫张来富，我父亲大概希望我给家里带来财富才给我取了这样一个名字，但很遗憾，我这个穷教书匠到现在还是两手空空。不过从另一方面来说，我又是很富有的。从事教育工作30多年，我的学生遍布五湖四海，有的当了市长，有的做了经理，还有很多是科研人员、技术工作者，他们为国家创造了巨大财富。对此我感到很欣慰、很自豪。希望大家努力学习，像你们的师兄师姐们一样，为家乡、为祖国创造更多的财富！这样我也算没有辜负父母亲的希望了，虽然我没给他们带来财富！"

这段热情洋溢、饱含感情的自我介绍从自己的名字开始娓娓道来，既介绍了自己，又鼓励了学生，令人感到亲切自然。

2. 一个电视台正在招聘编辑和记者，一位二十六七岁的姑娘进入面试室，她一束松松的马尾辫，穿一条干净利落的牛仔裤，进门、落座、起身、发言，一切显得生气勃勃。"先生，您好！很高兴能来参加贵台的招聘考试，请允许我做一个简短的自我介绍。我叫××，毕业于一所名不见经传的师范院校，是学中文的，目前在某中学任教。我并非不喜爱当老师，只是我更喜欢投身于电视事业。"

她的动作紧凑、敏捷，她的仪态落落大方，她的自我介绍，抓住重点，要言不烦，结果赢得了招聘者的好评。

3. 亚伯拉罕·林肯在1860年参加总统竞选演说时，是这样介绍自己的：

"有人写信问我有多少财产。我有一位妻子和三个儿子，都是无价之宝。此外，还租有一间办公室，室内有办公桌一张，椅子三把，墙角还有一个大书架，架上的书值得每个人一读。我本人既穷又瘦，脸蛋很长，不会发福，我实在没有什么可以依靠的，唯一可依靠的就是你们。"

林肯的这段自我介绍，语言幽默、含蓄、充满了个性色彩，他从家人、办公室、本人特点三方面，精妙地表现了自己的形象，并拉近了与听众之间的感情，最终赢得了听众，获得了竞选的成功。

4. 有这样一个居中介绍：

"去年的中学生田径运动会上，有一位身材小巧的女孩获得了女子1500米的第一名，为我们的学校赢得了荣誉，这位女孩此时就坐在我们中间，她就是王××同学。"

这个言简意赅的介绍既营造了轻松、愉快的氛围，又突出了人物的特点，给另一方留下了深刻独特的印象，这种既有重点又灵活新颖的方式创造出了很好的介绍效果。

5. "她叫艾思，这位姑娘确实人如其名，平时爱读书，爱思考，写出来的文章很有灵气！"

"这位小伙子姓高名士品，他和高士琪先生可没有任何亲戚关系哦……"

根据姓名的谐音或字面意思推导出来的引申意义，只要言之有理，语言恰当，都能令对方会心而笑。

6. 下面是一段楼盘的介绍。

御金名苑

精致生活，时尚品位，文化、居住、商机一个都不能少

"御金名苑"，城市中心的现代高档住宅楼，坐落于××大街与××中路交汇处的中心地理位置。属一环内，××边，××前的白金宝地。因其后有御家皇陵——××公园为后花园，并有××大道通运，故名"御金名苑"。

从"御金名苑"步行10分钟,即达皇家龙脉所在地——××公园,那里拥有百万平方米级别的绿地及湖面,亦是××市内最大的绿地和天然的大氧吧,更是您全家健康休闲的好去处。

"御金名苑"彰显出了浓厚的人文气息,对面即是××实验小学和××实验中学;周边还有××五校、××小学、××中学、××大学、××中医大学等众多名校,为孩子提供了一个优越的学习氛围。

"御金名苑"拥有众多实用小户型,体现出精致人家。拥有珍藏版62~90平方米小户型,功能明确,精巧实用。

"御金名苑"为城中腹地,拥有近十条公交线路,交通四通八达,出行十分便利。拥有繁华的配套服务,紧邻北行商圈,购物、休闲、娱乐一应俱全。对面又有××中医院、××儿童医院,为您和您家人的健康保驾护航。

"御金名苑"现代高层楼盘,采用框剪结构,户型灵活;××电梯24小时运行;单元门为白钢玻璃幕墙门;进户门采用全国知名品牌——××装甲防盗门;中空双层彩色窗坚固耐用、封闭性好;上下水为高级环保PP-R管材,保证50年无故障;宽带全部入户,每户均设有电话接口和有线电视接口,让您尽享现代高品质生活。

这是一个有关楼盘的介绍,文中着重抓住楼盘的地理位置、环境和交通、医疗、购物、学区等配套服务以及户型、建材等住户最关心的内容,尽可能突出楼盘的优势、特点,满足购楼者的心理需求。

【启迪厅】

成功的介绍是以娴熟的技巧为前提的,介绍一般要遵循以下几项原则:

(1) 镇定自若,热情大方 镇定才能从容不迫,自信才会取信于人。镇定自若出自于内,热情大方形之于外。尤其是作自我介绍时,更应从容自信,彬彬有礼,多一点微笑,多一份亲善,将自己最完美的一面呈现在对方面前,这样才能给听众一种值得信赖的感受和良好的印象。介绍时不要畏缩、呆板、冷漠,更不可摆架子或故弄玄虚。

(2) 语音清晰,语速适中 介绍必须让对方听清楚、听明白。因此要发音准确、吐字清楚、声音洪亮,不可含糊不清、低声咕哝;讲话的速度应缓急有度,既不可连珠炮似地抢说,也不能拉长声调,拖泥带水。

(3) 内容真实,详略得当 既不能夸张事实让人怀疑,也不要有意贬低,违背介绍意图,应恰当地掌握分寸,同时还要根据介绍的目的以及临场情况和时间要求来决定介绍的详略,把最有价值的信息传达给对方。

(4) 独辟蹊径,幽默生动 在自我介绍时,如只是平淡无奇地介绍自己的姓名"本人姓×,叫××",只会让人几分钟后就将你忘得一干二净;如果能详细地解释、引申一下自己的名字,就会给对方留下深刻的印象。如"我叫聂品,三只耳朵,三张口,就是没有三个头……"这样一说不仅会营造一种轻松的氛围,还会让对方轻易记住你的名字。介绍中,运用生动活泼、风趣而又富于幽默感的语言,能使听众产生深刻的印象,并引起对方的好感和认同。

(5) 恰当运用态势语,注意礼貌 介绍时可以配以恰当的态势语,表现出亲切、坦诚的神情,把信息传递给听众。如在作介绍时可将手指并拢、掌心向上、胳膊略向外伸,手指指向被介绍者。此时不可用手指对被介绍者指指点点，也不能用手拍被介绍人的肩、胳膊和背等部位。

【训练场】

1. 分析下面自我介绍实例的特点并借鉴其优点。

1）我叫高威武，身高1.63米，又干又瘦，实在是既不高大也不威武。但是我身上206块傲骨一块也不缺，我丝毫也不为自己的形象自卑。如果有谁坚持以貌取人，我倒愿意在围棋上同他较量较量，以证明我的大脑并无缺憾。

2）百家姓中我为先，诗圣大名在中间，再选屈原一个字，加在姓名最后面。抗日战争得胜利，早我出生三十年。赤橙黄绿青蓝紫，是我业余好伙伴。

3）我叫李鹏飞，大家选我当班长，我感到很荣幸。父母希望我如大鹏展翅，扶摇万里，我也希望我们的班集体能乘风直上，奋勇腾飞。

2. 来到一个新的学习或工作环境，面对一张张陌生的面孔，请台前的你自信地向大家介绍自己，力争给大家留下深刻、美好的印象。

3. 模拟班干部竞选，要求每位同学根据自己的特长向班集体自荐担任一项工作。在自荐演说中要尽量表明：

1）希望得到这份工作。

2）有能力胜任该项工作。

3）对做好该项工作的设想。

4. 假设你是人力资源部的职员，请将公司新来的员工分别介绍给公司领导以及各部门的职工。

5. 选取一样你熟悉、喜爱的事物，抓住其主要特征、规律等进行介绍。

8.2 倾听

【知识坊】

人们在社会交往中获取信息的渠道和方法多种多样，但最基本、最常用的就是"听"。听是人类社会重要的言语活动，练口必先练耳，没有"耳才"就谈不上"口才"。要想取得交谈的成功，必须有一双灵敏善辨的耳朵，成为一个善于倾听的能手，因此学会倾听尤为重要。

倾听是指善于听取他人的话语，注意捕捉对方话语中的"问题"，从而获取信息，做出反馈。善于交际者，往往首先表现在"善听"上。善听，是尊重对方的表现，同时又是使交谈得以顺利进行的重要条件。只有认真倾听对方的谈话，才能准确捕捉到宝贵的信息。"会说的不如会听的""听君一席话，胜读十年书"，说的就是这个道理。

倾听具有被动性。口语交际中，倾听者无法根据自己的言语接受习惯与思维能力去改变说话者要讲的内容，也不能左右说话者具体的表达方式。倾听还具有即时性的特点。倾听者无法在交际现场对所听到的话语作反复推敲，只能被动地紧随说话者的话语思路。因此，倾听者需要认真倾听，对所接受的信息重新进行整理、加工、组织，使之条理化、清晰化。

在社会交往中，倾听是重要的，也是必需的，因此我们必须学会倾听，善于倾听，成为一个合格的倾听者。

1）倾听者一定要虚心诚恳，要能正确理解对方传递的资讯，准确把握说话者的重点，认真听取、接受对方的意见。

2）倾听者要全神贯注，要认真倾听对方讲话，必须善于控制自己的注意力，克服各种干扰，始终保持自己的思维跟上说话者的思路。

3）倾听对方讲话，还要学会约束自己，控制自己的言行。倾听时不要轻易打断对方的讲话，也不要自作聪明地妄加评论。通常人们喜欢听赞扬的语言，不喜欢听批评、对立的语言。当听到不同意见时，有些人总是忍不住要马上批驳，似乎只有这样，才说明自己有理。还有的人过于喜欢表露自己，这不仅会影响自己倾听，也会影响对方对自己的印象。

4）倾听时要注意沟通与交流，要用目光注视说话者，通过面目表情传达自己听的兴趣。如眉毛上扬、保持微笑、恰当地频频点头、做出吃惊的表情等。身体可微微倾向说话者，表示对说话内容的重视和感兴趣。要在言语上做出积极的反应，如"对""是吗""后来呢"等应对语言，可根据话语内容、场合、气氛灵活插入。

【经典吧】

1. 有一个年轻人曾经拜师苏格拉底，求教演讲的技能。为了表示自己与生俱来的、出色的口才，他滔滔不绝地对苏格拉底讲了起来。苏格拉底打住了他的讲话，要求他交双倍的学费。那个年轻人惊诧地问道："为什么要我加倍的学费呢？"苏格拉底回答："因为我得教给你两样功课：一门课先学会怎样闭嘴，另外一门课是学习怎样开口。"

倾听是对他人的一种尊重，善于倾听的人才是真正会交际的人，倾听是搞好人际关系的需要，人有两只耳朵、一张嘴巴，就是为了少说。一个喜欢多讲的人，倾听能力会逐渐丧失，而且会变得固执、故步自封，以自我为中心。

2. 一位非常有名的节目主持人在和小朋友对话。一般情况下，因为时间有限，主持人会经常打断嘉宾讲话，何况又是个小朋友呢？

主持人问小朋友："你长大做什么？"小朋友很得意地说："我要当飞行驾驶员。"主持人又问："有一天你驾驶的飞机在太平洋上空飞行没油了怎么办？"小朋友很有把握地说："我让旅客系好安全带！而后我就系好降落伞跳下去……"

此时，主持人哈哈大笑，笑得小朋友莫名其妙，很不服气地哭了："您笑什么？我赶紧去找油啊！我一定会把油带回来的！"小朋友的淳朴天真十分感人，可是大人们却没有耐心听完孩子的讲话，更没有理解孩子说话的意图，因而误会了孩子。

3. 有一次，一位老教授给研究生作报告，谈他的治学经验。从8点半开始足足讲了两个半小时，然后回答研究生的提问。有个研究生提了一个涉及面很广的问题，不是几句话可以说清楚的。于是，教授幽默地说："你不让我回家吃饭了，是不是？"这个研究生一听，马上反应过来：自己提的问题实在太大，而且已经11点了。而教授也没给这个研究生难堪，"是不是"说得又快又轻。于是，这个研究生在和大家一起的"哈哈"一笑中，收回了自己提的那个不妥的问题。

由于研究生理解、听懂了教授的说话意图，听出了"潜台词"，也就是大家都该休息一下了，便收回了他的问题，因而报告会在愉快的笑声中结束了。

4. 在毛泽东的故乡，有不少"毛氏饭店"（酒家、饭馆），生意很兴旺。一位外国记者在一家"毛氏饭店"就餐后，访问店主。

记者："你现在生意很好，请问如果毛泽东还活着，他的政策能允许你开饭店发财吗？"

店主："我想告诉先生，如果没有毛泽东，我会冻死饿死，我怎能开饭店呢？我是靠毛泽东才翻身的。"

这里，店主认真倾听记者的询问，揣摩出记者话中有话，另有意图，因而答非所问，既巧妙歌颂了毛泽东的功绩，暗点了记者的别有用心，又不伤记者的自尊心。

5. 一次，美国著名女作家、《飘》的作者玛格丽特·米切尔应邀参加一个世界笔会，有位匈牙利作家同她攀谈起来："小姐，你是一位职业作家吗？""是的，先生。""那么，你有些什么大作，能见告一二吗？""谈不上什么大作，我只是偶尔写写小说而已。""哦，你也写小说，那么我们可以算是真正的同行了。我已经出版了339本小说了，你呢，小姐？""我只写过一部，书名是《飘》。"听到这儿，匈牙利作家目瞪口呆。

虚心倾听是对他人的一种尊重，在与人交谈时首先要尊重对方，善于倾听，可这位匈牙利作家并不想认真了解对方，而是急于自我炫耀，结果陷于尴尬境地。

【启迪厅】

倾听要掌握以下几点：

1. 要专心听清话语

要认真听清说话者的语音、语调、语气等，注意观察其表情及态势语言，并积极思考、分析，从而感知说话者要表达的语意内容。

2. 要耐心听完整话语

要把说话者表达的内容从头至尾听完，要尊重对方，不能表现出厌烦的神色，这样才能完整地把握信息。

3. 要细心理解话语

要在感知的基础上，抓住关键的语句，抓住说话者的说话意图，抓住说话者所传递信息的内容主旨。要及时敏锐地听出"弦外之音"，做到"善解人意"，并做出积极能动的心理反应。

4. 要用心品评话语

要在全面理解话语的基础上，根据一定的语言背景，对接受的话语信息进行品味、评判，品味语言的技巧，评判内容的真伪是非、正误优劣。

心理学研究表明，人在内心深处，都有一种渴望得到别人尊重的愿望。倾听是一项技巧，是一种修养，是一种很重要的礼节，甚至是一门艺术。学生在课堂上要学会倾听，在求职面试过程中也要学会倾听。在面试过程中，主考官的每一句话都是非常重要的，要集中精力认真去听，要记住说话人讲话的内容重点，了解说话人的希望所在。认真倾听对方的谈话可以使自己受益匪浅。

【训练场】

1. 下面一组材料都是有关如何倾听别人说话的内容，请逐一分析总结出"倾听"的要点，并回答问题。

1）从前有个店铺的小伙计特别谗，整天想着吃。一天掌柜的对他说："你去买点竹竿回来，我要……"话还未完，小徒弟早拿过钱跑了。他到肉铺买了些猪肝，又私自买了点熟猪耳朵藏在口袋里，准备留给自己偷着吃。回去交差时掌柜的气得大骂："你没听见我说买啥是怎的？你耳朵呢？"小伙计没听懂掌柜的意思，还以为自己的小算盘被他发现了，吓得赶忙掏出猪耳朵说："耳朵在这儿。"

请问，小伙计的错出在哪里呢？

2）在教授家的一次聚会上，某哲学研究所的负责人向教授打听他的一个学生是否适宜担任哲学研究工作。教授略思片刻说："他的英语不错，已经达到能同外籍专家交谈的水平，听说最近还开始自修德语和日语，并且经常参加有关英语方面的学术会议。"该负责人没有再问下去，事后也没有录用那位教授的学生。

请问，教授对他的学生并没有一个字的贬损，为什么那个负责人打消了录用的念头？

3）甲同学穿了件新衣，问："你觉得好看吗？"乙答："我对服装的鉴赏能力很差。"乙的意思是什么？

2. 倾听话剧《雷雨》中的一段对话，结合剧情，说出其中的"弦外之音"。

鲁侍萍：（叹一口气）现在我们都是上了年纪的人，这些话请你也不必说了。

周朴园：那更好了。那么我们可以明明白白地谈一谈。

鲁侍萍：不过我觉得没有什么可谈的。

周朴园：话很多。我看你的性情好像没有大改，——鲁贵像是个很不老实的人。

鲁侍萍：你不要怕，他永远不会知道的。

3. 认真倾听《林黛玉进贾府》中王熙凤初见黛玉时所说的一些话，品评王熙凤的性格特点。

这熙凤携着黛玉的手，上下细细打量了一回，仍送至贾母身边坐下，因笑道："天下真有这样标致的人物，我今儿才算见了！况且这通身的气派，竟不像老祖宗的外孙女儿，竟是个嫡亲的孙女，怨不得老祖宗天天口头心头一时不忘。只可怜我这妹妹这样命苦，怎么姑妈偏就去世了！"说着，便用帕拭泪。贾母笑道："我才好了，你倒来招我。你妹妹远路才来，身子又弱，也才劝住了，快再休提前话。"这熙凤听了，忙转悲为喜道："正是呢！我一见了妹妹，一心都在她身上了，又是喜欢，又是伤心，竟忘记了老祖宗。该打，该打！"又忙携黛玉之手，问："妹妹几岁了？可也上过学？现吃什么药？在这里不要想家，想要什么吃的、什么玩的，只管告诉我；丫头老婆们不好了，也只管告诉我。"一面又问婆子们："林姑娘的行李东西可搬进来了？带了几个人来？你们赶早打扫两间下房，让他们去歇歇。"（注：当时贾母、迎春、探春、惜春都在场）。

4. 倾听下列材料中赵同学所说的一些话，谈谈你的感受。

王同学面容精致，智力超群，她总是很忙，半步也不停歇，如果你听到我们宿舍电话铃响，一个女孩急匆匆地问："你找谁？……不在！"然后"啪"地挂掉，那接电话的人肯定是惜时如金的王同学。她认为，为不相干的电话耽搁半秒钟都是多余。

另一位赵同学则迥然不同，她打电话就似小提琴与钢琴的协奏曲，你在轻轻拉，我在轻轻和，第一句通常是："请问您找谁？"柔和的意境，有如静谧清幽的小树林，其间有山泉微溅。如果对方要找的人不在，她的第二句话便是："请问有什么事情需要我转告吗？"有时我们甚至会听见她惊喜的第三句："哦，您是阿姨啊！××上晚自习去了，等她回来，我就让她给您打回去。对，这里下过一场雪了，但不太冷，据说今年是暖冬……"三年来，这位"电话大使"始终保持着这样亲切优雅的"接线员"习惯，她还特意准备了一个秀气的小本子，搁在电话机旁，清楚写着："×××，几月几日有人来电。"有她在宿舍，我们总是很安心。

谁知道，这个不起眼的习惯，竟然帮助赵同学毕业后找到了一份"总裁助理"的工作。总经理对她说："我打电话到你们宿舍，本想找另一位同学的，你的第一声'您好'听起来非常舒服和职业；当我要找的同学不在时，你加问一句'有什么事情需要转告吗？'让人感到你的细心和周到；当我无意中说起，周末要来你们学校开招聘会时，你主动介绍了行车路线，提醒我在西门容易堵车，最好走东门……尽管你在其他方面并不具备绝对优势，但接电话时却展现了超出一般大学生的良好修养和亲和力。你们宿舍另一位同学，则显得过于急躁……"

5. 训练题。老师口读下文三遍，同学们通过倾听摘记要点，周密思考，然后按过河的顺序，依次把"好办法"表达出来。

有个农民带着一只狗、一只猫和一筐鱼去赶集。到了渡口，那儿只有一只很小的船，农民一次最多只能带一样东西上船，否则有沉船的危险。起初，他想带狗上船，又怕猫吃鱼。若先带鱼过河，又怕狗欺负猫。他坐在河边冥思苦想，终于想出了一个好办法。你知道是什么办法吗？

8.3 交谈

交谈

【知识坊】

交谈是口语表达活动中最基本、最常用的方式，它不仅仅局限于人与人之间的感情交谈，而且贯穿于整个人类活动，如贸易洽谈、接待客人、求职面试、商讨工作、思想谈心等。广泛的交谈可以沟通信息，获取知识；可以联络感情，增进友谊；可以洽谈业务，创造效益；可以陶冶情操，愉悦心灵。萧伯纳有一句名言："你我是朋友，各拿出一个苹果彼此交换，交换后仍是各有一个苹果。倘若你有一种思想，我也有一种思想，而朋友之间相互交流思想，那么我们每个人就有了两种思想。"可见，交谈对于丰富人们的思想与情感具有重要作用。

1. 交谈的态度

人与人之间的交谈，诚挚友好的态度是基础。交谈的态度具体表现为：诚恳、热情、友善、礼貌。这既是对他人尊重的一种方式，也是谈话双方愉快交谈的前提。

1）眼睛要注视对方（注视鼻尖或额头，不要一直盯住对方的眼睛，那样会使对方不舒服）。

2）从表情上显示出很感兴趣，不时地点头表示赞成对方。

3）身体前倾，表示尊重与倾听。

4）为了表示确实在听而不时发问，如"后来呢？""真的？""是吗？"等。

5）不要轻易打断别人的讲话或节外生枝，不随便改变对方的话题。

2. 交谈的对象、环境

与人交谈时，要注意交谈者之间的年龄差异、文化差异、职业差异、个性差异、城乡差异和亲密程度等，要因人而异、有的放矢地交谈。只有服从了交谈对象的个异性规律，才能有良好的话题开端和效果。与人交谈时还要注意语言环境，包括时间、地点、条件、氛围等。交谈的语言一定要与语言环境和谐一致，懂得掌握"因地制宜"的道理和方法，才能实现交谈的目的。

3. 交谈的话题

交谈时要善于寻找话题。有人说："交谈中要学会没话找话的本领。""找话"就是"找话题"。写文章，有个好题目，往往会文思泉涌、一挥而就；交谈时有个好话题，就能使谈话顺势而成、融洽自如。

好话题的标准是：至少是一方熟悉，能谈；能够引起共同的兴趣，爱谈；有展开探讨的余地，好谈。常见的引出话题的方法有四种：

（1）中心开花法　这是指选择众人关心的事件为题，把话题对准大家的兴奋中心，引出大家的议论，导致"语花"四溅，形成"中心开花"。如2008年伴随着中华民族伟大复兴的脚步，中国人的奥运梦想终于在百年的期盼中圆梦北京！

提出这一话题，就能调动大家的谈话热情：有的描述气势磅礴、古色古香的开幕式，有的谈论精彩激烈、激动人心的比赛现场，有的讲述感人至深、铭记于心的友好故事……各抒己见，十分热闹。这类话题是大家想谈、爱谈又能谈的，人人有话，自然会引起许多人的议论和发言。

（2）即兴引入法　这是指巧妙地借用彼时、彼地、彼人的某些材料为题，借此引发交谈。如乘坐火车时，你看到对面的乘客在看一本你所熟悉的杂志，那么你就可以以这本杂志为题引发交谈。

（3）投石问路法　向河水中投块石子，探明水的深浅再前进，就能较有把握地过河。与陌生人交谈，先提些"投石"式的问题，在略有了解后再有目的地交谈，便能谈得较为投机。如在宴会上见到陌生的邻座，可先"投石"询问："您和主人是同学呢，还是同事？"然后可循着对方的答话交谈下去。

（4）兴趣入题法　了解对方的兴趣，循趣发问，就能顺利地找到话题。因为对方最感兴趣的事，总是最熟悉、最有话可谈，也是最乐于谈的。如对方喜爱摄影，便可以此为题，谈摄影的取景、各类相机的优劣等。如对摄影略知一二，那定能谈得很融洽；如对摄影不了解，也可借此大开眼界。

引出话题的方法还有很多，如"借事生题法""由情入题法""即景入题法"等。

4. 交谈十二忌

在与人交谈的时候，注意以下十二点是取得交谈成功的基础：

（1）忌居高临下　不管你是什么身份，都应该放下架子，平等地和别人交谈，切不可给人"高高在上"的感觉。

（2）忌自我炫耀　交谈中不要炫耀自己的长处、成绩，更不要或明或暗拐弯抹角地为自己吹嘘，以免使人反感。

（3）忌心不在焉　听别人讲话的时候，思想要集中，不要左顾右盼，或面带倦容、连打呵欠，或神情木然、毫无表情，让人觉得扫兴。

（4）忌口若悬河　如果对方对你所谈的内容不懂或不感兴趣，不要不顾对方的情绪始终口若悬河。

（5）忌搔首弄姿　和别人交谈的时候，姿态要自然得体，手势要恰如其分。切不可指指点点，挤眉弄眼，更不要挖鼻掏耳，给人以轻浮或缺乏教养的印象。

（6）忌挖苦嘲弄　别人在谈话时出现了错误或不妥，不应嘲笑，特别是在人多的场合尤其不可以。也不要对交谈以外的人说长道短，这不仅有损别人，也有害自己，因为谈话者从此会警惕你在背后也说他的坏话。

（7）忌言不由衷　对不同看法，要坦诚地说出来，不要一味附和。也不要胡乱赞美和恭维别人，否则令人觉得你不真诚。

（8）忌故弄玄虚　本来是习以为常的事，切莫有意"加工"得神乎其神，语调时惊时惶、时断时续，或"卖关子"、玩深沉，让人捉摸不透。如此故弄玄虚，是很让人反感的。

（9）忌冷暖不均　当几个人一起交谈时，不要只根据自己的"口味"交谈，更不要按他人的身份而区别对待，热衷于与某些人交谈而冷落另一些人。

（10）忌短话长谈　切不可泡在谈话中，鸡毛蒜皮地"掘"话题，浪费大家的宝贵时光，要适可而止。

（11）忌问薪水财产　一些素质较高的人不喜欢让别人因为钱对他感兴趣，因此开口便问"你挣多少钱？"是很不礼貌的行为。

（12）忌谈婚姻年龄　不要问类似"结婚了吗"或"小孩多大了"等问题。当代社会男婚女嫁的风俗正在改变，有的人选择了独身，也有许多单亲家庭，还有的家庭是由同性恋者组成的。个人的婚姻生活等通常被认为是极端隐私的，涉及隐私的话题通常会导致交谈失败。

【经典吧】

1. 两个出外考察很久的人归来，A对女友说："独自一个人的日子，好寂寞！"而B却对女友说："没有你在身边的日子，好寂寞！"

在这里，同样的意思，表述的方法是不一样的。A强调的是自我，很难令对方感动；B将对方当作话题中心，因而效果就比A好得多。

2. 意大利音乐家威尔第在50岁时，会见一个18岁的青年作曲家，这个青年人喋喋不休地谈论自己和自己的乐曲。威尔第专心地听完他的谈话，说："当我18岁时，我认为自己是个伟大的作曲家，也总是谈'我'；当我25岁时，我就谈'我和莫扎特'；当我40岁时，我已经谈'莫扎特和我'了。"

在青年作曲家和威尔第的交谈中，青年作曲家所表现出的缺乏修养和过于浅薄启示着我们：在与人交谈中，一个人要少谈自己，贵在有自知之明，不要目中无人。

3. 某公司的两位管理人员在面对客户和员工的时候，他们的语言表述不同，产生了截然不同的效果，结果是A不久被调离岗位，B则受到上司的奖赏。

A的习惯用语：你的名字叫什么？

你错了，不是那样的！

如果你需要我的帮助，你必须……

当然你会收到，但你必须把名字和地址给我。

注意，你必须今天做好！

B的语言表达：请问，我可以知道您的名字吗？

对不起我没说清楚,但我想它运转的方式有些不同。

我愿意帮助您,但首先我需要……

当然我会立即发送给您一个,我能知道您的名字和地址吗?

如果您今天能完成,我会非常感激。

在这里 B 尽量用"我"代替"你"以尊重对方的口吻与对方交谈,而 A 以高高在上的口吻与对方交谈,常会使人感到有根手指指向对方,令对方极不舒服。

4. A、B 两人初次见面。A 谈起了几天前发生的一件有趣的事情:"那天真是刺激,我们在雨中上山,真不得了……"话还没有说完,B 说:"你要注意啊,下着雨上山是不行的!"A 一下子就不知道该不该继续讲自己那天的经历了,只好说:"你说的有道理。"双方再无话可说。

同一天,A 又认识了 C。A 再次说起:"那天真是刺激,我们在雨中上山,真不得了……"C 说:"呀!那怎么办呢?"A 说:"我们赶紧跑进了山上的小亭子,小亭子里挤满了人。"C 又问:"那后来呢?"A 说:"贴身的衣服都湿透了……"C 说:"是呀,太精彩了……"

对待同样的话题,B 的回答一下子封住了对方想要说话的热情,就好像刚要进门,眼前"嘭"地一声门被关上了,这样一来,谈话就不能继续下去了。而 C 则灵活得多,几句简单的附和问话,就使对方的谈话延续下去,使对方的谈话兴致高涨起来。

5. 甲乙两人在火车上相遇,寻找适时的话题,两人打破了旅途的寂寞。

甲:"听你的口音好像是山西人。"

乙:"我是太原的。"

甲:"太原是好地方。你们那儿的晋祠可是旅游者必去的地方。"

乙:"是呀,'晋祠三绝'名气可大了。"

甲:"哦,哪三绝?"

乙:"有……"

甲:"……"

……

甲乙二人的谈话顺势而下。时间过得很快,旅途中的寂寞被打破了。

6. 一次,英国作家萧伯纳与一家大型企业的老板并坐看戏。萧伯纳清瘦,而这位老板却满身肥肉,胖得流油。胖老板想嘲笑一下瘦作家,说:"作家先生,我一见你,便知道你们那儿在闹饥荒。"萧伯纳接道:"我一看见你,便知道闹饥荒的原因。"

萧伯纳的语言睿智而又幽默,他用轻松巧妙的幽默语言回复对方,令人忍俊不禁,取得了很好的表达效果,富有感染力。

7. 一天,英国作家萧伯纳在街头散步,一辆自行车向他直冲过来,双方躲闪不及,一起跌在地上。下边是他们的对话。

骑车人深感不安地说:"太抱歉了,先生!对不起,真是太不幸了!"

萧伯纳幽默地说:"是太不幸了。不过,先生,你比我更不幸。要是你再加点劲儿,就可以作为撞死萧伯纳的好汉名垂史册了!"

萧伯纳被骑车人撞倒,理亏的是对方,当对方表示歉意的时候,萧伯纳并不是得理不让人,而是用一句幽默的妙语化解了可能激化的矛盾,表现出一位艺术大师宽厚待人的气度和优秀的语言修养。

8. 日本影星中野良子35岁时尚未结婚，一次在上海参加艺术交流活动时，有人问及她什么时候结婚时，这位日本影星笑容满面，友好而机智地回答说："如果我结婚，就到中国来度蜜月。"

这个回答，既巧妙地把"在何时结婚"的问题变成了"在何地度蜜月"的问题，回避了中野良子不想正面回答的问题，又强烈地表达了中野良子对中国人民的友好感情。听者无不为她的口才和风度而叹服。如果中野良子直接用"无可奉告""我还不打算结婚"之类的话来回答，都将会使对方感到尴尬，从而冲淡友好的气氛。

【启迪厅】

在进行交谈时，一定要注意以下技巧：

1. 运用优雅的词语礼貌待人

谈话时，要想运用优雅的词语礼貌待人，遣词造句是非常重要的。运用优雅的词语，可以展示个人的良好教养和对谈话对象的尊重。要避免冗长无味或意思重复的言语，多用礼貌用语，不说粗话，礼貌待人。

2. 态度要真诚

真诚既是做人的美德，也是交谈的要求。只有直率诚笃，才能有融洽的交谈环境，才能奠定交谈成功的基础。双方应认真对待交谈的主题，坦诚相见、直抒胸臆、不躲不藏，要明明白白地表达各自的观点和看法。

3. 注意强调对方的价值

双方在交谈时应将对方当作话题的中心，将对方视为主角，强调其存在的价值，只有这样才能打动对方的心。同时，交谈要谦和、委婉、尊重对方。

4. 满足对方的心理需要

谈话时应尽可能地从某一方面去满足对方的心理需要，多谈谈与对方相同的意见或对方想谈论的话题，这样对方自然会对你产生好感，有了谈话的兴趣，谈话自然就会越说越精彩。假如我们非得反对某人的观点，也一定要先找出某些可以赞同的部分，再表述自己的不同看法，以此来满足对方的心理需要。

5. 学会倾听，尊重对方

交谈过程中，要细心聆听对方的讲解，切勿东张西望、似听非听、心不在焉、翻看书报、哈欠连天，或随便打断对方的谈话。倾听和尊重对方是你获取成功谈话的前提条件，要在任何场合中学会倾听，尊重对方。

6. 反馈要积极

交谈要注意反馈，当一方在阐述自己的意见时，另一方要通过适当的眼神、手势或其他的形体语让对方感觉到你在认真倾听；或及时、适当地使用一些语气词，或用简单的语句进行反馈，如"啊！""是吗？""那太好了！""讲得对！""那后来怎么样？"等来烘托渲染谈话气氛，激发对方谈兴。

7. 让幽默成为交谈的调味剂

幽默是一个有魔力的东西，人们在幽默的笑声中发现严肃、美好、善恶及崇高的印迹。且不说它能被政治领袖们当作调整国际关系的工具，就平常的生活而言，它既能使单调乏味的日子变得轻松快乐，又能营造轻松愉快的交谈气氛。思想放松，轻松自然，没有顾虑，话语和思维同步，那么不但自己不会紧张，对方也会感到放松，交谈的气氛自然融洽，谈话就能顺利地进行，从而达到交谈的目的。

8. 控制交谈的时间

为了避免陷入无休止的闲聊、争执，就要控制住交谈的时间。

其实交谈的技巧还有很多，要真正成为交谈高手，必须注意技巧，但切忌技巧过多，显得做作，真诚＋适当的技巧＝融洽的交谈。

【训练场】

1. 结合你所学的专业，谈谈如何学习语言表达以及提高交谈能力的重要意义。
2. 根据所学知识，对下列几则案例进行评点。

1）在电影《×××》的香港首映式上，有位记者问主演："你对自己的相貌如何评价？"主演指着自己的小虎牙笑着说："我觉得我的牙齿很漂亮，因为它整齐而与众不同嘛。"

2）王××受命赴香港创办××实业公司。一下飞机，记者就向他提出了一个很难回答的问题："您这次来香港办公司带来多少钱？"王××见对方是个女记者，急中生智答到："对女士不能问岁数，对男士不能问钱数。小姐，你说对吗？"

3）某省一家外贸公司为拓展业务，决定向社会公开招聘数名业务管理人员。应聘者表现各异。

甲："经理，你只要录用我，两年之内，我保证给你赚几十万。"

乙："经理，我这次是横下一条心来报名应聘的，我已向原单位辞了职，我坚信，凭我的水平，你们一定会录用我的。"

丙："经理，搞外贸是我多年的愿望，这次如再不能如愿，我可真……"

4）很早以前，有位士兵骑马赶路，到黄昏的时候还没有找到客栈，忽然发现前面来了位老农，便高喊："喂，老头儿，离客栈还有多远？"老人回答："五里！"士兵策马飞奔十里多路，仍不见人烟。"五里、五里"，士兵猛然地醒悟过来，"五里"不是"无礼"的谐音吗？于是他调转马头赶回来亲热地叫了一声："老大爷……"话还没有说完，老农说："你已经错过路头了，如不嫌弃，可到我家一住。"

5）有位青年爱慕一位姑娘，他对她说："我很爱你。没有你，我一天都活不了。"姑娘听后，慢条斯理地问："你今年多大了？""二十二。""那二十二年你是怎么活过来的？"小伙子无言以对。

3. 有个朋友到你家串门，天很晚了，他还东拉西扯谈个没完，你很困了，又不好意思直接叫他回去（因为你们是刚认识不久的一般朋友）。现在请你在不伤害彼此感情的前提下婉转地表达送客之意。

8.4 劝说与婉拒

【知识坊】

在社会交往的过程中，彼此意见不同的情况时有发生，各种争端也往往因此产生。大多数人不知道该如何消除彼此间的意见分歧，有效地劝说他人达成共识；面对他人的请求，在自己不情愿的情况下，直截了当地说出拒绝的话又很难说出口。学会劝说与婉拒的策略、技巧将使你的交际生活更加愉悦成功！

1. 劝说的基本策略

劝说是指促使对方放弃原有的打算和意见，认同你的观点，从而实现思想上的重大转变的过程。生活中需要劝说的对象有很多，他可能是你的父母、你的上司、你的同学、你的顾客、你的朋友、你应聘的主考官……在大多数情况下，人们总是趋于坚持己见，不愿意自己的意志被别人所改变。你可能随时会遇到要劝说别人改变或放弃原有的主意，进而心甘情愿地同意、采纳你的意见的情况。能够轻松有效地劝说他人，做到以理服人、以情动人，真正地使对方心悦诚服，掌握劝说的基本策略是非常重要的。劝说的基本策略有：

1）了解劝说对象的性格、爱好、心理需求等，揣摩对方心理，有的放矢地针对其顾虑进行劝说。

2）以诚相待，取得对方的信任。

3）晓之以理、明确利弊，从另外一个角度剖析对方原有想法的不合理性，促使其自动放弃。

4）营造氛围、把握契机，将劝说对象与时、境、理联系起来，营造和谐适宜的劝说氛围。

2. 婉拒的基本策略

在日常工作和交往中，当别人向你提出了一些违背你意愿的请求时，如果你不忍心说"不"字给予回绝，就会使自己陷入两难的境地，给自己平添很多麻烦；有时由于拒绝方法不当又会得罪别人，影响彼此的交往。

拒绝是令人深感遗憾却又是难以回避的，我们应该力争做到既不刺激对方，又不伤害对方的感情，在不同意和不接受对方看法或要求的前提下，用含蓄、婉转之词加以拒绝。善于拒绝者，既能使自己掌握主动权、进退自如，又能给对方留足"面子"、搭好台阶，使交际双方都免受尴尬之苦。因此，学会婉言拒绝，掌握婉拒的基本策略是非常重要的。婉拒的基本策略有：

1）态度和蔼诚恳。不论是倾听对方的请求还是婉拒对方并说明缘由，都要始终保持和蔼诚恳的态度。不要对对方的请求表现出不悦之色，甚至蔑视或忽略对方。

2）语言委婉含蓄。当对他人的请求不得已说"不"字时，言谈话语中要真诚地流露出你的歉意，如"请您谅解""实在不好意思""抱歉""对不起"等致歉语，这样能不同程度地舒缓对方被拒之后的低落情绪。

3）内容明白直接。自己明显办不到的事情要清楚明白地表达拒绝之意，不可模棱两可，让对方抱有幻想，甚至引发误解。

4）理由合情合理。在清楚明白地表达拒绝之意外，还应给"不"字加上合情合理的解释，让对方明白你确有苦衷而不忍强求。

【经典吧】

1. 传说汉武帝晚年时很希望自己长生不老。一天，他对侍臣说："相书上说，一个人鼻子下面的'人中'越长，命就越长，'人中'长一寸能活一百岁。不知是真是假？"东方朔听了这话，知道皇上又在做长生的梦了。皇上见东方朔面有不悦之色，喝道："你敢笑我？"东方朔脱下帽，恭恭敬敬地回答："我怎么敢笑话皇上呢？我是在笑彭祖的脸太难看了。"汉武帝问："你为什么笑彭祖呢？"东方朔说："据说彭祖活了800岁，如果真像皇上说的，他的'人中'就有8寸长，那么他脸不是有丈把长吗？"汉武帝听了，也哈哈大笑起来。

东方朔要劝谏皇上不要做长生的梦，但又不好直接去规劝，所以采用了讲故事的方法，委婉地表达了自己的意思，使汉武帝愉快地接受了他的规劝。

2. 王××在某职业学校读书，颇有点才华，写得一手好字，可就是有点不拘小节，每天早晨起床后不肯把被子叠整齐，检查评比时他总是拖班级的后腿。为此，班主任也曾批评过他，可他满不在乎，依然我行我素。

有一天，班主任老师到寝室查看，见王××在练字，就走过去说："汉字是方块字，其中既有美学，又有力学……"接着，班主任从古代书圣王羲之、颜真卿、柳公权等，说到当代的郭沫若、沙孟海、舒同等。王××没想到班主任老师竟也懂得那么多书法知识，渐渐听得入了迷。

班主任老师发现时机已到，就突然把话锋一转说："常言道，字如其人，但遗憾的是，你的字却与你本人不一样。"王××对班主任的"突然袭击"毫无防备，一下子呆了，"我怎么了？"班主任老师趁热打铁说："看你的被子窝窝囊囊的，像个练书法的人吗？整理内务犹如写字，也很有讲究。一个字中，只要有一笔没写好，整个字就显得逊色；一个寝室里，只要有一个人不好好整理内务，整个寝室的统一美就被破坏了。"王××听了，顿时恍然大悟，脸一下红了起来。从此以后，他不仅被子叠得整齐，而且学习也更加努力了。

这里，班主任老师以谈书法为切入点，先循循善诱，对小王"投其所好"，再用"激将法"指出他内务不整，给全班带来的负面影响，从而帮助教育了小王，这种劝说方法起到了良好的效果。

3. 一次，出租车女司机韩××经过火车站时遇到一男青年打车。韩××把他送到指定地点，对方拿出一张百元钞票交车费。就在韩××找钱时，对方掏出尖刀逼韩××把钱都交出来，韩××装出害怕的样子交给歹徒300元钱说："今天就挣这么点儿，要嫌少就把零钱也给你吧。"说完又拿出20元零钱。见韩××如此"敞亮"，歹徒有些发愣。韩××趁机说："你家在哪里住，我送你回家吧。这么晚了，家里人该等着急了。"歹徒见韩××是个女子，又没有反抗之意，便把刀收了起来，让韩××把他送到火车站去。见气氛缓和了，韩××不失时机地劝说歹徒："我家里原来也非常困难，咱又没啥技术，后来就跟人学开车，干起这行了。虽然赚钱不算多，可日子过得也不错。何况自食其力，穷点儿谁还能笑话我呢！"见歹徒沉默不语，韩××继续说："唉，男子汉四肢健全，干点啥都差不了，走上这条路一辈子就毁了。"

火车站到了，见歹徒要下车，韩××又说："我的钱就算借给你的，用着干点正事，以后别再干这种见不得人的事了。"一直不说话的歹徒听罢突然哭了，把300元钱往韩××手里一塞说："大姐，我以后饿死也不干这事了。"说完低着头走了。

这里，韩××遭到歹徒的要挟时，既没有慌乱，也没有反抗，反而顺从对方的要求把钱掏出来。韩××把握了对方良心未泯的特征，在歹徒放松戒备的情况下，苦口婆心地劝说，使歹徒最后得到感化，做出了正确的选择。

4. 某精密机械总厂生产某项新产品，将其部分部件委托小厂制造，当该小厂将零件的半成品呈示给总厂时,不料没有合乎该总厂要求。由于生产任务迫在眉睫,总厂负责人只得令其尽快重新制造,但小厂负责人认为他是完全按总厂的规格制造的,不想再重新制造,双方僵持了许久。总厂厂长见了这种局面,在问明原委后,便对小厂负责人说:"我想这件事完全是由于公司方面设计不周所致,而且还令你吃了亏,实在抱歉。今天幸好是由于你们帮忙,才让我们发现竟然有这样的缺点。只是事到如今,事情总是要完成的,你不妨将它制造得更完美一点,这样对你我双方都是有好处的。"那位小厂负责人听了总厂厂长的一番话后,便欣然应允。

这里,总厂厂长站在对方的立场上分析问题,给对方一种为他着想的感觉,以心换心,这种投其所好的技巧常常具有极强的说服力。要做到这一点,"知己知彼"十分重要,惟先知彼,而后方能从对方立场上考虑问题。

5. 钱钟书先生是我国著名作家,他的作品《围城》享誉海内外。有一位外国女士特别喜欢钱钟书,有一天她打电话给钱钟书先生说:"钱钟书先生,我十分喜欢您的作品,我想去拜访您一下。"这是一个善意的请求,人家是慕名而来的。但钱钟书先生一向淡泊名利,不慕虚荣,于是他在电话中婉拒道:"假如你吃了一个鸡蛋觉得不错的话,又何必一定要见那个下蛋的母鸡呢!"

这里,钱先生以其特有的幽默和机智,运用新颖、别致而又生动、形象的比喻,婉转含蓄地拒绝了对方的请求,既维护了那位女士的自尊,又没有伤害对方的感情,还避免了不必要的麻烦。

6. 罗斯福在当选美国总统前,曾在海军担任要职。一天,一位记者向他打听海军在加勒比海一个小岛上建立潜艇基地的计划。这时,罗斯福向四周看了一看,压低声音问:"你能保守秘密吗?"对方答:"当然能。""那么,"罗斯福微笑着说,"我也能。"

罗斯福的方法是问对方能否保守秘密,先不直接说自己的做法,而是诱使记者上当,巧妙地使记者陷入自我否定之中,真是妙不可言。

7. 在一次记者招待会上,基辛格向随行的美国记者团介绍情况,当他说道"苏联生产导弹的速度每年大约250枚"时,一位记者问:"我们的情况呢?我们有多少潜艇的导弹在配置分导式多弹头?有多少民兵导弹在配置分导式多弹头?"这是一个很难回答的问题,基辛格如果说"不知道",便等于撒谎;如果说"无可奉告"之类的外交辞令,又会落入俗套,还有可能激起记者们更尖锐、棘手的追问;如果实话实说,则必然泄露国家机密。面对这样的难题,基辛格非常从容地答道:"我们有多少潜艇我知道;有多少民兵导弹在配置分导式多弹头我也知道。但是我不知道这是不是保密的?"一个记者急忙说:"不是保密的!"基辛格笑着反问道"不是保密的吗?那你说是多少?"记者们都傻了,只好嘿嘿一笑了之。

这里记者提出的问题涉及国家秘密,基辛格能够防中有攻,通过反诘反戈一击,咄咄逼人,变被动为主动,巧妙而又十分得体地封上了记者的嘴,效果甚佳。

8. 陈某听说老王要向他借一大笔钱。他知道这钱如果出手,就有可能是肉包子打狗——一去不回,但又不想得罪对方。于是他灵机一动,在老王刚一进家门时,就立刻说:"你来得正好,我正要去找你呢,这两天可把我急坏了,有一批货非常便宜,可人家非得要一口吞,我怎么也凑不齐这笔资金,正想找你借几万呢。"对方一听这话懊悔自己到和尚庙借木梳——走错门了,赶紧搪塞几句,一走了事。

这是一个抓住时机、反攻为守的典型例子。陈某深知这位生意伙伴的意图和秉性,所以他在对方刚进家门,只字未说的时候抢先向对方借钱。遇到这种意外情况,对方毫无心理准备,只好敷衍几句,溜之大吉,哪里还顾得上借钱。

9. 贾某与甄某生意上有来往,但没有实交。当贾某提出要向甄某借钱时,甄某犯难了,借吧,怕担风险;不借吧,又怕得罪这个用户。思量再三最后他说:"你有难处时,找到我,这是瞧得起我。不过,这几天我手头紧的很,刚刚装修完房子,花了五六万。又进了一大批货,把所有的钱都用上了,又贷了两万款,你看,贷款条子还在我口袋里呢。这样吧,你先等几天,等我的货出手后,我一定借给你。"

这里,贾某之所以向甄某借钱,很大程度上是因为他相信甄某的实力。体会到这一点,甄某先表示贾某向他借钱是看得起他,让对方觉得脸上有光,然后诉说自己手头很紧,实在无能为力。话说到这一步,贾某也不好意思强求了。

【启迪厅】

1. 劝说的技巧

(1) 故事类比法　以讲故事的方式劝说他人,可以使劝说行为变得含蓄生动,不用浪费太多的口舌就能让对方明白较为复杂的道理。在使用此技巧时,要注意遴选恰当的事例,使故事主角的情况与对方产生明显的对应关系,从而启发对方,使其吸取教训。

(2) 权衡利弊法　站在对方立场上,客观、全面、深入地帮助对方分析行为的利弊,使其自动地放弃错误的行为。

(3) 投其所好法　从对方的兴趣、爱好入手,赢得对方的信任,使对方从心理上愿意接受你的劝说或主张。

(4) 顺从感化法　在与要说服的对象较量时,先采取顺从的态度缓解紧张的气氛,然后嘘寒问暖,给予关心,表示愿意给对方帮助等,消除对方的防范心理,再入情入理感化对方,使其终止不良行为。

(5) 诱导激将法　利用一定的语言技巧刺激对方,激发其某种情感,使对方的情绪或心态朝着你所期待的目标发展。

(6) 以心换心法　了解对方的心理需求,盛赞对方美意,拉近感情,求得理解,然后陈述自己的难处,使对方知难而退。

2. 婉拒的技巧

(1) 幽默迂回法　拒绝别人,尤其是对不很熟悉的人,说话要谨慎,可适当使用一些委婉语言,或比喻、或幽默、或暗示、或引用、或假设——方法多种多样,目的却是一样的,既达到拒绝的目的,又不伤害对方。

(2) 诱导否定法　在对方提出请求时,你可以先不马上答应,而是先向对方提出类似的请求,以此诱使对方自我否定,自动放弃自己提出的要求,反攻为守,达到"不战而屈人之兵"的效果。

(3) 故设"圈套"法　先设法把对方诱使到和自己一样的处境,让对方做出选择,然后顺势表明自己和对方一样的态度,对方自然也就无话可说了。

(4) 搪塞推委法　先爽快答应对方,然后故意加大实现诺言的种种困难,推迟付诸行动的时间,让对方知难而退。

(5) 反攻为守法　在对方还没有来得及明确提出自己的请求时,先向对方提出类似的请求，反攻为守，使对方无法开口说话。

【训练场】

1. 根据所学知识，对下列案例进行点评：

1）一天，一家人寿保险公司的推销员来到某单位推销少儿保险，几位年轻的妈妈询问保费怎么缴，推销员未加思索，脱口而出："年缴365元，连续缴到十八周岁。"话音未落，人早已散去。没过几天这家保险公司的另一个推销员又来到这个单位，他是这样说的："您只要每天存上一元零花钱，就可以为孩子办上一份保险……"听他这么一说，立即吸引很多人前来咨询。

2）办公大楼内，一个全身绑满炸药的狂暴歹徒，用枪指着八个人质，坚持让警方做出选择：要么预备好足够的钞票和一架直升机让他离开这个国家，要么他与人质同归于尽。

危急关头，一位老警官挺身而出，赤手空拳走进大楼……不一会儿，解除了武装的歹徒跟着老警官走出了大楼。请看他是如何说服歹徒的：

"我有一个可爱的儿子，今年十岁，上小学四年级。为了他我可以牺牲我的一切。"（话锋一转）"你有儿子吗？"歹徒情绪稍有放松，但仍用枪指着警官说道："有，两个。一个六岁，一个九岁。""你爱他们吗？""当然爱！""既然爱他们，难道你不想看着他们长大成人，看着他们上大学吗？"歹徒头上开始冒汗，拿枪的手剧烈颤抖起来。警官穷追不舍："你既然爱他们，难道忍心让他们这么小就失去父亲，成为孤儿吗？"歹徒心理防线轰然崩溃，一屁股坐在地上哭了起来。

2. 你的一个好朋友因家庭突遭变故，深受打击，从此变得一蹶不振。现在，请你安慰、说服她，帮助她恢复理智，走出烦恼的困扰，重新扬起生活的风帆。

3. 快要考试了，可唐××还要约你到网吧去玩。请你拒绝唐××的邀请并劝说他远离网吧。

4. 你的好朋友小张买了两张足球票，邀请你一起去观看，恰巧你有事不能去。请你委婉地拒绝小张，使他不扫兴而归。

5. 张××的学校处于一个旅游城市，一年里，亲戚、朋友、同学，走了一个来一帮，招待、陪同应接不暇，焦头烂额。这天，一个久未联系的同学又突然给他打来电话，双休日想来他这儿玩，希望他当导游，并全程陪同。假设你是张××，请你婉言拒绝同学的要求。

6. 生活中，我们常会遇到不良的行为，比如随地乱扔果皮纸屑，摘公园里的花，乱摇小树，在公物上乱写乱画等，看到这样的现象你会怎么说、怎么做呢？请拟写几条环保标语进行规劝。

第 9 章 职场口才训练

9.1 拜访与接待

拜访

【知识坊】

拜访与接待都是人们在生活和工作中常见的社会交往方式。拜访又叫拜会、拜见，是指前往他人的工作单位或住所会晤、探望对方，以达到某种目的的社会交往方式。接待是指在拜会、拜见中，主人对宾客表示欢迎并给予应有的待遇。

拜访与接待是主客双方互动发生的交际方式，具有双向性。它能促进人与人之间的感情交流，增进友谊，解决事情。尤其在职场中，拜访与接待更是起着举足轻重的作用，往往决定着事业的成败。

1. 拜访

（1）拜访中应注意的问题

1）事先有约，如约而至。拜访者在拜访前一般应提前打招呼，约定拜访的时间和地点，不可贸然前行。时间选择应尽量避免他人用餐和休息的时间，地点选择可以客随主便。要遵守约定的时间，一般可适当提前 5 分钟到达，但不要迟到，也不可违约。因为某种原因需要推迟或者取消拜访时，要尽快告知对方，以免对方空等，并在表示歉意的同时可提出重新安排拜访的时间和地点。

2）着装得体，干净整洁。出门拜访之前，应根据拜访的对象、目的选择适合的服饰。业务拜访应着正装，一般性的友好拜访则可轻松自然，但也要大方得体。出门前应对着镜子将自己的服饰、容颜适当修饰，力争留给对方干净整洁的印象。

3）讲究礼节，客随主便，并注意以下细节：

①进门。拜访者进门前，要先敲门或按门铃，敲门时用中指轻叩两三下即可，按门铃时也让铃声响两三下即可。不得用拳头擂门、用脚踢门或用身体撞门。如果主人家大门敞开着，在未经主人允许的前提下，不可自行进入，也要敲门或按门铃，待主人允许后方可入内。

②问候。拜访者与主人相见时，要主动与主人打招呼，应根据实际情况使用适宜的称呼，如"叔叔""老师""主任"等。对于室内主人的亲属、朋友，也要主动打招呼，并点头致意，不能视而不见，不理不睬。如有礼品，可适时奉上。

③服饰。拜访者进门之后，要脱下外套，摘下帽子、手套，与随身携带的物品一起放到主人指定的地方，不能随意乱放。当需要换上拖鞋时，要将自己的鞋子摆放整齐。

④入座。拜访者进入房间时，不要急于就座、抢先入座，也不要自己寻找座位，要等主人发话后坐在指定的位置上。要谦让同行者，最好与主人一同入座。

4）寒暄问候，营造氛围。拜访者入座后不可马上直奔拜访主题，这样会显得生硬唐突。要根据拜访的对象、目的选择恰当的开场白，营造轻松愉快的氛围，拉近彼此的距离。如"这是您女儿吧？长得真可爱……"

5）选择时机，切入主题。寒暄过后，不能同主人东拉西扯地聊个没完，要看准时机，适时切入主题。如"今天来，想和您商量件事情……"

6）面对拒绝，心平气和。不是每次拜访都会达到预期的目的，如被对方拒绝，拜访者也不必感到不好意思或转身就走，要保持心平气和、从容不迫的良好形象，面带微笑，礼貌地道声"打扰了"，然后彬彬有礼地离开，这样才不会有失风度。

7）友好告别，适时再访。拜访者要掌握好拜访的时间，不能打扰对方太久，以免给对方造成不便。交谈结束后，拜访者要主动起身，同主人握手告别，面带微笑地表达对主人热情招待的谢意，说些"打扰了""麻烦了"之类的客套话。

（2）职场中应掌握的拜访策略　在职场中，经常会有公司与公司之间、部门与部门之间、公司与客户之间的礼尚往来。礼貌的拜访代表一个公司的形象，同时也表现出一个人的素质、层次和水平，因此应掌握拜访的策略。这里以营销活动的拜访为例对此进行介绍。

1）做好拜访前的准备工作，了解客户的相关信息，包括企业的采购负责人、决策者，该企业的市场销售情况、资信情况等。

2）明确拜访目的，制定拜访策略。拜访目的不明确容易使拜访流于形式，失去效用，交谈也会不顺畅。只有明确了拜访目的，再根据拜访对象的特点制定有效的拜访策略，才能实现有效拜访。

3）掌握社交礼仪常识。要掌握穿着打扮、体态风度以及微笑、握手、入座等细节方面的社交礼仪常识。

4）学会赞美，用微笑面对客户。赞美，可以拉近主客之间彼此的距离；微笑，可以用良好的情绪去感染客户，让客户觉得跟你打交道很愉快，为与客户的进一步沟通奠定基础。

5）七分听三分说。拜访时尽量让客户多说话，自己做一个忠实的聆听者。要善于听"弦外之音"，了解对方需求，做到心有灵犀一点通。

2. 接待

（1）接待中应注意的问题

1）认真准备。如果已经与客人约好来访事宜，就要提前做好各方面的准备。如搞好室内卫生，创造一个良好的待客环境，适当准备一点待客的糖果、香烟、茶叶之类物品。要注意个人的仪容和着装，千万不要衣着不整、蓬头垢面或室内乱七八糟，让客人难以入座。如果在办公室或接待室招待客人，要让客人有"宾至如归"的感觉。

2）热情迎客。对于来访的客人，主人可根据需要亲自或派人在大门口、楼下、办公室或住所门外迎接。对常来常往的客人一旦得知对方抵达，应立即起身，相迎于门外，表达欢迎之意，如"欢迎，欢迎""见到您真是太高兴了""终于把您给盼来了""是什么风把您给吹来了？"等。如果来的是陌生客人，见面可用提示性语言"您是……"表示询问，让客人自我介绍，然后表示欢迎。请客人落座后，不要询问客人来访的目的，应等客人主动开口。即使对不速之客或不被你欢迎的拜访者，也要表现出主人起码的礼貌和姿态。

3）以礼待客。接待客人时，要讲求待客之道，做到以礼待客。总的原则是主动、热情、周到、善解人意。要集中精神待客，不能无精打采、心不在焉，如边聊天边看电视、忙家务、打电话等。更不能在客人面前摆架子,爱答不理,或冷落客人,让人理解为逐客。

4)礼貌送客。客人将离去时主人要表达挽留之意,但对一般拜访者不可强留。送客时要亲自送出门外,走在长者后面,再目送其离去,不能客人还没离去,主人却早已消失了。送客时要讲欢送言语,比如"不能再呆会儿吗""您慢走""欢迎再来"。

(2)职场中应掌握的接待策略 在职场中,因工作需要,接待单位客人的机会很多,而一些商品销售的成功也需靠销售人员的现场接待。接待客人要牢记"顾客至上"的原则,这里以商品房销售为例对此进行介绍。

1)不要过分热情、急躁。房地产是一种高价位的特殊商品,动辄数十万元甚至百万元,相对应的客户也大多是理智而谨慎的,不是简单层次上的营销辞令、热情接待所能打动的。在接待时要让客户觉得自己是专业的置业顾问,能给客户提供专业的市场分析,帮助他选择正确的投资产品。

另外,销售过程中也不能急躁,不能让客户觉得你急于把房子推销给他,甚至有些时候逼客户订房。整个洽谈过程中销售人员应该有理有节、落落大方、坦率真诚、清楚明晰地回答客户提出的各种问题。

2)在接待的初期,不要在价格上过多地纠缠。优秀的销售人员应该在最短的时间内找到客户的关注点和需求,在介绍时突出他所关注的事情并尽量地满足他,想方设法让客户认识到你推销的楼盘正是他所需要的,是物有所值,这样他就会将价格放在次要的位置上。如果一定要涉及价格问题,就必须把价格连同价值一并提出。

3)要有高超的谈判技巧。现场接待是一种商业谈判,经常会遇上一些客户对楼盘价格进行杀价,这样的客户往往是有了买意的客户。销售人员要让客户经历一个艰苦卓绝的谈判过程,让他感觉到所争取到的每个优惠都是来之不易的。在条件允许的情况下,最终要让客户有一种"胜利"的感觉。客户对辛苦得来的胜利果实一般都倍加珍惜,从而打开了成交的大门。

4)要尽量给对方留下好印象。在销售商业地产时,由于投资金额比较大,投资风险也比较大,所以客户很难在第一次到访时就敲定,这就需要销售人员在第一次交谈时尽量给客户留下一个好的印象,同时要在短暂的接触中了解客户的购买意向,做好客户的跟踪回访,直至最后成交。

【经典吧】

1. 某学校请来了一位外籍教师,他以幽默的教学风格赢得了学生们的欢迎,而且他开朗的个性也使学生们很快就和他成了朋友。圣诞节来临的时候,学生们相约要给外教一个惊喜,于是在平安夜,大家一起来到他家里,并为他送上一份可爱的礼物。可是那天平时开朗幽默的外教先生却一直闷闷不乐,这场预先被学生们策划好的聚会最终在并不愉快的气氛中结束了。

学生们为什么使这位外籍教师闷闷不乐呢?原来,学生们没有做到预先有约。按照西方传统,平安夜人们要在家里和亲人一起欢度。这一天如果未经允许,一般不要登门拜访。中国也有句俗话叫"三日为请"。当你到他人的工作单位和住所去拜访时,必须尊重被访者的习俗和生活习惯,做到预先有约定。随时、随意地不约而至,会打扰对方的工作和生活计划,令人不安、厌烦。

2. 《红楼梦》中刘姥姥第一次拜访荣国府是为讨银子。那一日她"天未明"就启程了。来到贾府，正是早饭刚过，便见到了专管"周旋迎待"的凤姐。坐下来后，刘姥姥首先表明是来瞧瞧"姑太太、姑奶奶"的，令凤姐心生快意。待"心神放定后"，才说明来意。凤姐早已猜到了几分。招待她一餐饭后，把丫头们做衣裳的二十两银子给了她。

刘姥姥为了讨银子去荣国府拜访，结果如愿以偿。她选择了一个恰当的拜访时机，早饭后是大忙人王熙凤稍事休息的时间，刘姥姥才得以见面。经过寒暄，凤姐的心情也很好，再加上贾蓉恭维了凤姐几句，她颇有几分得意，所以高兴地答应了刘姥姥的请求，刘姥姥的拜访目的也达到了。

无论是公务拜访，还是个人拜访，选择适当的时机很重要。在主人心情愉快、悠闲的时候去拜访，往往会比较顺利，能取得良好的交际效果。若遇到主人家中有事，或身体不适、心情不佳时，应取消拜访或另择时日。

3. 同学小强得肺炎住院了。有一天，几名同学拎着水果去看他。同桌好友李××一见到小强显得格外兴奋，喋喋不休地就说开了："嗨，小子，我还以为见不着你了呢！看你的脸色怎么那么难看。昨天，我们班排球赛又赢了，已经进入四强了，大家老开心了！"小强听了这些话，原本兴奋的表情立刻变得沮丧起来。同学张××连忙说："别急，病来如山倒，病去如抽丝，再过几天你就会好了，到时候，我们一起打决赛，有你这个'体委'上场，我们班肯定赢。""时间已不早了，我们走了，你休息吧，祝你早日康复！"回校路上张××对李××说："你和小强关系再好，可在他有病的时候也不能什么都说，这不但会影响他休息，也会破坏他的心情的。"

张××说得很对，看望病人对病人是一种精神安慰，但要掌握好时间，时间不宜过长，要适时告辞。说话也要得体，要注意回避禁忌，如看望老人和病人时，勿谈生、老、病、死等令他们伤感的话题。还要注意主人的态度、情绪和反应，要尊重主人。

4. 于××前往一家公司应聘，却被告知来晚了，这个岗位已经有人选了。尽管满怀希望却被泼了一瓢冷水，于××还是微笑地站起身来，礼貌地同经理握手道别："打扰了，我非常遗憾自己看到这个消息的时间太晚了，但我衷心地希望这只是属于我个人的遗憾。"走出办公室的于××突然听到身后传来经理的声音："小伙子，等一下！"事情有了转机，于××得到了一次面试的机会，最后他成了这家公司的一员。

于××拜访遭拒绝，但却不卑不亢，从容大方，而且还向经理含蓄地表达了这样一则信息：不录用我，对于你们可能也是一个遗憾！语言表达得体而又巧妙，最终打动了经理，也使事情出现了转机。

5. 有位农学院的教授家里来了一位农民客人，主人甚为热情，端茶倒水，客气礼貌。坐下之后，主人寒暄道："您现在是远近闻名的种田大王，真了不起，市长亲自接见，您声名显赫啊！我这个农学院的专家今天难得有机会向您讨教，请您要不吝赐教啊。"一席话让这位农民的心头云笼雾罩，不知说些什么为好。

教授礼貌热情地待客是对的，但他没有考虑到与一个农民谈话应采用的方式方法，没有做到"知人善谈"，因而这样的接待是失败的。

6. "叮咚""叮咚"有人按门铃。李大妈从门镜一看，原来是一位推销化妆品的女推销员，李大妈打开了门。"大妈，我的化妆品物美价廉，绝对与众不同，您要用了，管保您年轻十岁，您买一套吧。"女推销员把话刚说完，李大妈就喋喋不休地说开了："姑娘啊，你的化妆品真的很好，我真想买一套。不过你别急，我问问你今年多大啦？家住哪呀？搞推销一定很辛苦吧？"李大妈喋喋不休地问个没完，女推销员耐心地一一回答，最后李大妈却说："我一时还没想好，没那么多钱，要不你到别处去转转？"女推销员很生气，可也拿李大妈没什么办法。

推销员很辛苦地上门服务，肯定要尽自己的最大努力说服人们买产品，怎样接待他们呢：一是要给予起码的尊重，二是要让自己避免长时间被打扰。像李大妈这样唠了一大通，却没掏钱买，不但浪费了自己的时间，也耽误了女推销员的工作，对别人也显得不尊重。

【启迪厅】

1. 拜访客户的技巧

拜访客户，与客户进行面对面的访谈是职场中销售人员"赢"销工作中最常见、最重要的环节，成功的拜访应掌握以下六点：

（1）打招呼，感谢对方相见　当销售人员见到拜访对象时，应以亲切的音调向客户打招呼、问候，并作自我介绍。如"张经理，您好！我是×××公司的销售主管张三，非常感谢您能抽出宝贵时间接受我的拜访。"

（2）寒暄、表明拜访来意　销售人员要迅速与客户寒暄，营造融洽、轻松的会谈氛围。这种寒暄要经过精心准备，能迎合客户的兴趣和爱好，从而获得客户的好感。

（3）开场白、陈述议程　如"王经理，今天我是专门来向您了解贵公司对某某产品的一些需求情况的，通过了解贵公司明确的计划和需求后，我可以为贵公司提供更优质的服务，我们谈的时间只需要六七分钟，您看可以吗？"

（4）介绍、询问和倾听　这是拜访的主要部分，通过双方沟通，让客户大概了解自己的公司及相关产品和服务，了解客户的现状并力图发现客户的潜在需求。

（5）总结，达到拜访目的　销售人员此时要主动对这次拜访成果进行总结，并与客户确认。如"张经理，您今天主要介绍了……，您希望在……方面看看我公司是否可以提供帮助，对吧？"或"陈经理，您看我的理解对不对？我的理解是……"。

（6）道别，约定下次会见　在达到拜访目的、总结之后，销售人员需要再次向客户表示感谢并立即与客户道别。在道别时要有意识地约定与客户下次访谈的时间，从而获得向客户进一步销售的承诺。如"王经理，今天很感谢您用这么长的时间给我提供了这么多宝贵的信息，根据您今天所谈到的内容，我回去后将好好地做一个供货计划方案，然后再来向您汇报，我下周二上午将方案带过来让您审阅，您看可以吗？"

2. 接待的技巧

无论接待什么样的客人，交谈的时候都应尽量合乎交流双方的特点，如性格、年龄、身份、知识面、习惯及双方的文化差异等，要知人善谈。

（1）对工作性拜访者　要做到平易近人，多用商量的口吻，比如"你看这样行不行？""你看这样好不好？"

（2）对公关性拜访者　应多谈友谊之词，表达愿意合作之意，对能给予帮助的要不遗余力；对帮不上忙的事，既可表达自己的歉意，也可以出点子或给建议。比如"我们上次的合作非常愉快""以后我们还会有更多的合作机会"。

（3）对礼节性拜访者　要表达谢意，对对方所做的工作给予赞美和肯定。比如"这样忙还来看我，我真是太高兴了。我很好，不用惦记了。"

（4）对亲朋性拜访者　可以放松一些，既可以谈谈自己，也可以询问对方及家人的情况，表达出关心之意。

【训练场】

1. 分析下面两段拜访的优缺点。

1）徒弟为感谢师父多年的培养之恩，决定请师父及师娘吃饭。席间为了表示谢意，徒弟倒了一杯酒，恭敬地说道："这杯酒敬您和您的夫人，祝你们两口子身体健康，事事如意！"师父一听，忍不住笑道："'两口子'的称呼哪是你用的啊？"

2）学生李××到一位王姓年轻女老师家做客，一进门发现老师的爱人也在家，该怎么称呼？大哥？大叔？好像不太适合，师父？师公？总觉得有些别扭。最后李××灵机一动，问道："王老师，您爱人贵姓，和您是同行吗？"王老师微笑答道："他也姓王，不过他是名工程师。"听完，李××如释重负，大方地伸出手去，说道："王工，您好！"

2. 情景模拟训练

1）小李快毕业了，爸爸想把他安排到朋友的公司去上班。恰逢周末，爸爸带小李登门拜访。假如你是小李，面对眼前的王叔叔，或者说是王经理，请设计自己的言谈举止，力争给自己未来的领导留下一个良好的印象

2）刚转学过来的陈××到邻居同学家请教问题，却发现同学对他的到来并不是很热情，给他倒杯茶后就自顾自地看起电视来。如果你是陈××请适时打破这尴尬的局面。

3）王××到舅舅家做客，无意间看到舅舅的房间一片狼藉：被子没叠，脏衣服也扔得到处都是。如果你是王××，请巧妙化解舅舅的尴尬。

4）周末，父母没在家，正巧妈妈多年未见的好友张阿姨前来拜访。请你做个热情的主人，招待前来拜访的张阿姨，以弥补她未能见到老朋友的遗憾。

9.2　推销

【知识坊】

"推"是指推动的意思，是一个运动的过程；"销"则包含使对方采纳、承认、接受的意思。因此，广义的推销是指提出建议，说服别人相信并采纳自己意见的过程。毕业生求职的过程也是自我推销的过程。狭义的推销是针对商品经营活动而言的，是指千方百计帮助买方认识产品或服务，并激发买方的购买欲望，实现产品或服务转移的一系列活动。简单来说，推销是指运用一切可能的方法把产品或服务提供给客户，使其接受或购买。

1. 推销的基本要求

（1）不怕拒绝　推销的过程中不可能碰到"好，就照你讲的价格、条件，我全接受"这样的美事。"门难进，脸难看，话难听，事难办"是推销员最常见的"待遇"，有时客户甚至连让你说话的机会都不给。如果一听到客户说"不"就气馁、退缩，那么永远不可能成为一名优秀的推销员。

（2）礼貌尊重　在推销的过程中，礼貌与尊重主要表现在言行上，因而除了态度恭敬

外，还要把文明礼貌用语挂在嘴边，要"请"字当头，"谢"字不离口。

（3）真诚可信　推销必须以"诚"为中心，才能赢得顾客，并建立长久的商业关系。"王婆卖瓜，自卖自夸"是人们对推销的一般心理感受，也就是说，顾客是本能地对推销存有戒心的，因此推销员必须让顾客感觉到真诚可信，他们才会消除这种戒心，转而建立信任。

（4）热情友善　热情是推销员成功的助动力。一个热情的推销员，总能创造一种无拘无束的谈话气氛，能调动顾客的热情，从而更容易促成购买。顾客往往喜欢和热情、开朗的推销员谈生意，因为他们能给顾客一个愉快的心情和周到的服务。

（5）话不在多　尽管推销员的口才十分重要，但这并不意味着在推销过程中口若悬河、滔滔不绝就是口才好的表现。事实上，真正优秀的推销员是用脑子而不是用嘴巴来达到推销目的的。推销的成败主要不是取决于说了什么，而在于说话的方式。"话不投机半句多"，不得体的话说得再多也没用。精明的推销员往往能在三言两语中实现自己的推销目的。

2. 推销的语言要求

（1）称呼恰当得体，招呼热情妥帖　推销时对客户的称呼非常重要。要能用尊重的口吻说出客户的尊姓及头衔，如陈主任、王经理等。对于上了年纪的客户，则应热情乖巧地称呼，如老伯、阿姨等。对于上班一族的职业人士，则以先生、女士称呼为佳，并且注意在称呼时要仪态大方、不卑不亢。打招呼尽量热情，用礼貌用语，如"您好，您需要我的帮忙吗？"等。

（2）突出重点，展示产品优势　推销员对产品的介绍要言简意赅、突出重点，让客户明白产品的特别之处。在突出产品性能时，不仅要注意加强语气，注意声调，还要注意选择鲜明的词汇。

（3）注意否定技巧　在推销过程中，如不可避免地要否定客户的观点，语言应委婉，不可伤和气，可用"应该""我认为"等词汇，尽量不要与客户对立。

（4）道别要恰如其分　如果你已说服客户，推销成功，不要忘记说声"谢谢！"这样会给客户留下美好的印象。若推销失败，可以说："生意不在情谊在，有机会我再来拜访您！"若是因为推销说服的方式不佳造成的，则可以说："对不起，占用了您宝贵的时间，我没能把产品的优点完全表达出来。如果您有机会，相信您会进一步了解我们的产品的。"

【经典吧】

1. 门铃响了，一个衣冠楚楚的人站在大门的台阶上，当主人把门打开时，这个人问道："家里有高级的食品搅拌器吗？"男主人怔住了，这突然的一问使主人不知怎样回答才好。他转过脸来和夫人商量，夫人有点窘迫但又好奇地答道："我们家有一个食品搅拌器，不过不是特别高级的。"推销员回答说："我这里有一个高级的。"说着，他从提包里掏出一个高级食品搅拌器，接着把产品的独特之处认真地介绍给这对夫妇，劝说他们购买。最后，这对夫妇欣然接受了他的推销。

这里，推销员针对顾客的主要购买动机，开门见山向其推销，使客户措手不及，然后"乘虚而入"，对其进行详细"劝服"。假如这个推销员改一下说话方式，一开口就说："我是×××公司推销员，我来是想问一下您们是否愿意购买一个新型食品搅拌器。"这就很难推销出产品。

2. 推销行家阿玛诺斯在推销一块土地时，并不是依照惯例，向顾客介绍这地是何等的好，如何的富有经济效益，地价是多么便宜等。他首先是很坦率地告诉顾客说："据调查，这块地的四周有几家工厂，若拿来盖住宅，居民可能会嫌吵，因此价格比一般的便宜。"但当他带顾客到现场参观时，顾客不禁反问："哪有你说的那样吵？现在无论搬到哪里，噪声都是不可避免的。"

大多数顾客对推销都是存有戒心的，因此推销员必须让顾客感觉到真诚可信，他们才会消除这种戒心，转而建立信任。阿玛诺斯在推销土地的过程中能够坦率地说出物品的缺点，赢得了顾客的信任，从而获得推销的成功。

3. 小张在一家保险公司从事销售工作，听说几个同事都从一家车行吃了闭门羹回来，就决定过去见识一下。小张走进车行，看见大厅的门口写着"谢绝推销"四个大字，他径直走入大厅，给车行经理递上名片，只听那位经理大怒道："难道你没长眼睛，没看到门上的字吗？""对，我当然看到了，我是帮您改字来了，你应该把字换成'谢谢推销'或者是'谢绝客户'！"小张面带微笑地说。经理勃然大怒，高呼保安送客。

这时车行的老总闻声赶了过来。小张恭恭敬敬地对车行老总说了三句话：第一，贵公司销售汽车不也是在推销吗？第二，这字贴在门上，是顾客见得多，还是你们自己的员工见得多，这"谢绝推销"会给你们的销售人员带来什么暗示？第三，请问每天来车行推销的人有多少？

那经理气势汹汹地大叫："50人都不止！"

小张点点头："就算每天30人，那一个月就是900人，一年就是10800人。这些人三年之后肯定有20%的人要刮目相看，他们绝对能买得起您车行里的车。但这些遭受冷漠拒绝的人会来你这里买车吗？他们的亲友同事会来你们这里买车吗？这些人不但自己不会来，而且他们的言语可能会传播给数万人，这样庞大的群体为车行做负面广告会带来什么影响？相反，倘若能在有空的时候请他们坐下来喝杯水或者聊聊天，那这数万人就都是车行的准客户和免费宣传员啊！"

听到这里，车行的老总马上叫保安把门上的字清理掉，并邀请小张共进晚餐。后来这家车行给了他20万元的生意。

小张推销成功的诀窍是他没有被"不"字吓倒，而是利用了自己的聪明才智。通常情况下，推销员在遇到"谢绝推销"时，一般就会灰溜溜走了，而小张却以自己的智慧不但没有使自己受到伤害，反而还为自己赢得了订单。作为一个成功的推销员，并不是努力就能成功，更要站在客户的立场考虑问题，为客户解决问题的同时，你的推销也就随之成功了。

4. 某食品添加剂的推销员去某地向当地最大的食品添加剂经销商推销自己的商品。本来与对方经理约好下午2点钟见面，可是等到下午2点10分的时候，推销员才到。他穿一套旧得皱皱巴巴的浅色西装、羊毛衫，打了一条带有油污的领带，领带还飘在羊毛衫的外面。

这名推销员到了之后就急不可耐地讲他所推销的产品如何之好，对方经理打量了这名推销员一会儿，就说"你把资料放下我自己看就可以了。"

事后，经销商的经理说："我本能地想拒绝他……"

与客户的第一次见面在推销中十分重要，一定要提前做好准备。要了解客户的基本情况，确定明确的推销目标，准备好推销的开场白，设计好推销的思路，组织好语言，并且认真倾听对方的需要，了解对方真正的需求。不得夸夸其谈、"王婆卖瓜"式地介绍自己的产品。此外，一定要注意自己的着装，要给对方留下美好的印象，千万不能迟到。

5. 有甲、乙两家面店，每天的客流量都差不多，食用标准也类似，但是每天晚上清账的时候乙的收入总比甲的收入多。

顾客在甲的面店吃面时，服务员微笑地问道："面需要加鸡蛋吗？"有的顾客想吃鸡蛋就会说，来一个鸡蛋吧。不想吃鸡蛋的就说，不需要。

顾客来到乙的面店，服务员微笑地问道："面是加一个鸡蛋还是两个鸡蛋？"顾客都会从中做出选择，要么一个鸡蛋，要么两个鸡蛋，极少数顾客说不需要放鸡蛋。

乙店的问话与甲店的问话发生了一点小小的变化，却产生了不一样的效果。乙店服务员在问话中隐含着了解顾客心理的营销策略，诱导顾客跟随着服务员的思维来做出选择。在提出选择性的问题时，一般人都会有从众的心理，从中做出选择。这就是甲、乙两店收入有差距的原因。

6. 一位家用电器的推销员来到一位老太太家里推销洗衣机。一番简单的沟通后，他初步了解了老太太的心理：老太太十分珍惜这台已过于陈旧的洗衣机。推销员随即便说："这是一台令人怀念的洗衣机。用了这么久都没坏，真是耐用。"听了这位推销员的话后，老太太十分高兴："是啊，真的是很耐用！就是功能不太全，而且看起来比较旧，我正考虑换一台新的呢！"于是推销员马上拿出洗衣机的宣传册子以供其参考。在老太太对其产生兴趣后，他并没有直接向其大肆介绍这种洗衣机的功效，而是有礼貌地向老太太告辞道："那您慢慢看看，我得去给花园小区的王奶奶送洗衣机去，您如果有需要再给我打电话……"

这就是一个优秀推销员的说话技巧，他能够先说出让老太太感兴趣的话，以拉近彼此间的感情距离。然后再适时推出他们的产品，但又并不对该产品强力推销，而是在关键时刻以诱人的话语"我得去给花园小区的王奶奶送洗衣机去"让老太太自己分析、对比、思考后，最终心甘情愿地掏腰包。

【启迪厅】

1. 开场白技巧

推销的开场白起着吸引顾客兴趣、促其了解产品、产生购买欲望的作用。开场白要简洁明了，表述生动，声调要略高，语速要适中。好的开场白可以有以下几种方式：

（1）以提问开场　推销员可以提出一个与顾客的需要有关系、预计他会做出正面答复的问题来激发他们的兴趣，如"你希望降低20%的原料消耗么？"甚至可以连续地向对方发问，以引导对方注意你的产品——"你看过我们的××产品吗？""没听过呀，这就是我们的产品……"同时将样品展示给顾客。

（2）以讲趣事开场　所讲的趣事一定要与所推销的产品有关，或者能够直接引导顾客去考虑你的产品。

（3）以引证他人意见开场　经人介绍，了解到顾客对自己产品的需求，就可以这样说："王先生，您的同事张先生要我前来拜访您，跟您讲一个您有可能感兴趣的话题……"以此来引起对方的注意，同时，对方对你也会感觉比较亲切。

2. 提问的技巧

（1）单刀直入法　这是一种开门见山的推销，如在推销食品搅拌器时可以这样问："家里有高级的食品搅拌器吗？"然后顺势进行介绍。

（2）试探性提问法　这种提问是在不了解客户需要的情况下，用预先准备好的话对客户进行试探。同时密切注意对方的反应，然后根据其反应进行说明或宣传。

（3）针对性提问法　这种提问是在预先基本了解了客户的某些需要，然后有针对性地进行"说服"，当讲到"点子"上引起客户共鸣时，就有可能促成交易。

（4）诱导性提问法　这是一种创造性推销，即首先设法引起客户的某种需要，再说明所推销的这种产品恰好能较好地满足这种需要。

（5）兴趣入题提问法　推销产品时，单纯地以产品作为媒介向对方提问，有时难免会引起对方的反感。如能通过细致观察了解对方的兴趣所在，并以此作为切入点向对方提问，也许会收到意想不到的效果。

（6）诱发好奇心提问法　例如一个推销员对一个多次拒绝见他的顾客递上一张纸条，上面写道："请您给我十分钟好吗？我想为一个生意上的问题征求您的意见。"

（7）诱导选择提问法　这种提问是指提出选择性的问题，诱导顾客的思维，使其从中做出选择。人们往往有从众心理，只有少数人能够提出自己的主张、做法，采用这种提问法，多数情况下效果较好。

3．自我推销的技巧

1）明确出发点，相信自己，不怕被拒绝。

2）不要"出卖"自己，即不为了一时的利益而放弃自己的原则，做出有损自己或他人利益的事。

3）遵守诺言，赢得信任。

4）注意外表，取得好感。

【训练场】

1．自我推销的技巧有哪些？用 5 分钟的时间做一次自我推销。

2．推销中如果你被拒绝了，你会怎么办？

3．用所学的知识，分析下述案例中推销员设计的问题好不好？如果你是这名推销牛奶的推销员，你会怎样说？

一天，某宿舍里来了一名推销员推销××学生奶，问了如下问题：

有没有喝牛奶的习惯？

知不知道××学生奶？

我们现在××学生奶搞促销，有 6 种口味，并且可以送货上门，你需要么？

4．你到学生寝室去推销一款钢笔，现在请你先设计一下推销时的开场白。

5．分析下列案例中推销员的推销方法，并谈谈在推销过程中应该注意的问题。

书店里，一对年轻夫妇想给孩子买一些百科读物，于是就问推销员某套百科全书有什么特点？

推销员："你看这套书的装帧是一流的，整套都是这种真皮套封烫金字的装帧，摆在您的书架上，非常好看。"

客户："里面有些什么内容？"

推销员："本书内容编排按字母顺序，这样便于资料查找。每幅图片都很漂亮逼真，比如这幅，多美。"

客户："我看得出，不过我想知道的是……"

推销员："我知道您想说什么！本书内容包罗万象，有了这套书您就如同有了一套地图集，而且还是附有详尽地形图的地图集。这对你们一定会有用处。"

客户："我是为孩子买的，让他从现在开始学习一些东西。"

推销员："哦，原来是这样。这个书很适合小孩的，它有带锁的玻璃门书箱，这样您的孩子就不会将它弄脏，小书箱是随书送的。我可以给你开单了吗？"

客户："哦，我考虑考虑。"

6. 实践活动

以班级为单位，组织一次推销活动，推销的物品可以是品牌服饰、学习用品、生活用品等。

9.3 求职应聘

求职应聘

【知识坊】

求职应聘是毕业生步入社会、走上工作岗位的"必经之门"。在社会竞争日趋激烈的今天，要想找到一份理想的工作，要想在强手如云的求职者中脱颖而出，学习和掌握一些求职应聘的有关知识和技巧是十分必要的。

1. 求职应聘前的准备

（1）了解用人单位　了解用人单位的具体情况，有利于选择适合的应聘单位，使自己在求职应聘的时候能够有的放矢，给面试官留下深刻的印象。了解用人单位情况也表明你对这个单位的重视和应聘的诚意，既显示了你的优势，又给人稳重、有能力、做事有准备的印象。

需了解的用人单位的情况包括：用人单位所属行业，该行业的发展现状，社会对该行业的需求与支持，用人单位的历史及发展前景，用人单位的人员构成，用人单位的福利待遇及相关收入等。

了解的途径是多种多样的，既可以是网络、报刊、各种书籍资料的介绍，也可以是亲朋好友、学校老师的介绍，或者去人才市场调查了解。如果情况许可，最好去用人单位实地"侦察"一番。

（2）充足的心理准备　面试时，大家都希望成功，害怕失败，这种心态会导致精神过度紧张，而不能发挥正常的水平。所以面试前要做到：

1）端正认识。有竞争，就会有失败，关键是要正确对待失败。最好是抱着锻炼自己的想法参加面试，成功了固然可喜，失败了也能从中吸取经验，使失败成为成功的基石。

2）客观评价自己。根据自己的实际情况寻找适合自己的应聘单位和职位，提高面试的成功率。

3）克服紧张心理，树立自信心。要消除胆怯、紧张的心理，力争在公众面前表现出十足的自信。只有充满了自信的人，才能获得别人的信任。

（3）对于提问的准备　要根据自己的简历及对拟应聘的单位、职位的了解，尽可能地设想在面试中可能出现的提问，并思考自己的回答。

考官为了聘用中意的人才，面试中也许会设置种种"语言陷阱"，以此来考查应聘者的智慧、性格、应变能力和心理承受能力。常见的"语言陷阱"有：

1）激将式。考官一般在提问之前会用怀疑、尖锐、咄咄逼人的眼神直视应聘者，然后冷不防地用一个明显不友好的发问激怒对方。面对这种"语言陷阱"，应聘者不但不能被激怒，而且还要给予有力反击。

如对方说："你性格过于内向，这恐怕不适合我们的职业。"

你可以微笑着回答："据说内向的人通常都具有专心致志、锲而不舍的品质。"

2）挑战式。这种"语言陷阱"一般直接从求职者比较薄弱的环节入手，面对这样的提问，应聘者既不要掩饰回避，也不要太直截了当，可用"明谈缺点实论优点"的方式巧妙作答。

如对方问："从简历上看，大学期间你的学习成绩并不十分优秀，这是怎么回事？"

你可以从容地回答："在校期间学习成绩之所以不是十分优秀，主要是由于我担任了社团负责人，投入到社团活动上的精力太多。花在社团上的心血不断地带给我收获，但是学习成绩不是很优秀一直让我耿耿于怀。当意识到这一点之后，我一直在设法纠正自身的偏差。"

3）诱导式。对方的提问似乎是一道单项选择题，这时如果直接做出了选择，就掉进了考官的"语言陷阱"。

如对方问："你认为金钱、名誉和事业哪个重要？"

你可以这样回答："我认为这三者之间并不矛盾。作为一名受过高等教育的大学生，追求事业的成功当然是自己人生的主旋律。而社会对我的事业的肯定方式，有时表现为金钱，有时表现为名誉，有时则二者均有。所以，我认为，应该在追求事业的过程中去获取金钱和名誉，三者对于我都非常重要。"

4）测试式。采用这种"语言陷阱"的考官会虚构一种情景，让应聘者做出相应的回答。

如对方问："今天参加面试的有10位候选人，如何证明你是这10位中最优秀的一位呢？"

你可以这样回答："对于这一点，可能要具体问题具体分析了。比如贵公司现在所需要的是行政管理方面的人才，虽然前来应聘的都是这方面的专业人才，但我在大学期间当过学生会干部并主持过社团工作，这些经历令我的沟通和合作能力得到了锻炼，这也是我自认为比较突出的一点。"这样的回答可以说比较圆滑，很难让对方抓住把柄。

5）请君入瓮式。如你前去应聘一家公司的财务经理，考官或许会突然问你："你作为财务经理，如果我要求你1年之内逃税100万元，那你会怎么做？"如果你当场抓耳挠腮地思考逃税计谋，或文思泉涌立即列出一大堆逃税方案，那么你就掉进了陷阱。因为考官只是想以此来测试你的商业判断能力和职业道德。

（4）对于仪表的准备　人的第一印象很重要，不管你应聘何种类型的工作岗位，一定要具备良好的气质，仪表要端庄，给人以整洁、美观、大方、明快之感。

（5）对于求职资料的准备　求职资料要突出重点，力求简明、系统、齐全，一般包括求职信、个人简历、曾经获得的荣誉、能力证明等。

2. 求职应聘的基本原则

（1）语言原则　语言是求职者在求职应聘中与考官沟通情况、交流思想的工具，更是求职者敞开心扉、展示能力和气质的途径。恰当得体的语言会使你从众多竞争者中脱颖而出，获得面试的成功。

1）有声语言。在和考官交流时要做到语气和缓流畅、声调抑扬顿挫、音量大小适中、语速快慢得体，要尽量说普通话。交谈内容要条理清楚、层次分明、语言简练。回答考官问题时，尽量做到个性鲜明，这样容易给人留下深刻的印象。

2）态势语言。态势语言要自然得体、落落大方。如面试时，应聘者的目光应正视对方，但不要盯着看或瞪视，也不要不停地环视房间。在考官讲话的过程中要适时点头示意，这既是对对方的尊重，也可让对方感到你很有风度、诚恳、大气、不怯场。谈话时适当的手势动作是自然的，但不能太多，否则会分散他人的注意力。

（2）态度原则　面试过程中要热情大方、注重细节、有礼有节。不要让面部表情过于僵硬，要适时保持微笑，给考官以良好的印象。

（3）"2分钟秀自我"原则　面试时，考官一般会让应聘者作一个简短的自我介绍。因此，要在短时间内让考官了解自己的能力、特长，展示自己的风采。

（4）积极参与的原则　面试时应尽可能积极主动地参与交谈，适时调控交谈的进程，达到说服对方的目的。

（5）注意考官反应的原则　例如考官心不在焉，可能表示他对你的这段话没有兴趣，你得设法转移话题；考官侧耳倾听，可能说明你的声音过小，对方难以听清；考官皱眉、摆头，可能表示你的言语有不妥之处。根据对方的这些反应，要适时地调整自己的语言、语调、语气、音量、陈述内容等，这样才能取得良好的面试效果。

【经典吧】

1. 沈阳市一家大型电器厂招工，小陈前去应聘，请求随便让他干什么都行。招聘人员见他紧张局促得脑门直冒汗，穿着打扮随随便便，学历又低，不便直说，就回答："我们现在不缺人，过一个月再说吧！"一个月后，小陈又来了，招聘人员上下打量他几眼说："你这不整洁的样子，怎么可以进厂呢？"于是小陈就去借钱买了新衣服，并好好整理了一番，又去了。对方拿他没办法，但又说："你不懂电器知识怎么行？"结果两个月后，小陈又来了，并说："我已学了两个月的电器知识。"最后，小陈终于感动了对方，如愿以偿地进了这家工厂。

小陈的应聘最初因"紧张局促得脑门直冒汗，穿着打扮随随便便，学历又低"而受到了用人单位的拒绝。但他没有灰心泄气，而是积极改进，"借钱买了新衣服"，又努力学习"电器知识"，从外在形象到内在气质上修炼自己。最后，终于感动了用人单位，如愿以偿地应聘成功了。

2. 小郑是某财经学院管理系的优等生，但是因相貌欠佳，找工作时总过不了面试关。经历了一次又一次的打击，小郑几乎不相信招聘广告了，她决定主动上门专挑大公司推销自己。她走进一家化妆品公司，老总静静地听她"卖嘴皮"，她从"香奈儿""雅诗兰黛"等外国化妆品公司的成功之道说到国内"大宝""霞飞"的推销妙技，侃侃道来，顺理成章，逻辑缜密。这位老总很兴奋，亲切地说："郑女士，恕我直言，化妆品广告很大程度上是美人的广告，所以外观很重要。"小郑毫不自惭，她迎着老总的目光大胆进言："美人可以说这张脸是用了你们的面霜的结果，丑女则可以说这张脸是没有用你们的面霜所至，殊途同归，你不认为后者更高明吗？"老总写了张纸条递给她："你去人事科报到，先搞推销，试用期3个月。"小郑十分珍惜来之不易的工作，满腔热情地投入到工作中，一个月下来，业绩显著，她现在已是该公司的副总经理了。

小郑的面试，做到了扬长避短，在许多用人单位挑选性别和相貌的情况下，她没有因为自己是女性，且相貌不佳而自惭形秽、灰心泄气。当主考人员暗示她"外观不美时"，她没有回避现实，而是充满自信，积极应对，巧妙地做出既对自己有利、又能投其所好的回答，最终获得了成功。

3. 一家外贸公司举行一次别开生面的宴会招聘考试。有一位小伙子的良好表现深深地吸引了招聘人员的注意力。在宴席上，这位小伙子走到这家公司的人事经理面前举杯致辞，语音洪亮，柔中带刚："张经理，能结识您很荣幸，我十分愿意为贵公司效力。但如果确因名额所限使我不能效力麾下，我也不会气馁，我会继续奋斗，我相信，如果不能成为您的助手，那我一定要当您的对手。"他把最后这句话的声调略有提高，且在"助手"与"对手"上用逻辑重音加以强调。最后的这句话，提醒了这家外贸公司的人事经理：如果被录取名额所限制，让这些优秀人才流失到别的公司去，岂不是自讨苦吃？最后，公司破格录取了包括这位青年在内的其他几名求职者。

这位小伙子利用语言表达中的语气、语调等辅助手段，很好地表达了内心的愿望与渴求，彬彬有礼，不卑不亢，言语柔中有刚，充满自信，征服了招考官，最终成为该公司的一员，具备了一个职员的优良素质。

4. 有一位物业管理专业的毕业生到一家房地产公司应聘。招聘者问："你想到公司来做物管员呢，还是想做售楼员？"这位毕业生回答："作为一名物业管理专业的学生，物业管理、楼盘销售在学校里我都学过，但实践方面都不够。我想，如果贵公司能录用我的话，无论是物管员还是售楼员我都愿意做。"

这位学生的即席应对，前句顺承切境，后句转接机敏，应对自如，表现出了应聘者的真诚愿望和较高的说话艺术。

5. 有一次，高职毕业生小牛前往××公司应聘。他到场后，发现除自己是高职毕业生外，其余都是本科毕业生。当他与最后20多名候选人进入会议厅准备接受公司经理的最后面试时，老板却迟迟没有出现。小牛突然意识到：这也许就是一种考试。于是他马上对在场的应聘者说："同学们，我们相互认识一下吧，难得有这样一次相识的机会，不管我们中间谁被录用，我们仍可以多加联系。"接着，他开始介绍自己，并主动与人交谈。当时，有些应聘者对他的举动还不以为然。最后，××公司录用的唯一一名毕业生就是小牛，而且进公司不久，他便被任命为部门主管。

小牛能准确、迅速地判断所面临的状况，对主考官设的"关卡"临阵不慌，充满自信，恰到好处地从容应对，必然会受到公司的青睐。

6. 参加面试的人很多，可办公楼里却寂静无声，特有的肃穆让大家都严阵以待。张××也在紧张地等待着，这时，办公室里传来声音："下一个"。她整整衣服，大着胆子往里走。很幸运，问题不算刁钻，5分钟就考完了。主考官点点头，面无表情地说："你可以走了。"没看到微笑，张××心想也许没戏了。她朝门口走去，正准备开门，又返身出于礼貌地朝他们鞠了一躬:"谢谢!",然后轻轻地关上了门。

5天后,用人单位给张××打电话,她被录取了。

第一天上班的时候,张××去领高级西装制服,碰到了那天面试的一个主考官。主考官说:"我记得你,那天我们接待了约50名应聘者,你是唯一一个向我们说谢谢、鞠躬并且关门关得那么有礼貌的人。我们是服务行业,不论客户的态度怎么样,我们展示出的就该是最好的一面。"

从上面的例子可以看出,不管招聘单位的态度怎样,应聘者都应该保持一种从容的心态,礼貌的语言,离去时的一句"谢谢",说不定就会改写你的一生。

7. 小静去深圳某公司应聘时,穿的是一套雅致的连衣裙。老板问她为什么愿意离开家,从寒冷的北方到深圳打工,小静微笑着说:"在深圳不仅可以更好地发挥我的专业,而且一年四季都可以穿裙子!"这出乎意料的回答,令老板觉得眼前一亮。老板马上笑着站起来,走过去握着她的手说:"好,欢迎你的加入,你有一颗纯真质朴的心。"

在听厌了千篇一律的类似"这是一片希望的土地""这是一个有利于年轻人创业的城市"的回答后,突然有了小静个性化的回答,当然会令老板耳目一新、眼前一亮,小静的成功应该归功于她那个性十足的回答。

8. 在一次招聘会上,招聘人员问小李:"我为什么要聘用你?"

小李回答说:"我是个经验丰富的经理,在员工建设方面,从组织项目实施到鼓励员工合作,都能做到得心应手。多年来,我已经掌握了一套雇人和留人的技巧。此外,我还擅长帮助公司顺利实现技术改造和员工培训。我经常对主要客户进行示范讲解,我之前任职公司的销售额在过去两年平均增加了87%。"

直接的问题需要直截了当的回答,小李向招聘人员提供了具体的例子以证实自己适合这份工作。以实例作为有力的证据,直接而自信地推销自己,这是最有效的推销。

【启迪厅】

求职应聘中的禁忌问题:

(1) 忌恶意缺席 当你接到面试通知时,如果决定不去,应婉转地谢绝;如果不能按时应聘,应及时通知对方,争取取得对方的谅解。

(2) 忌应聘不守时 求职人员接到面试通知后,要提前10分钟左右到场等候,千万不要迟到,否则对方会认为你对这个单位不重视、对别人不尊重,甚至联想到你会纪律松散、工作马虎,有不好的工作、生活习惯。

(3) 忌言行轻浮、不诚实 "金无足赤,人无完人",面试中,如果遇到不会或不懂的事情,那就坦诚相告,诚实地回答考官所提出的问题。

(4) 忌缺乏自信 面试时要谦虚,但不能缺乏自信,否则面试难以成功。

(5) 忌乱开薪水 面试前可以侧面打听一下本地区以及应聘企业的薪水行情,面试时不要首先开口谈薪水问题。如有机会谈及这个问题时,也要给双方留足余地,不能把话说死。

(6) 忌接听手机 面试时接听手机不仅影响考官的面试工作,还显得对考官不尊重。所以在求职应聘时一定要将手机关机或设置静音状态。

(7) 忌结伴而行 应聘时不宜结伴而行,特别是不要与父母、兄弟姐妹同去应聘。否则，考官会认为你没主见，对你以后的工作缺乏信心。

【训练场】

1. 结合所学知识，谈一谈求职应聘前要进行哪些方面的准备工作。
2. 结合自己的实际情况，设计回答下列应聘时经常要遇到的问题。
1）请简要地谈谈你自己。
2）你有什么业余爱好？
3）你最喜欢的课程是什么？
4）你觉得在学校取得的分数重要吗？
5）你有什么优点和长处？
6）你有什么缺点和不足？
7）你的老师、同学对你如何评价？
8）你对我们公司的了解有多少？
9）你对公司的印象如何？
10）你为什么要到我公司应聘？
11）请给我一个聘用你的理由。
12）请你谈谈选择这份工作的动机。
13）如果我们录用你，你觉得你可以为公司带来什么？
14）你想得到的薪水是多少？
15）你找工作最在乎什么？你理想的工作是什么？
16）你在以前实习的公司从事什么样的工作？
17）你认为对你来说现在找一份工作是不是不太容易？
18）你完全可以到大公司任职，怎么想到来我们小企业了？
19）如果公司录用你，你最希望在哪个部门工作？
20）你愿意被外派工作吗？你愿意经常出差吗？
21）我怎样相信对这个职位来说你是最好的人选呢？
22）如果我能给你任何你想要的工作，你会选择什么？
23）为什么你到现在还没有找到工作？
24）你家在外地，但目前我们公司还无住宿条件，你如何看待这个问题？
25）今天的面试就到这儿，你还有什么问题吗？你可以向我提关于公司的任何问题。

3. 以下是五个应聘成功的例子，想一想，它带给你什么样的启示。
1）王××从名牌大学取得了博士学位后开始求职。当进行第一个职位求职时，他在求职信上写道："我在××大学取得了××博士学位，在××大学取得了××硕士学位；我还是××学会的会员……"结果王××没有被录取。王××在第二封求职信中这样写："我的能力很高，我希望找一个××工作，我的月薪要求是……"王××还是没有被录取。王××在第三封求职信中这样写："我叫王××，我需要一份工作。"结果王××被录用了。

2）一次招聘会上，精选出的 50 名应聘者参加最后一次考试。每位应聘者接到一份考题，限时 3 分钟回答。下面罗列了 50 道题：①请看完全部试题；②请在试卷右上角填上你的姓名；③请列出五种植物名称；④试写出五个成语……3 分钟以后，只有一两个人按时交卷，主考官宣布未交的试卷全部作废。大家纷纷抱怨说："这么短的时间，这么古怪的题目。"主考官意味深长地说："虽然大家未能成功，但希望大家研究一下试题，可能会对大家以后有所启示。"大家接着往下看——第 50 题是：如果你看完全部题目，请只回答第二题。

3）某家公司招聘业务员，招聘现场来了很多人。在面试室的门口，有一张白纸丢在地上，考生几乎全都视若无睹地迈过去了，只有一个姑娘路过时捡起它。在一旁站了很久的经理立刻叫住她，说："你为什么捡起这张纸？"姑娘说："虽然它不是我的，但它是可以用的，不应该浪费。"于是这个姑娘被录取了。

4）某公司进行招聘，共有三次笔试。第一次试卷发下来，大家都全神贯注地做着卷面上的试题，经过紧张答题，公司宣布了考试前 50 名的名单，其中第一名、第二名是两名男生，第三名是一名女生。第二轮笔试又开始了，试卷刚一到考生的手里，人群中便传出一阵惊异的叫声，原来试卷内容与第一次完全一样，监考员强调说没有发错卷子。于是大家不假思索地很快交卷出了考场，只剩下那个女生还在苦苦思索……第二次成绩出来了，女生得了第二名。当第三轮考试试卷发下来后，人们几乎要愤怒了，还是那份卷子！我们是不是被人戏弄了！但监考员一再强调就是这一份，大家只好怀着疑惑的心情将前两份试卷的答案"复制"了上去，匆匆出场，考场中剩下的还是那位女生，她依然在补充修改着答案。第三场考试结果，女生第一名，她被录取了。

5）在某单位组织的一次面试中，主考官先后向两位考生提出了同样的问题："我们单位是全国建筑行业的大型国有企业集团，下面有很多子公司，凡被录用的人员都要安排到基层去锻炼，基层条件比较艰苦，请问你们是否有思想准备？"应聘毕业生小张回答说："吃苦对我来说不成问题，因为我从小在农村长大，父亲早逝，母亲年迈，我很乐意到基层去，只有在基层摸爬滚打才能积累丰富的工作经验，为今后的发展打下基础。"应聘毕业生小李则回答："到基层去锻炼我认为很有必要，我会尽一切努力克服困难，好好工作，但作为年轻人总希望有发展的机会，不知贵公司安排我们下去的时间多长？还有可能上来吗？"结果小张被录用，小李则被淘汰。

4. 结合自己的专业，以小组为单位，进行"模拟应聘"的训练。例如模拟某房地产公司招聘售楼员时的场景：在进行了一系列的问答之后，招聘者表示应聘者其他方面条件尚可，但身高比内定的标准矮了 2 厘米，不考虑录用。而应聘者认为这并不影响自己成为一名出色的售楼员，双方各陈理由。请分别扮演"招聘者"和"应聘者"进行模拟应聘的演练。

附录　工程建设程序与常用建筑实用文体的关系一览表

工程建设程序		常用建筑实用文体	备　注
立项决策阶段	项目可行性研究	可行性研究报告	—
	立项审批	项目建议书 报建申请书 审批报告	—
勘察设计阶段	工程勘察设计文件编制	勘察设计合同 勘察设计说明书	—
工程施工阶段	办理施工许可证	施工许可证申请书	—
	开工	开工报告	—
	工程发包与承包	工程招（投）标文件 工程施工合同 工程监理合同	—
	施工	施工记录 隐蔽记录 材料检测报告 事故报告	—
竣工验收与工程保修阶段	工程质量检测	质量检测报告 验收报告 竣工报告	—
	质量保修	物业管理合同 房屋使用说明书	—
项目后评价阶段	经济及环境评估	评估报告	—

参考文献

[1] 刘志敏. 演讲与口才实用教程［M］. 北京：人民邮电出版社，2017.
[2] 刘桂华，王琳. 大学生实用口才训练教程［M］. 北京：人民邮电出版社，2018.
[3] 严蓓蓓，冒志祥. 大学应用写作教程［M］. 南京：南京大学出版社，2019.
[4] 杨晓英，钟翠红. 新编应用文写作教程［M］. 2版. 南京：南京大学出版社，2017.
[5] 姜本红，朱俊霞，向诤. 应用文写作［M］. 2版. 南京：南京大学出版社，2018.
[6] 席忍学. 应用文写作导练［M］. 成都：西南交通大学出版社，2018.